JN409736

세계의 식물원 산책 3

세계의 식물원 산책 3

이숭겸 이길순 한경식 전정일 변재상 지음

(학)신구학원
신구문화사

책을 펴내며

『세계의 식물원 산책』 시리즈 제3권을 발간하면서 저자들이 20여 년간 방문한 식물원을 꼽아보니 6개 대륙의 60개국에 분포해 있는 400여 곳에 이릅니다. 그중 원예적, 역사적, 학문적 측면에서 가치가 높고 아름다운 식물원 260곳을 선정하여 1, 2권에 181곳을 소개하였고, 이제 여기 3권에 79개를 소개하게 되었습니다. 『세계의 식물원 산책』 시리즈 이전에 세계 12개국 61곳의 식물원을 답사하고 소개한 『꼭 가봐야 할 세계의 식물원』을 포함하면 세계의 식물원을 소개하는 네 번째 책이 됩니다.

『세계의 식물원 산책』 3권에 수록된 79개 식물원은 1, 2권 발간 이후 답사한 식물원들로 아시아, 유럽, 아메리카, 오세아니아 4개 대륙에 분포해 있습니다. 특히 이전에는 접근이 어려웠던 유럽의 발트 3국과 흑해 연안 국가 그리고 유럽 접경의 서아시아에 있는 국가, 또한 산림청과 관련 기관의 지원사업으로 답사가 가능했던 중앙아시아 국가들의 식물원도 포함되어 있어 좀처럼 보기 어려운 여러 식물원을 만날 수 있습니다.

저자들이 이렇게 여러 차례에 걸쳐 세계의 식물원을 소개하는 것은 신구대학교식물원과 깊은 관련이 있습니다. 신구학원 설립자 우촌 이종익 선생께서는 성남 상적동 현 식물원 부지에 어린이 자연학습공원을 만드실 계획을 갖고 계셨습니다. 자연의 소중함을 가르치는 체험교육의 현장을 조성하려고 하셨던 것입니다. 기후위기시대를 맞이한 오늘날에 돌이켜 보면 설립자의 뜻이 얼마나 미래를 내다보는 중요한 계획이었는지를 알 수 있습니다. 그 뜻을 이어받아 1999년 식물원 설계가 시작되면서 자료 수집을 위한 답사가 시작되었습니다.

저자들이 『꼭 가봐야 할 세계의 식물원』을 필두로 세계의 식물원을 소개하는 과정에서 국내 식물원 관련 분야에서 많은 변화가 일어났습니다. 2015년에 관련 법이 '수목원·정원 조성 및 진흥에 관한 법률'로 개정되어 식물원과 수목원에 정원이 추가되어 식물문화를 즐길 수 있는 기회가 더욱 확산되었습니다. 2017년 국립수목원을 총괄 운영할 '한국수목원관리원(현재 한국수목원정원관리원)'이 설립되었고, 이어 우리나라의 두 번째 국립수목원인 '국립백두대간수목원'이 2018년에 개원하였으며, 뒤이어 '국립세종수목원'이 2020년 개원하였습니다.

우리나라 식물원 역사를 간단히 살펴보면, 서울대학교 농과대학 부설 수목원(관악수목원)이 1974년에 개원한 것이 현대적 의미의 수목원(식물원)의 시작이라고 할 수 있으며, 1990년대 사립식물원의 활성화를 거쳐 2001년 '수목원 조성 및 진흥에 관한 법률' 제정으로

부흥기의 시작을 맞이했다고 볼 수 있습니다. 2003년 신구대학교식물원이 개원하면서 부흥에 동참했고 『세계의 식물원 산책』 시리즈 발간을 통해 우리나라 식물원 발전에 기여했다고 감히 생각해봅니다. 집필진 일부는 실제로 법 개정 및 여러 수목원 조성 등에 직간접적으로 참여하기도 하였기 때문에 『세계의 식물원 산책』 시리즈 발간 과정에서 얻은 많은 경험이 우리나라 식물원, 수목원, 정원 현장에 녹아들어 있다고 생각합니다.

『세계의 식물원 산책』 제3권 발간은 또 다른 면에서 뜻깊기도 합니다. 올해는 신구대학교식물원이 개원 20주년을 맞는 해이기 때문입니다. 신구대학교식물원은 개원 이래 20년간 여러 분야에서 성장하였습니다. 환경부 멸종위기식물 서식지외보전기관, 산림청 산림생명자원관리기관 등으로 지정받아 멸종위기식물을 보전하고 라일락을 필두로 한 식물자원을 수집하고 보전하여 국내외적으로 우수한 사례로 인정받는 등 식물연구를 착실히 수행하고 있습니다. 이를 근간으로 대학식물원답게 전공 학생뿐만 아니라 다양한 연령층을 위한 교육 프로그램을 운영하고 있으며, '갤러리 우촌'을 중심으로 문화, 예술 분야로도 확장하고 있습니다. 신구대학교식물원이 이렇듯 '식물문화센터'로 발전할 수 있었던 것도 모두 『세계의 식물원 산책』 시리즈 발간 과정에서 얻은 많은 경험 덕분입니다.

이제 우리나라는 식물원·수목원 문화에 덧붙여 정원 문화로 급속히 성장의 영역이 넓어지고 있는 상황입니다. 이에 맞추어 『세계의 식물원 산책』 제3권에는 식물원과 수목원 외에 아름다운 정원도 함께 소개하였습니다. 많은 선진 식물원·수목원·정원은 그 장소를 '소비'의 대상으로서가 아니라 '공유'와 '공존'의 문화 거점으로 활용하는 방향으로 발전하고 있습니다. 이 책이 이러한 문화의 확장에 조금이나마 보탬이 되길 바랍니다.

20여 년 동안 함께 세계의 식물원을 답사하고, 책을 만들며 동고동락했던 교수님들께 깊은 감사를 드립니다. 우리는 멋진 식물원에 들어섰을 때 함께 경탄했고, 답사지 인근의 서점에서 식물과 식물원에 관한 새로운 책을 찾았을 때 같이 환호했으며, 보다 나은 책을 만들기 위해 치열하게 대화를 나누기도 했습니다. 우리는 이 모든 것을 영원히 잊지 못할 것입니다.

2023. 5.

대표 저자 이 숭 겸

차례

유럽

아메리카

오세아니아

일러두기

1. 이 책에 수록한 식물원들은 저자들이 약 20여 년간 직접 방문한 6개 대륙 총 400여 곳의 세계식물원 중에서 원예적 측면, 역사적 측면, 학문적 측면에서 가치가 높고 아름다운 식물원 260개를 선정하여, 1, 2권에 181개 식물원을 실었고 여기에 나머지 79개를 수록한 것이다. 1권에는 아시아, 북아메리카, 오세아니아, 아프리카의 81개 식물원을 실었고, 2권에는 유럽과 중·남아메리카의 100개 식물원을 실었다. 식물의 수집, 연구, 전시 및 교육이라는 식물원 고유 역할을 모두 수행하고 있지 않더라도 캐나다의 부차트가든과 같이 원예적으로 아름다운 정원도 포함하였다.
2. 3권의 목차는 대륙–지역–국가(가나다순) 순으로 구성하여 지역별 특성을 공유하는 식물원을 묶어 제시하였다.
3. 각 식물원에 대한 설명은 식물원의 역사, 구성, 운영 특성 등의 순서로 하였다.
4. 이 책에 서술된 내용이나 수록된 사진들은 필자들이 직접 방문하여 보고 기록한 것들이다. 일부 내용은 각 식물원 홈페이지에 설명되어 있는 내용을 참고하였다.
5. 원예학이나 식물학을 전공하지 않았더라도 식물에 관심을 가진 이들이 볼 수 있도록 쉽게 설명하였으며, 식물원 동선을 따라 산책하는 느낌이 들도록 서술하였다.
6. 외국 지명이나 인명은 외래어표기법에 따랐다. 그러나 정확한 발음을 알 수 없거나 한글로 번역하기 어려운 단체명 등은 원어 그대로 두었으며 식물원명은 가급적 원어로 표기하였다.
7. 본문 설명 중에 나오는 식물 이름은 가능한 한국명으로 표기하였다. 그러나 한국 이름이 없는 경우에는 원어와 학명을 병기하였다.
8. 각 식물원 설명 끝부분에는 식물원의 주소, 전화번호, 홈페이지 주소, 면적 등에 관한 내용을 실어 여행에 필요한 간략한 정보를 수록하였다. 특히, 식물원의 주소는 우편상의 주소보다는 찾아가기 쉽도록 가급적 구글지도상의 입력주소를 기입하였다.

아이콘보기

방문객센터 | 주차장 | 화장실

휠체어 대여 | 유모차 대여 | 식당, 레스토랑

카페, 찻집 | 숙박시설 | 매점, 기념품점

표본관, 전시관, 박물관 | 도서관 | 피크닉 공간

바베큐 시설

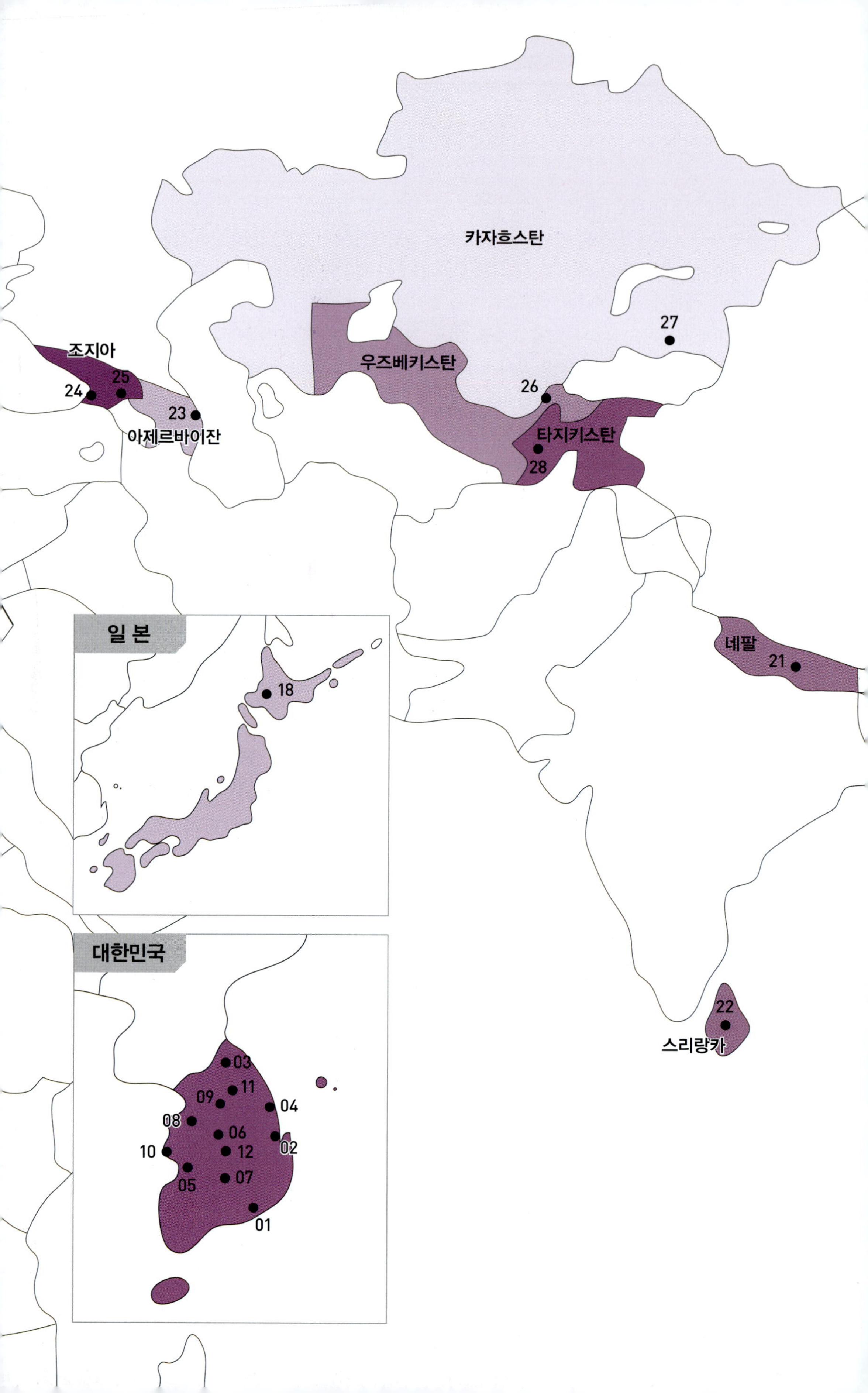

카자흐스탄
27
조지아
25
24
23
아제르바이잔
우즈베키스탄
26
타지키스탄
28
네팔
21
22
스리랑카
일 본
18
대한민국
03
11
09
04
08
06
02
10
12
05
07
01

아시아

대한민국

01 경상남도수목원

02 경상북도수목원

03 국립DMZ자생식물원

04 국립백두대간수목원

05 국립생태원

06 국립세종수목원

07 금원산생태수목원

08 서울식물원

09 아침고요수목원

10 안면도수목원

11 제이드가든수목원

12 한밭수목원

말레이시아

13 림바일무식물원

14 열대향신료정원

15 쿠알라룸푸르페르다나 식물원

16 페낭식물원

싱가포르

17 가든스바이더베이

일본

18 북해도대학식물원

태국

19 농눗열대정원

20 퀸시리킷식물원

네팔

21 카트만두국립식물원

스리랑카

22 페라데니아왕립식물원

아제르바이잔

23 아제르바이잔중앙식물원

조지아

24 바투미식물원

25 조지아국립식물원

우즈베키스탄

26 타슈켄트식물원

카자흐스탄

27 알마티식물연구소식물원

타지키스탄

28 파미르식물원

01

산림교육의 메카

경상남도수목원

Gyeongsangnam-do Arboretum

다양한 열대식물로 구성된 열대온실

남해고속도로 진성 IC를 나와 한적한 2번 국도를 타고 10분가량을 더 들어가면 거대한 목재로 조성된 아치형 입구부터 비범한 수목원임을 보여주는 경상남도수목원에 도착할 수 있다. 경남 서부권의 중심 도시인 진주시 외곽, 이반성면 대천리 일원의 102ha 면적에 조성된 경상남도수목원은 시민들이 좋아하는 드넓은 잔디광장을 비롯하여 화목원, 열대·난대식물원, 암석원, 수생식물원, 민속식물원 등으로 구성되어 있다. 우리나라 지리산 권역에 자생하는 온대 남부지역 수목 위주로 국내외 식물 3,500여 종 34만여 본의 식물을 수집하여 보전·전시하고 있는 대형 수목원이다. 수목원을 관리하는 경상남도산림연구원은 우리나라 남부지역 산림연구의 중심지로서 새로운 임업기술을 개발·보급하고, 재해예방과 산림생태계 보전을 위해 애쓰고 있다. 특히 수목원과 산림박물관을 운영하여 산림체험을 통한 자연학습의 장과 쾌적한 휴식 공간을 제공함으로써, 21세기 산림문화창출의 교두보가 되고 있다. 경상남도산림연구원에서는 이곳 수목원과 함께 금원산생태수목원도 함께 운영하고 있다. 주변에는 마산 양촌온천과 적석산이 있어 온천과 등산도 동시에 즐길 수 있는 경남권 여행의 메카가 되고 있다.

수목원의 역사

1939년 양산시 웅상읍에 설치된 경상남도 임업시험장에서 출발한 경상남도수목원은 국내외 식물을 수집·전시하고, 유전자원을 보존·관리하는 동시에 산림에 대한 자연학습 및 산림문화휴양 공간제공을 목적으로, 1989년 6월 9일 현재의 위치로 이전하여 '반성수목원'으로 개원하였다. 이후 2000년 2월 16일에 '경상남도수목원'으로 명칭을 변경하여 현재까지 운영되고 있

입구감있는 산림박물관 진입부

각기 다른 수종으로 조각된 12지신상

는 대표적인 경상남도 온대 남부 지역 수목원이다. 수목원 핵심 시설인 산림박물관은 5년 11개월간 총 공사비 150억 원을 투입하여 2001년 11월에 개관하였다. 건축 연면적 5,857m^2로 외부는 국산석재인 화강암 등 신소재를 사용하였으며, 자연에 순응하는 한국 건축 전통사상에 따라 건축하였다. 우수한 건축양식으로 2001년 진주시 건축대상을 수상하기도 하였다.

수목원의 구성

인근 학교의 학생들이 단체로 올 수 있도록 조성된 넓은 주차장을 지나면 매표소를 통과하여 중앙 광장에 들어설 수 있다. 정면을 등지고, 좌측으로는 무궁화공원과 민속식물원이 있다. 무궁화공원은 대한민국 국화인 무궁화의 소중함을 널리 알리기 위하여 5ha 면적에 조성되었다. 아사달원, 청단심원, 백단심원, 홍단심원 등 60품종의 무궁화가 식재되어 있다. 여기서 다소 떨어진 산림박물관 뒤쪽에는 전국 최초로 무궁화홍보관을 건립하여 무궁화에 대한 각종 자료와 영상물 패널 등과 함께 40종 200여 점의 무궁화꽃을 수집·전시하고 있다. 한편 무궁화공원 바로 옆 민속식물원에는 선조들의 생활 모습을 느껴볼 수 있는 물레방아와 장독대, 초가지붕, 전통담장과 싸리울타리, 솟대 등 각종 시설물과 인가 주변에 많이 심었던 감나무, 모과나무, 돌배, 조롱박, 수세미 등이 식재되어 있다. 시골길같은 한적한 옛 정취를 느껴볼 수 있는 곳이다. 매표소 정면에 있는 근사한 목재터널로 조성된 산림박물관은 그냥 지나쳐 가기에는 아까운 산림교육용 교구가 박물관 전체에 가득하고, 조금만 관심을 가지고 지켜보면 발길을 뗄 수 없을 정도로 흥미로운 산림자료들이 즐비하다. 특히 박물관 입구에 있는 각기 다른 수종의 목재로 조각된 12지신상에서 자신의 띠와 맞는 조각을 찾아보는 것도 색다른 재미를 선사한다.

전시실은 우리나라와 전 세계 산림대, 임업의 역사 등 전반적인 산림에 관한 정보를 중심으로 제1전시실부터 제4전시실까지 다양한 주제로 구성되어 있다. 특히 자연표본실, 어울

산림박물관의 흥미로운 교육용 전시자료

림의 숲, 화석전시실, 경남의 산림 등 기획전시 공간을 통해 다양한 산림 전시도 관람할 수 있다. 이 중 어울림의 숲은 나무와 풀을 비롯하여 생명의 모태가 되는 토양 그리고, 그 속을 흐르는 시냇물과 바람, 동·식물과 미생물 등 숲의 생태계를 생생하게 보여주는 살아 숨쉬는 교육의 장이 되고 있다. 오랫동안 생명의 숨결이 어우러진 경상남도 일대의 전통 숲을 전시함으로써, 산림의 소중함과 가치를 공감할 수 있도록 알차게 구성되어 있다.

수목원을 이용하기 위한 주 관람 동선은 매표소 우측 공간에 주로 위치헤 있다. 제일 먼저 만나게 되는 높이 10m의 돔형 열대식물원은 열대, 아열대 및 난대 식물이 함께 자랄 수 있도록 만들어진 혼합형 실내 식물원이다. 면적 1,072m^{2}의 공간은 야자원, 열대과수원, 관엽식물원, 식충식물원 등으로 구성되어 있으며, 이곳에는 대왕야자, 올리브, 커피나무, 페페로미아, 광귤 등 320여 종의 식물이 기능별로 조성되어 있어 겨울철에도 푸르고 아름다운 꽃을 감상할 수 있다. 열대식물원 외에도 면적 900m^2, 높이 11m의 난대식물원은 양치류를 포함하여 붓순나무, 애기동백나무, 담팔수, 생달나무 등 150여 종의 식물이 잎과 꽃 등 식물의 형태를 가까이서 관찰할 수 있도록 체험기능을 겸하여 조성되었다. 두 개의 실내 식물원 사이에 위치한 수련으로 잘 장식된 수생습지 주변으로는 산딸나무원, 비비추원 등 여러 종류의 식물들을 수집하여 전시해 놓은 산책로가 조성되어 있다.

또 다른 실내온실로는 생태

나무에 대한 설명과 종류를 잘 나열해 놓은 전시자료

희귀하고 다양한 특산식물로 조성된 희귀특산식물원

온실과 선인장원이 있다. 생태 온실은 다양한 분재를 비롯한 80여 종의 식물, 자연석 등을 저습지원, 축경암석원, 수생식물원 등으로 구분한 공간에 배치하여 관람할 수 있도록 하였다. 선인장원은 마산에 거주하는 문한규 박사가 35년 동안 애지중지 길러온 선인장들을 기증받아 50여 평의 온실에 조성한 것이다. 금호, 용두각, 암석기둥, 알로에 등 180여 종의 아름답고 희귀한 선인장들이 관람객들에게 이국적인 정취를 안겨주고 있다.

수목원 안쪽 깊숙한 곳에 있는 야생동물관찰원은 주말 여가를 즐기기 위해 아이를 동반한 관람객들에게 인기 있는 장소이다. 삵, 사슴, 공작 등 산림 조수를 중심으로 다양한 야생동물을 사육하고 있는 자연체험학습장이다. 또한 천연기념물 등 도내 야생동물들의 질병 및 부상 치료를 위하여 야생동물 2차 진료소를 운영하며 야생동물 보호에도 기여하고 있다. 이처럼 야생동물관찰원을 조성해 놓은 것은 수목원이 얼마나 지역 주민들에게 친화적인 공간으로 거듭나기 위해 노력하고 있는지를 보여준다.

지역 주민들을 위한 노력의 흔적은 메타세쿼이아와 오래된 느티나무로 둘러싸인 드넓은 잔디원에서도 느낄 수 있다. 말썽꾸러기 막내가 맘껏 뛰어놀 수 있는 도시 탈출의 장이 되기도 하며, 가족 단위 관람객들의 피크닉장으로 활용되고 있다. 나아가 어린이정원과 화목원 등도 어린이 관람객들로 붐비는 장소이다.

비교적 넓은 면적에 조성된 수목원을 효과적으로 이용하기 위해서는 각각 1~4시간이 소요되는 총 10개의 코스가 제안되고 있다. 처음부터 너무 욕심부리지 말고, 관심 분야별로 사전에 코스를 정하여 산책하면 많은 도움이 된다. 혹시라도 걷기 불편한 어르신을 모시고 간다면, 전기차에 탑승하여 구석구석 관람도 가능하다.

장미를 비롯한 각종 화목으로 구성된 화목원

수목원의 운영 특성

여가 시간 증가에 따른 산림휴양 수요와 다양한 볼거리

수질정화식생으로 조성된 생태수로

를 제공하기 위해 다양한 테마시설, 가족 단위 체험시설을 비롯하여 수생식물원, 경관숲, 대나무숲 관찰원 등을 조성하여 연중 개방하고 있다. 수목원의 고유기능인 식물유전자원의 보전증식, 식물표본 수집은 물론 산림박물관 등과 어우러져 자연학습과 가족 단위의 아름답고 편안한 휴식 장소로 널리 이용되고 있다. 특히 산림박물관은 경남권 산림과 임업에 관한 역사적 보고이면서, 지역문화 향유의 장으로 학생들과 일반인들을 위한 열린 교육과 도민을 위한 다양한 산림교육의 기회 제공을 위해 노력하고 있다. 잔디원 인근 방문자센터에는 중고생을 비롯한 일반인 대상의 숲해설프로그램이 화요일부터 금요일까지 매주 1일 2회 운영되고 있다.

Travel tip

주소 경상남도 진주시 이반성면 수목원로 386
홈페이지 http://www.gyeongnam.go.kr/tree/index.gyeong
전화 +82 55 254 3811(이용문의), 3861(산림연구과 수목원 담당)
개원시기 및 시간 하절기(3월~10월)는 09:00~18:00, 동절기(11월~2월)는 09:00~17:00(입장시간은 관람종료 1시간 전까지)까지 개원한다. 매주 월요일, 1월 1일, 설, 추석 당일은 휴관한다.(월요일이 공휴일인 경우 그 다음 날 휴관)
면적 102ha

02 울릉도와 독도를 품은 바람과 어우러지는 식물원
경상북도수목원
Gyeongsangbuk-do Arboretum

수목원의 랜드마크인 독도 조형물이 아름다운 삼미담 전경

경상북도수목원은 2001년 설립 당시로서는 동양 최대의 규모라 화제가 된 내연산수목원으로 출발하였기에 그 이름을 함께 기억하게 되는 수목원이다. 경상북도 지역에 분포하는 산림식물과 국내외의 중요 수목유전자원을 수집·보존·증식하고, 식물자원화를 위한 학술적·산업적 연구를 수행하면서 지역주민에게 심신휴양과 자연체험 교육의 장을 제공하고 있다. 수목원의 고도는 평균 해발 650m로 주변에 보현산(1,124m), 향로봉(930m), 천령산(776m), 수석봉(821m) 등의 높은 산이 연결되는 고지대에 위치하며 2,926ha 면적에 망개나무, 노랑무늬붓꽃 등 희귀식물과 지역의 자생식물 위주로 2,088여 종을 보유하고 있는 경상북도 식물 자원의 중심지 역할을 한다. 경상북도의 지역적 특성을 살려 울릉도의 식물을 전시하는 울릉도식물원을 비롯하여 고산식물원, 침엽수원 등 24개 소원으로 구성되어 있으며, 숲해설전시관, 숲체험학습관, 숲생태관찰원에서는 자연스럽게 방문자의 지적 호기심을 만족시켜준다. 원내 시설로는 11동의 사무실·연구동, 전시온실, 동해와 영일만, 대보등대를 조망할 수 있는 관망전망대, 독도 조형물을 담고 있는 삼미담 연못이 있고, 어린이놀이터가 있어 어린이와 가족들에게 인기 만점인 장소가 된다.

수목원의 역사

경상북도의 공립수목원인 경상북도수목원은 1996년에 수목원 조성계획을 수립하여 준비기간을 거쳐 2001년 9월 17일 내연산수목원으로 1차 개원하였다. 이후 2005년 6월 9일 수목원 조성계획 변경에 따라 경상북도수목원으로 명칭을 변경하고 면적을 기존 면적의 3배로 확대하여 2005년 9월 23일 2차 개원을 하게 된다. 향후 세계적인 수목원으로 발돋움하기 위하여 지속적인 고산 수종 수집·전시, 식물분류군별 전시원 조성, 특수식물 전시원 조성 등 국내 타 수목원과의 차별화를 추진하고 있다.

수목원의 구성

들어오는 입구에서부터 큰 나무들이 우거져 오래된 숲길을 걷는 느낌을 받으며 우거진 나무 사이로 내려오는 햇빛이 방문자로 하여금 상쾌함을 느끼게 해 준다. 수목원은 전체적인 형태가 입구에서 좌우로 펼쳐진 은행잎 모양으로 되어 있으며 우측은 높고 좌측은 낮은 지형에 따라 우측에는 활엽수원, 침엽수원, 관목원, 고산식물원, 식약용식물원, 울릉도·독도식물원이, 좌측에는 백합원, 무궁화원, 창포원, 지피식물원, 철쭉원, 희귀식물원, 침상원, 유실수원, 망개나무원, 목련원, 가로수원, 생울타리원, 들국화원, 진달래원, 암석원과 온실 등의 주제원이 배치되어 있다. 가운데 만남의 광장에는 큰 소나무가 여기서부터 모든 게 펼쳐진다는 것을 알려주는 듯하다. 높이가 20m에 달할 것 같은 큰 소나무임에도 분재와 같이 수형이 아름다워 랜드마크로서의 역할을 톡톡히 한다. 우측으로 돌면 활엽수원이 나타나고 산책로를 따라 붉은색 공작단풍이 다채로운 이동로를 따라가면 울릉도·독도식물원이 나타난다. 지역의 특색을 가장 잘 나타내고 있는 이 주제원은 너도밤나무, 우산고로쇠 등 울릉도 특산물 47종을 전시하고 있어 울릉도에 가지 않고서도 울릉도의 다양한 식물을 경험할 수 있다. 우측 경사면을 따라 올라가면 작은 개천과 십이지신을 조각한 나무다리들을 지나는

방문객을 맞이하는 만남의 광장 소나무

습지를 수놓은 붓꽃

수생식물원과 침엽수원, 관목원을 만나게 되며 가장 상부에는 고산식물원에 도착한다. 고산식물원에서 눈주목, 눈향나무, 구상나무 등과 애기원추리, 한라산의 특산물인 한라구절초 등 우리나라 높은 산지와 북부지역에서 서식하는 수종을 보고 나면 잠시 쉬면서 바람을 맞으며 식물원을 내려다보는 여유를 가져보는 것도 좋다.

전시온실 외부 전경

수목원 중앙에서 왼쪽으로는 24품종의 무궁화가 있는 무궁화원을 만나게 되고 거기에서 여유로운 내리막길과 데크를 걸으며 관람하다 보면 얕은 습지에 창포와 붓꽃이 식재되어 있는 창포원이 나타난다. 이어서 '숲에

전시온실 관람공간

창포원

서 미래를 보는 연못'이라는 의미를 지닌 넓은 면적의 수면이 인상적인 삼미담을 볼 수 있다. 연못 가운데에는 두 개의 인공구조 바위가 있어 바로 동도와 서도로 나누어져 있는 독도의 모습임을 알 수 있기에 의미가 남다르다. 철쭉원에는 44품종의 철쭉류가 있으며 수목원 내의 산림욕장길은 경상북도 최대의 산철쭉 자생지로 알려져 있다. 높낮이가 다른 두 개의 건물로 연결되어 있는 온실에서는 양치식물들과 네펜데스와 같은 식충식물들과 함께 분재, 울릉도의 식물 등의 기획 전시가 진행되는데 3월~11월에 방문해야 관람이 가능하다. 온실 앞에는 곤충과 동물의 캐릭터가 있는 어린이체험정원이 있어 가족의 추억을 남길 수 있는 장소이다.

지역 전통가옥양식을 보여주는 너와집

보호해야 하는 우리 식물을 보존·전시하는 희귀식물원을 돌면 시간이 지남에 따라 앞으로 수목원을 대표하는 명소로 기대되는 망개나무원을 보면서 우리 식물의 소중함을 느낄 수 있다. 또한 암석원, 들국화원, 진달래원과 목련원을 거쳐 가로수길과 지피식물원을 지나면서 수목원

내 여유를 맘껏 느껴보는 것도 추천할 만하다.

특별히 경상북도수목원에서는 울릉도와 독도에 대해 생각을 많이 하게 된다. 울릉도의 자생식물은 물론 울릉도에 있었던 너와집, 삼미담의 독도 조형물 등 곳곳에서 느낄 수 있다. 또한 울릉도와 독도에 대한 향취는 이 지역에 대한 이해와 사랑에서 출발하여 나아가 우리나라에 대한 사랑을 떠올려 담아갈 수 있게 해 준다.

장승과 돌담이 정겨운 탐방로

수목원의 운영 특성

숲해설가들이 수목원을 안내하며 식물 이름의 유래, 용도, 비슷한 식물의 구분 등 숲에 대한 해설을 하는 숲해설프로그램을 개별 또는 단체 단위로 운영하고 있다. 10명 미만의 단체나 가족 등 개별 방문자는 오전 11시, 오후 3시에 정기적으로 운영되는 숲해설프로그램에 참여할 수 있는데 입구에 있는 숲해설전시관 1층 안내데스크에 숲해설을 신청하면 된다. 10명 이상의 단체를 대상으로 하는 숲해설프로그램은 방문 3일 전에 예약시스템 예약을 통해 참여할 수 있다. 주차장은 3곳으로 넓은 편이지만 단체방문 시에는 예약을 해야 대형버스를 주차할 수 있으므로 사전에 예약하는 것이 필요하다.

최근에 신라 고찰 보경사와 12폭포로 이어지는 수목원 보존구역 내를 포함하는 등산로를 정비하였고 기존의 삿갓봉 전망대(715m)에 이어 매봉 전망대(833m)에 접근하는 목재 계단을 설치하여 내연산 능선과 월포해수욕장을 포함한 동해 바다를 보려는 방문자들이 보다 안전하고 편리하게 이용할 수 있도록 하였다.

Travel tip

주소 경상북도 포항시 북구 죽장면 수목원로 647(상옥리 1-1)
홈페이지 https://www.gb.go.kr/Main
전화 +82 54 260 6100
개원시기 및 시간 하절기(3월~10월)는 10:00~17:00, 동절기(11월~2월)는 10:00~16:00(1월 1일, 설과 추석 당일 휴관)까지 개원한다.
면적 2,926ha

03

전쟁의 기억에서 출발하여 미래를 보여주는 한반도 남쪽의 최북단 식물원

국립DMZ자생식물원

National DMZ Native Botanical Garden

고층습지원에서 보이는 고산 봉우리로 둘러싸인 펀치볼 전경

전쟁과 분단의 비극적 역사를 고스란히 간직하고 있는 비무장지대DMZ Demilitarized Zone는 세계의 유일한 군사분계선을 사이에 둔 군사적 완충지대로 아이러니하게도 분단 이후 50여 년간 가장 무장되어 있는 상태로 민간인의 접근이 제한되어 왔기에 그 어느 지역에서도 찾아볼 수 없는 독특한 자연생태계와 생물종 다양성을 유지하고 있다. DMZ 자생식물원이 위치한 양구군 해안면은 주변에 가칠봉과 대암산, 도솔산, 대우산 등 해발 1,100~1,300m 봉우리가 왕관처럼 둘러싼 분지로 미국식 화채 그릇을 의미하는 펀치볼Punch Bowl이라는 별칭으로 알려져 있는데 이는 6·25전쟁 당시 치열하게 전투를 벌여 피로 얼룩진 해안면에 석양이 드리우자 분지 안쪽이 칵테일 유리잔 속의 술빛과 같이 붉은색으로 물들어 보이는 모습을 보고 한 외국 종군기자가 펀치볼이라는 이름을 붙인 것에서 유래하였다고 한다.

시각적 화려함을 추구하는 대신, 전쟁의 흔적 속에 평화로움과 해발고도 630m에 자리한 자연스러운 지형을 활용한 자생식물의 보금자리로 이곳의 생태와 종 다양성을 지키고자 하는 노력이 담겨 있는 독특함이 있다. 여유롭게 자세히 관람하면서 식물원의 가치와 함께 펀치볼의 아름다운 경관을 감상하기를 권한다.

DMZ자생식물원은 모두 9개 주제원으로 구성돼 있으며 보전 및 자원화 소재 식물로 활용 가능한 DMZ 식물 41%에 해당하는 1,100종을 보유하고 있다. DMZ와 북방계식물 중 고산지역에서 서식하고 있는 식물을 보전하기 위한 북방계식물전시원과 DMZ지역의 식물을 수집·보전하는 DMZ원, 대암산 용늪 등을 보전하기 위한 고층습지원과 DMZ 서부평야지역의 습지, 임진강, 한강의 저층습지를 보전하기 위한 저층습

워가든의 종탑과 펀치볼 지형

지원, DMZ의 모습과 전쟁의 흔적 등을 전시하는 워가든, 그 밖에 미래의숲, 소나무과원, 야생화원으로 조성되어 앞으로 그 역할과 모습이 더욱 기대된다.

식물원의 역사

국립수목원은 DMZ의 다양한 식물자원 중 특히, 북방계 지역의 식물자원을 수집·보전하고, 통일 후 북한지역의 산림생태계를 복원하기 위한 연구 그리고 동서 생태축을 연결하는 DMZ지역의 희귀, 특산식물을 보전하고자 2011년 7월에 식물원 예정지를 강원도 양구군 해안면 만대리에 지정 고시하였고, 같은 해 11월에 식물원 조성 공사를 시작하였다. 전체 102억 원의 사업비가 소요되었고 2013년 국립수목원 분원 형태로 완공하였으며 한반도 북방식물 및 산림생태계 연구의 중심이라는 비전을 수립하였다. 완공 이후 초기에는 일반인에 공개하지 않고 DMZ지역 산림 생태계 연구 중심으로 운영하다가 2016년 10월 19일 일반에 공개하였다.

식물원의 구성

국립수목원 DMZ자생식물원은 방문자센터에서 시작하여 주 관람동선을 따라 시계 반대방향으로 관람할 있도록 상대적으로 저지대에 조성된 워가든War Garden, 미래의 숲, DMZ원, 희귀·특산식물원, 습지원, 야생화원이 있고, DMZ국제연구센터 위쪽의 고지대에 위치한 북방계식물전시원과 내려오는 길에 들리면 여유있게 관람할 수 있는 소나무과원으로 구성되며, 이외에 방문자센터, 증식온실, 묘포원이 있다.

방문자센터를 통과하여 식물원으로 들어오면 제일 먼저 이곳의 역사적인 특징을 잘 보여주는 워가든을 만나게 된다. 입구에 서 있는 철책선 통과문과 정원 한가운데 높이 서 있는 녹슨 종탑에 걸려 있는 평화의 종은 식물원의 역사적, 지리적 특성을 단박에 각인시킨다. 평화의 종은 비무장지대에서 철거한 철조망을 녹여 만든 종으로 남다른 의미로 바라보게 된다. 돌담의 흔적이 남아 있는 정원에는 귀하지만 겸손하게 몸을 낮춘 우리 자생식물들을 볼 수 있다. 여기서는 방문자들로 하여금 전쟁의 아픔과 이주정착민들의 애환을 느끼며 나무와 풀꽃들로 기억의 상처를 보듬는 시간을 갖게 해 준다. 과거를 뒤로하고 원내로 이동하면 미래의 숲에 도착한다. 돌담과 밭의 흔적은 이곳이 이전에 정착민들이 땅을 일구었던 경작지였다는 것을 알려 주고 있기에 이름 그대로 과거에서 출발하여 앞으로 변화해나갈 모습들을 기대할 수 있는 열린 미래를 상징하는 공간이다. 이어서 넓은 면적을 차지하는 DMZ원에 도착하는데 이곳에서는 우리나라 중앙에 동과 서로 가로지르는 비무장지대의 경관을 체험할 수 있다. 고지대인 동쪽에서 저지대인 서쪽까지 우리나라 지형을 축소한 듯 느껴지는 지형에서 각 지역에서 수집된 자생식물들을 자연스레 만나볼 수 있다. 희귀·특산식물원에서는 DMZ지역 일대에서 사람의 간섭없이 살아가는 식물들을 체계적으로 전시·관리하고 있어 모데미풀, 금강봄맞이, 요강나물 등과 같은 평소에 보기 힘든 식물들을 만날 수 있는 기회를 제공해 준다. DMZ국제연구센터에서 DMZ원을 아래로 내려다보면 경사면을 따라 크지 않은 암석 사이에 식재되어 있는 자생식물들이 마치 알프스의 고산 초원을 보는 있는 것 같아 신선한 경험을 덤으로 얻는 것 같다.

식물원에서 인제쪽 방향으로 멀지 않은 곳에 위치한 람사르협약 등록 습지인 대암산 용늪을 원형으로 조성된 고층습지원에서 시작하는 습지원은 이어지는 경사지를 활용하여 고층습지원이 중층, 저층습지원과 수계적으로나 경관적으로 자연스럽게 연결되게 되어 있다. 서로 인접한 습지에는 수계 둘레에도 다양한 식물 종의 보금자리를 갖

북방계식물인 백두산떡쑥

북방식물의 요람인 북방계식물전시원

추어 생물다양성을 높이는 역할을 톡톡히 하고 있음을 알 수 있다.

식물원 내에서도 가장 높은 곳에 있는 북방계식물전시원은 가장 핵심이라 할 수 있는 주제원으로 남한에서 가장 고위도에 위치하며 평균 해발고도가 약 630m 되는 식물원의 특성을 잘 보여주고 있어 기후변화의 위기를 온몸으로 겪어 내고 있는 식물들의 모습을 통해 자연스레 환경에 대해 다시 한번 생각하도록 해 준다. 여기서는 DMZ지역을 포함하여 서식하는 북방계식물 중 특히 고산지역에서 서식하고 있는 식물들과 북한, 러시아 등지에서 자생하는 식물들을 관람할 수 있다. 너도개미자리, 백두산떡쑥, 넌출월귤 등 북방식물을 볼 수 있는 북방계식물전시원은 집중 관리가 필요한 주제원으로 일반에 상시 공개되지 않고 구성식물들이 꽃을 피우는 시기인 5월 중순에서 6월 상순에 약 3주 정도의 일정 기간에만 일반에 개방하기에 방문 전에 개방 여부를 확인하는 것이 필요하고 관련 정보를 참조하여 시기에 맞추어 방문하는 것을 권한다.

주 관람로를 따라 아래 측면에 위치한 야생화원은 DMZ 주변의 자연스러운 풍광을 재현 전시하고자 기획된 공간으로 야생화원에서 피고 지는 우리 꽃들이 식물원 둘레의 숲들과 조화로이 어우러져 식물원의 경계를 넘어 더 넓은 식물원을 상상하게 해 준다.

소나무과원은 전 세계에 분포하는 소나무과Pinaceae 식물의 원종과 변종, 품종을 수집하여 전시하는 공간으로 전나무속*Abies*, 가문비나무속*Picea*, 소나무속*Pinus* 등의 식물들을 수집하여 키우는 모습을 볼 수 있고 시간이 지나면서 앞으로의 모습이 기대되는 공간이다.

습지원

소나무과원의 처진솔

미래의 희망을 보여주는 소나무과원의 구상나무

식물원의 운영 특성

식물원은 매주 월요일, 추석 및 설 휴무를 제외하고 관람이 가능하다. 다만 북방계식물 전시원은 평시에는 일반에 공개하지 않는데 봄은 늦게, 여름은 일찍 찾아오는 DMZ 지역 특유의 기후 특성으로 꽃을 피우는 시기인 5월 중순에서 6월 상순에 약 3주 정도의 특별 공개 기간을 운영한다. 무료 관람이 가능하고 관람 시간은 월요일을 제외한 매일 오전 9시에서 오후 5시까지이다.

지역과 역사의 특성에 맞게 생물다양성의 중요성을 알리고, 음악을 통해 평화를 되새기기 위한 PLZ Peace & Life Zone 페스티벌이 개최된다.

Travel tip

주소 강원 양구군 해안면 펀치볼로 916-70
홈페이지 https://www.forest.go.kr/kfsweb/kfi/kfs/cms/cmsView.do?mn=NKFS_02_08_02_01_07&cmsId=FC_001520
전화 +82 33 480 3000
개원시기 및 시간 09:00~18:00까지 개원한다.(매주 월요일, 추석 및 설 휴무)
면적 18ha

04 아시아 최대 규모의 대한민국 중추 수목원

국립백두대간수목원

National Baekdudaegan Arboretum

돌과 식물과 물의 조화를 보여주는 암석원

국립백두대간수목원은 한반도의 척추로 상징되는 백두대간 중심인 경상북도 봉화군 춘양면에 위치한 전체 규모 약 5,179ha의 아시아에서 최대 규모의 수목원이다. 이 중 중점 조성지역은 206ha이고 생태탐방지구가 4,973ha로 중점 조성지역을 관람하는데만 3시간 이상이 소요되는 방대한 규모를 자랑한다. 백두대간 내 해발고도 500~1,200m 높이에 있는 수목원은 지역의 자연적인 산림 환경을 살려 백두대간 및 고산지역의 식물 자원을 수집하여 보전함으로써 기후변화에 취약한 산림생물자원의 체계적 보전 및 활용기반 구축 등에 특화된 수목원으로의 역할을 담당해 나가고 있다. 전시 공간으로는 가장 눈길을 끄는 암석원을 포함하여 체계적이고 아름다운 37개의 전시원을 조성하여 관람객에게 식물문화를 접하는 기회를 제공함과 동시에 자연 속에서의 휴양의 시간을 제공한다.

수목원 내에는 아시아 최초의 영구종자보존시설인 시드볼트Seed Vault를 설치 운영하여 아시아지역의 산림식물자원을 보존하는 데 큰 역할을 하고 있기에 이곳을 방문하는 사람들로 하여금 우리나라의 발전하는 생물종 보전과 환경보전 노력에 대해 자부심을 느끼게 한다. 또한 총 3.8ha로 축구장 6개 크기의 규모로 조성된 호랑이숲에서는 백두대간의 상징인 백두산호랑이를 사육하며 전시하고 있어 방문객에게 인기가 높다. 대표적인 행사로 봉자(봉화 자생꽃) 페스티벌이 연 2회 개최되는데 지역 농가가 참여하여 재배한 자생식물을 활용하는 우리꽃 축제로 의미가 크다.

수목원은 서울과 대전에서 자가용 차량으로 약 3시간, 대구에서 약 2시간, 부산에서 약 4시간 거리이며 기차를 이용하는 경우, 영주역 또는 춘양역에서 대중교통을 이용할 수

수목원 입장을 환영하는 진입광장

있다. 수목원을 관람하기 위해서는 하루 이상의 시간을 할애하여 여유 있게 방문하는 것을 권하는데, 들인 시간보다 더 큰 식물문화체험의 즐거움과 우리 자신에 대한 자긍심을 느끼며 돌아갈 수 있을 것이다.

수목원의 역사

우리나라 국립수목원은 3곳으로 사람들이 대표 국립수목원으로 떠올리는 가장 오래된 국립수목원과 근래에 개원한 국립세종수목원, 그리고 가장 규모가 큰 국립백두대간수목원이 있다. 백두대간수목원은 국가광역경제권 30대 선도프로젝트 중 3대 문화권(신라·가야·유교) 문화·생태·관광 기반 조성과 기후변화에 취약한 산림생물자원의 보전·연구를 위한 기후대별·권역별 국립수목원 확충 계획의 일환으로 설립이 계획되었다. 2009년부터 2015년까지 7년간 총 2,200억 원의 사업비가 소요되는 조성사업을 진행하여 2015년 12월에 준공하였다. 2017년 5월에 관리주체인 한국수목원관리원이 법인으로 등기되었으며 2018년 2월 기타공공기관으로 신규 지정되었다. 2016년 9월에 임시개원을 하여 일반에 공개되었고 2019년 5월에 국립백두대간수목원으로

색이 조화로운 화단

개원하였다. 이후 한국수목원관리원은 한국수목원정원관리원으로 명칭이 변경되어 현재 운영을 총괄하고 있다.

나무줄기를 형상화한 공간 방문자센터

수목원의 구성

국립백두대간수목원에 도착하면 주변 산세와 어우러지게 건축된 방문자센터가 반겨주는데 두 개 층으로 이루어진 내부에 들어서면 나무의 줄기를 형상화한 기둥들이 정겨우면서 신비로운 느낌을 준다. 수목원에 대한 안내와 함께 백두대간 해설관, 시드볼트 전시홍보관, 기획전시관의 전시를 둘러보는 것도 유익하다. 방문자센터를 통과하여 다리를 지나면 넓은 면적에 조성된 잔디광장과 상징 조형물이 있는 진입광장이 나타나고 본격적인 수목원 관람이 시작된다. 이 광장은 수목원의 주요 행사 시 무대로 활용되는 공간으로 관람객의 편의를 위해 운영되는 트램의 출발지이기도 하다. 트램은 진입광장에서 약 2.5km 거리에 위치한 단풍식물원까지 운행하고 있어 걸으면서 관람하기가 버거운 경우에는 트램을 타고 단풍식물원역에서 하차하여 내려오면서 관람하는 것도 방법이다.

꿈처럼 펼쳐지는 분수

국립백두대간수목원은 35개의 전시원이 수목원 내부로 길게 구성되어 있는데 진입광장 좌측으로는 추억의 정원이 있고 우측에는 하천 변을 따라 겨울정원, 휴가든, 덩굴정원이 위치한다. 하천을 건너면 어린이정원, 모험의 숲, 어린이 무궁화동산이 있어 어린이를 동반한 가족 단위 방문객을 위한 배려가 돋보인다. 주 관람로를 따라가면 수련정원과 식물분류원, 무지개정원, 장미정원, 나비정원, 약용식물원이 모여 있는 공간에서 잘 정돈된 정원 화단을 감상할 수 있다. 이후 관람로는 하천 옆으로 한적한 길로 이동하는 중간에 돌틈정원을 만나게 되는데, 이끼와 함께 각종 식물이 돌 사이 틈에 자연스럽게 식재가 되어서 친근한 느낌을 주는 공간이다. 관람로에는 돌배나무가 길게 줄지어 식재되어 있어 꽃이 필 때는 관람로 자체가 명소가 되는 장면을 상상하며 걷게 된다. 이어 나타나는 갈림길에서 우측으로 진입하

쉬어가는 게 즐거운 휴가든

면 본격적인 전시공간이 시작되는 것 같은 분위기의 향기원, 꽃나무원, 거울연못이 있다.

거울연못에서 연못 표면에 비친 나무와 하늘을 감상하고 난 후 좌측으로 이동하면 경사면 위쪽으로 넓은 야생화언덕이 펼쳐져 계절별로 단을 이루며 흐드러지게 피는 야생화의 장관을 볼 수 있다. 위로는 수목원에서 가장 특징적인 장소라 할 수 있는 암석원이 있다. 우리나라에서 지금까지 본 암석원 중에서 가장 규모가 크게 느껴지는 암석원에는 독일 헤렌호이젠가든Herrenhäusen Gärten의 70m 대분수(『세계의 식물원 산책』 2권, 168쪽)를 떠올리게 하는 분수가 시원하게 물을 뿜어내어 주변 경관과 어우러지는 풍광을 자아내어 가히 수목원의 랜드마크라 할 수 있겠다는 생각이 든다. 자연지형의 경사면을 잘 이용하여 암석과 식물의 조화가 아름다우며 분수를 이용하여 공중 습도를 높이는 것도 좋게 느껴진다. 경사면을 따라 구불구불한 관람로를 이동하며 관람한 후에는 아래서 올려다보는 경관과 위에서 내려다보는 경관을 모두 즐기기를 권하고 싶다. 암석원 위로는 자작나무원이 있어 북유럽의 정취를 풍기고 있다. 거울연못의 우측으로는 잔디언덕과 정겨운 돌담정원이 있어 잠시 추억을 떠올리게

다랭이논을 닮아 정겨운 돌담정원

정형미가 돋보이는 수련정원

한다. 주 관람 동선으로 이동하면 매화원과 사계원, 단풍식물원이 모여 있고 좌측 경사면에는 진달래원이 펼쳐지고 진달래원을 통과하면 또다시 계곡 사이에 숨겨져 있는 보석같은 만병초원이 나타난다. 대표적인 고산성 수목으로 화려한 꽃을 뽐내는 만병초원에는 홍만병초 외 45 분류군의 만병초가 전시되어 있어 개화시기를 맞추어 방문하면 아름다운 풍광을 즐길 수 있다. 만병초원 위로 고지대에는 알파인하우스가 있어 세계 고산식물자원을 관람할 수 있다. 알파인하우스의 고산냉실에서는 한국, 중국, 몽골, 네팔 등 아시아지역과 중앙아시아지역 고산기후에서 자라는 식물들을 관찰할 수 있는데, 아울러 고산식물의 생육 조건을 직접 체험하면서 다양한 암석경관을 즐길 수 있다.

단풍식물원역 주변에는 수목원의 의미를 가장 잘 보여주는 백두대간자생식물원, 백두대간야생초화원이 연이어 위치하고 있다. 백두대간자생식물원은 온대북부지역, 온대중부지역, 온대남부지역으로 구분하여 지역별 보전 가치가 높은 망개나무, 가침박달, 강화황기 등과 같은 희귀·특산식물을 수집 및 전시하고 있으며, 백두대간야생초화원에서는 백두대간지역에서 자생하는 초본식물을 중심으로 구슬댕댕이, 산마늘, 천남성 등 보존 가치가 높은 식물들을 만나볼 수 있다.

돌틈정원에서 돌틈생태숲길로 들어서면 가장 상부에 숲정원이 있다. 이곳의 거대한 메타세쿼이아 숲속에서 계절에 따라 다양한 야생화들과 함께 나무그늘에서 피곤한 다리를 잠시 쉬어가는 것은 꿀맛 같은 휴식이 된다. 숲길을 따라 내려오면 산림습원을 만날 수 있다. 주위에는 기존의 지형을 살린 고산습원이 있어 습지의 천이단계에 따라 생육하는 고산습지식물의 생태를 관람할 수 있고 고산습원을 지나 상부 경사로로 걷다 보면 호랑이숲이 나타나 수목원의 가장 이채로운 장소를 방문할 수 있다. 호랑이숲에는 국내에서 가장 넓으면서 자연지형 및 식생을 최대한 활용한 자연생태형 사육환경 속에 네 마리의 백두산호랑이가 살고 있다. 우리 민족이 숲의 주인으로 여겨 왔던 호랑이에 대해 많은 이야기를 나누고 멸종위기종 백두산호랑이의 종 보전에 대한 인식을 높이는 장소이다.

백두대간 글로벌 시드볼트Seed Vault는 수목원 가장 안쪽에 있는 산림환경연구동 앞에 위치한다. 식물의 씨앗을 중·단기기간 저장하는 종자은행(시드뱅크Seed Bank)과 달리, 시드볼트는 기후변화나 전쟁, 핵폭발 등 예기치 못한 지구차원의 대재앙에 대비하여 식물의 멸종을 막기 위해 식물 씨앗의 영구 저장을 목적으로 만들어진 시설로 노르웨이 스발바르 글로벌 시드볼트와 함께 전 세계에 단 두 군데 설립된 시설 중 하나이다. 안전한 종자 보존을 위해 지하 터널형 구조로 건설되어 아시아지역의 산림식물자원을 보존하는데 큰 역할을 하고 있다. 특히 시드볼트가 위치한 수목원 위치가 조선왕조실록 등 조선 후기에 역사기록과 중요 문서를 보관한 조선시대 5대 사고 중 하나인 태백산사고지라는 것은 선조들의 지혜를 현재에 계승하여 유지하고 있다는 점에서 의미가 더욱 크게 다가온다.

수목원의 운영 특성

한국수목원정원관리원이 운영 주체인 백두대간수목원은 방문객의 이동편의를 위해 외형이 수목원의 마스코트인 호랑이 모양의 귀여운 전기버스인 트램을 운영하는데 운행구간은 진입광장의 트램출발역에서 단풍식물원역까지 약 2.5km이다.

방문객을 위한 다양한 해설프로그램을 제공하고 있는데 기본 해설프로그램은 약 1시간 30분이 소요된다. 호랑이숲길 해설은 수목원의 인기 있는 해설프로그램으로 대표 전시원인 암석원, 야생초화원과 호랑이숲을 동시에 볼 수 있다. 계절별 맞춤형 해설프로그램과 일정한 시간마다 약 30분씩 진행되어 각 전시원에 대한 이야기를 무료로 들을 수 있는 '콕'해설프로그램도 제공된다. 문화공연은 방문자센터 1층 강당에서 매월 한 가지씩 공연 또는 행사 방식으로 열리며 방문자센터 2층 특별전시실에서는 시즌별로 특별전시가 개최된다.

솟대 너머로 보이는 어린이정원

수목원의 대표행사인 봉자페스티벌은 우리 자생식물을 활용한 축제로 여름, 가을 2회 개최되어 우리 꽃 속에서 여러 프로그램을 진행한다. 이때 사용되는 자생식물들은 지역농가와 위탁계약하고 재배하기에 식물자원 재배 기술 보급 및 수익창출로 지역경제에 기여하고 있다.

물위에 비치는 경관을 즐길 수 있는 거울연못

교육 프로그램으로 가족단위로 참여할 수 있는 백두대간 생생탐사대(연 6회), 아빠하고 나하고(연 3회), 별자리 여행(매월 1회)을 운영하여 자연 속에서 지식과 경험을 쌓는 것은 물론 가족 간의 유대감을 높이는 기회를 제공한다. 일반 유·초·중·고등학교 현장체험 단체 프로그램도 예약제로 운영한다. 전문교육 프로그램으로는 수목원전문가 양성과정, 교원직무연수, 보호수관리 실무과정 등을 운영하여 수목 분야 전문성을 높이는 데 기여하고 있다.

방문자센터 1층에 위치한 가든숍에서는 지역 농·특산물과 백두대간 대표 동식물을 활용한 자체 제작 브랜드 상품, 정원 관련 용품(식물, 정원도구 등) 등을 판매하며 홈페이지에서는 온라인 숍도 운영한다.

Travel tip

주소 경상북도 봉화군 춘양면 춘양로 1501
홈페이지 https://www.bdna.or.kr/main/main.do
전화 +82 54 679 1000
개원시기 및 시간 하절기(3월~10월)는 09:00~18:00, 동절기(11월~2월)는 09:00~17:00(매주 월요일, 1월 1일, 설·추석 당일 휴관, 월요일이 공휴일인 경우 그 다음 날 휴관)까지 개원한다.
면적 5,179ha(생태탐방지구 4,973ha, 중점조성지역 206ha)

05

또 하나의 작은 지구

국립생태원

National Institute of Ecology

국립생태원 에코리움 전경

백제의 얼이 서려 있는 서천과 군산을 가르는 금강하구 인근에는 볼거리가 많이 있다. 군산역사문화지구를 비롯하여 국립해양생물자원관, 금강습지생태공원 등 역사와 자연을 함께 즐길 수 있는 곳들이 즐비하다. 그중에서도 대한민국 생태교육의 중심이라고 할 수 있는 국립생태원은 핵심적인 관람시설 중 하나이다. 미국의 오라클생물권2가 실험을 위해 지구 생태계를 재현해 놓은 곳이라면, 대한민국 국립생태원은 전시와 체험, 교육을 위해 또 하나의 작은 지구를 구현해 놓은 곳이다. 한반도 생태계를 비롯하여 국립생태원 내에 있는 에코리움은 살아있는 생태전시공간으로, 열대, 사막, 지중해, 온대, 극지 등 세계 5대 기후와 그곳에서 서식하는 동식물을 한눈에 관찰하고 체험해 볼 수 있는 곳이다.

식물 1,900여 종, 동물 280여 종을 21,000m^2가 넘는 공간에 기후대별 생태계를 최대한 재현함으로써 기후와 생물 사이의 관계를 이해할 수 있도록 조성한 공간이다. 이외에도 5개 구역으로 구분된 야외전시공간에서는 우리나라의 대표적인 습지 생태계에서부터 세계의 다양한 식물, 고산지역에 자생하는 희귀식물, 우리나라의 대표적인 사슴류 서식공간, 연못생태계 등을 감상할 수 있다.

우리나라와 세계의 생태연구를 선도하는 동시에 방문객에게 생태계에 대한 다양한 체험과 배움의 장을 제공함으로써 환경을 보전하고 올바른 환경의식을 함양하기 위해 노력하고 있다. 국립생태원은 명실상부한 아시아 최대의 종합생태연구기관으로, 매년 100만 명의 관람객이 자연을 만나고 배우는 생태문화 확산의 허브가 되고 있다.

생태계의 시작을 상징하는 입구의 새싹 조형물

사슴생태원을 살펴볼 수 있도록 조성한 전망대

생태원의 역사

1989년 8월 국가 장항단지 조성사업이 발표된 이래, 10여 년간 진척이 없던 이곳에 2007년 드디어 국립생태원 조성을 위한 기본계획 수립연구가 진행된다. 2008년 12월 국립생태원 건립사업 설계 공모 당선작이 발표되고, 2009년 10월 국립생태원 건립을 위한 마스터 플랜이 수립되어 본격적인 공사를 시작, 2013년 12월 국립생태원은 개관하게 된다. 실제로 2개월 전인 2013년 10월 28일 환경부 산하 기관으로 출범하여 자연생태계 보전 및 생물다양성, 야생생물 관리를 위한 다양한 활동과 국토환경보전기본정책 수립에 생태전문기관으로서 시작되었다.

세계가 겪고 있는 지구환경 변화는 지구 온난화를 비롯하여 생태계 파괴, 생물다양성 감소, 멸종위기종 증가뿐만 아니라, 미세먼지, 대기 및 수질오염 등과 같은 일상에서의 피해를 초래하는 상황에 이르렀다. 갈수록 증가하는 사회적 비용과 이에 대응한 세계 각국의 정책도 친환경적인 흐름으로 변화하고 있으며, 기업들의 경영원칙에도 환경문제에 대한 중요성이 제고되고 있다. 정치·경제·사회·환경 등 사회 전반에 걸쳐 생태분야 전문가의 수요가 늘어나고 있는 시점에서 국립생태원은 '자연과 사람이 함께하는 미래를 연구한다'는 캐치프레이즈를 바탕으로 생태연구를 통한 공공기관으로서 사회적 책임과 가치를 실현하며, 선진 생태문화 확산에 앞장서기 위해 조성되었다. 국립생태원은 생태계 건강성 회복을 위한 생태조사·연구 및 평가, 생태계 복원에 관한 연구 및 기술개발은 물론 동·식물 등 생태관련 전시, 체험 및 홍보시설을 조성하여 운영하고 있다. 특히 갈수록 수요가 증가하고 있는 생태관련 전문인력을 양성하기 위해 다양한 교육 프로그램 개발·운영 및 생태관광사업, 생태지식 문화도서 출간 등 가능한 모든 영역에 걸쳐 생태문화 확산에 앞장서고 있다.

생태원의 구성

입구를 따라 들어가면 우측에 2,227m^2의 면적에 상수리나무, 느티나무, 팽나무, 산벚나무, 수수꽃다리, 화살나무 등 주변에서 흔히 볼 수 있는 수종들로 자연스럽게 조성되어 있는 사슴생태원을 만날 수 있다. 방사된 사슴과 고라니들이 설레는 아이들의 동심을 자극하며 발길을 붙잡는 곳이다. 두 종류 모두 조심성이 많아 야생에서는 작은 인기척만 들려도 달아나버려 쉽게 관찰하기 어렵지만, 여기서는 살아가는 모습을 쉽게 관찰할 수 있을 뿐만 아니라, 관찰용 망원경도 준비되어 있어 가까이서 사슴과 고라니의 모습을 직접 볼 수 있다.

에코리움 내 열대우림관

사슴생태원을 지나 위치한 방문자센터에서 국립생태원의 이용 방법을 체득한 뒤 제일 먼저 에코리움으로 향하면 된다. 지구의 모든 생태계를 옮겨 놓은 듯한 이곳에는 사막에서부터 극지까지 지구상의 모든 기후대를 재현해 놓은 생태관을 만날 수 있다. 5대 기후관 중 첫 번째로 만나게 되는 열대관은 1년 내내 비가 내리고 상록활엽수림이 있는 열대우림 중 아시아, 중남미, 아프리카의 열대우림을 재현한 공간이다. 열대기후에서 서식하는 700여 종의 다양한 식물과 열대의 강과 바다에 서식하는 130여 종의 어류, 14종의 양서파충류 등을 만나 볼 수 있다.

제주 곶자왈을 재현한 온대관

사막관은 연평균 강수량이 250mm 이하로 건조하고, 한겨울에도 8℃ 이상 온도가 유지되

온실에서 재현한 사막 생태계

는 더운 지역으로, 파충류 6종과 300여 종의 선인장과 다육식물이 전시되어 있다. 지중해관은 남북위 30~40° 사이 중위도 대륙 서안 지역에 나타나는 기후인 지중해 기후 중 남아프리카, 유럽 지중해, 카나리, 호주, 캘리포니아의 식생을 재현해 놓았다. 여름이 건조한 지중해 기후에는 여름철 수분을 잃지 않도록 잎이 작고 단단하며 키가 작은 경엽수림이 분포하는데 올리브나무가 대표적이다. 그 밖에 다양한 허브식물, 호주에 서식하는 유칼립투스, 벌레를 잡아먹는 식충식물과 함께 지중해 기후의 동물이 전시되어 있다. 지중해성 지역은 육지 면적의 약 1.7%에 불과하지만 전 세계 식물종의 약 25%를 차지하는 생물다양성의 보고이다.

온대관은 사계절이 뚜렷한 한반도의 기후 환경과 생태계를 재현한 공간으로, 난·온대림과 외부 계곡, 산악 구역의 온대림으로 구성하고 각 구역마다 주제 종을 선정했다. 특히 한반도의 대표 온대림인 제주도 곶자왈 지형과 연못을 조성하고 곶자왈의 식물과 한반도에서 서식하는 양서·파충류 7종, 어류 40여 종을 전시하고 있다. 실내와 연결된 야외 공간에서는 한반도의 산악 지역과 계곡 지역을 재현하여 수달, 검독수리 등 온대 기후의 동물을 관찰할 수 있다. 마지막 기후관인 극지관은 온대 지역에서 극지방에 도달하기까지의 생태 변화를 살펴볼 수 있도록 조성되었다. 한반도의 지붕, 개마고원을 시작으로 침엽수림이 발달한 타이가숲, 툰드라 지역을 살펴볼 수 있다. 또한 북극여우, 북극곰, 남극도둑갈매기 등 다양한 박제표본을 활용하여 재현한 극지 생태계를 만나 볼 수 있다. 빙설기후가 나타나는 남극과 북극에 서식하는 살아있는 식물 10여 종과 펭귄 2종이 전시되어 있다.

에코리움을 나와 만나게 되는 가장 큰 연못인 용화실못은 생태원 전체의 물을 공급하는

한반도 모든 숲을 재현한 한반도 숲의 낙엽활엽수림

수원이자 다양한 새들과 식물의 서식처이다. 국립생태원이 이곳에 자리를 잡은 이유 중 하나는 부지 전체에 꾸준히 물을 공급할 수 있는 용화실못이 있었기 때문이다. 초본식물 위주의 단순한 수변 완충 식생대에 지하수위를 고려하여 키가 작은 개키버들과 갯버들 그리고 키가 큰 버드나무를 보강하여 지금의 용화실못을 조성하였다. 현재 이곳에는 흰뺨검둥오리를 비롯하여 큰고니, 원앙, 꼬마물떼새, 삑삑도요, 쇠백로, 왜가리, 청둥오리 등 다양한 조류들이 방문하는 서식처로 활용되고 있다. 용화실못의 수원을 활용하여 조성된 습지생태원은 우리나라의 대표적인 습지

생태원 야외 곳곳에 배치한 탐방용 스탬프

생태계 특징을 관찰할 수 있는 한반도 습지와 수생식물원으로 구성되어 있다. 습지에서 서식하는 꽃창포, 미나리, 부들, 수련 등 다양한 수생식물의 모습을 가까이에서 관찰하고 배우는 체험학습 공간으로 인기가 많다. 습지생태원과 인접하여 위치한 서천농업생태원은 서천군의 환경을 바탕으로 주로 생산되는 벼를 비롯하여 한산모시로 유명한 작물인 모시와 수세미, 농촌에서 흔히 볼 수 있는 수양뽕나무, 매실나무, 꾸지뽕나무, 대추나무 등 다양한 과수를 도입하여 조성하였다.

방문자센터 바로 뒤편으로 조성된 습지체험장은 우리나라 습지에 서식하는 다양한 동·식물을 직접 만지며 배울 수 있는 체험공간으로 게아재비, 논우렁이, 밀잠자리 등을 직접 관찰할 수 있는 공간이다. 서문과 가장 인접한 고산생태원에는 백두산, 설악산, 지리산, 한라산 등 고산에서 자생하는 구상나무, 눈향나무, 시로미 등의 희귀식물들이 식재되어 있다.

정문과 서문을 연결하는 중심도로 주변으로는 제주도를 포함하여 한반도의 기후대별 삼림 식생을 재현한 한반도의 숲이 조성되어 있다. 한반도 위도에 따른 대표적인 13개 군락 약 310여 종, 205,900여 개체를 식재하여 재현한 한반도숲을 탐방하기 위한 본격적인 여정이 여기서부터 시작된다. 제일 먼저 만나게 되는 아한대 침엽수림대는 북한의 개마고원과 남한의 지리산, 한라산 등의 아고산대지역을 대표하는 전나무군락과 구상나무군락을 중심으로 조성되었다. 연속해서 만나게 되는 냉온대 낙엽활엽수림대는 높은 산들이 위치한 강원도 일부를 비롯하여 북한 지역에서는 서해안과 동해안을 따라 한반도 최북단까지 분포해 있는 신갈나무군락과 잣나무군락을 식재하였다. 난온대 낙엽활엽수림대는 고지대를 제외한

아이들에게 인기있는 하다람놀이터

강원도 저지대 일부, 경기도, 충청도, 황해도, 전라도 지리산 일부 등의 지역으로 신갈나무 군락과 굴참나무군락, 서어나무군락, 소나무군락 등이 대표종들이다. 정문 출구에 인접하여 위치한 난온대 상록활엽수림대는 제주도와 남부해안 및 도서지역에 해당하는 지역으로 대표 식물군락으로 동백나무군락과 붉가시나무군락이 형성되어 마지막 관람객의 여정을 마무리할 수 있게 해 준다.

생태원의 운영 특성

국립생태원은 기후변화 등에 따른 생태계 변화를 통합적이고 전문적으로 연구하고 대응할 수 있는 생태연구의 허브 기능을 수행하고, 생태계를 복원하는 종합연구기관으로 발전하고자 하는 목표를 가지고 있다. 이를 위해 국립생태원은 전문생태교육기관으로 생태원의 다양한 전시·연구시설과 주변 생태지역을 통한 생생한 생태교육을 제공하고 있으며, 생태를 주제로 한 다양한 전시와 행사, 체험도 진행하고 있다. 특히 에코리움에는 전시 온실뿐만 아니라, 다양한 전시 및 체험 활동을 담을 수 있는 전시관과 영상상영관, 어린이 생태글방이 있다. 상설주제 전시관은 생태학의 기본 개념, 생태계 및 생물군계biome의 정의, 생태계 서비스, 생태자원 보전의 의미를 알기 쉽게 전시한 공간이며, 100석 규모의 4D 영상관에서는 외래종에 대한 경각심을 심어주는 '강산이의 모험'과 생태계의 순환을 알려주는 '엄마 숲', 자신이 태어난 습지로 돌아가는 여정을 그린 '남생이 날다'를 4D 애니메이션으로 감상할 수 있다. 에코리움 로비 중앙에 300m^2 규모로 영유아 및 어린이·청소년 대상 생태도서(자연과학, 기초과학, 생태환경 등) 1만 2천여 권을 구비하고 있는 어린이생태글방은 디지털 검색 및 오디오북 코너 등도 운영하며 다양한 어린이 생태문화 행사를 진행하고 있다. 이외에도 직접 찾아오지 못하는 관람객을 위하여 다양한 온라인 교육을 병행하여 국민들의 생태의식 향상에 기여하고 있다. 각종 체험활동을 하기 위해서는 사전에 국립생태원 홈페이지에 접속하여 예약해 두면 정해진 시간에 다양한 프로그램 체험이 가능하다.

Travel tip

주소 충남 서천군 마서면 금강로 1210
홈페이지 https://www.nie.re.kr/main/
전화 +82 41 950 5300
개원시기 및 시간 하절기(3월~10월)는 09:30~18:00, 동절기(11월~2월)는 09:30~17:00(관람종료 1시간 전까지 입장객 입장 가능)까지 개원한다. 매주 월요일, 설과 다음 날, 추석과 다음 날 휴관(월요일이 공휴일인 경우 첫 번째 평일 휴관)
면적 65ha

06 20년 후가 더 기대되는 국립세종수목원

Sejong National Arboretum

아이들의 흥미를 끌기에 충분한 특별전시온실

조금 일찍 찾아온 5월의 뙤약볕 아래 세종시 방문객이라면 어디를 가야 할지 지도와 스마트폰을 만지작거리며 여전히 고민하게 될 것이다. 아직은 설익은 듯한 세종시. 방문객이라면 당연코 들려야 하는 곳이 있다. 바로 세종중앙공원이다. 그리고 공원에서 제대로 된 대접을 받기 위해서는 공원의 핵심이라고 할 수 있는 국립세종수목원 방문은 필수이다. 국립세종수목원은 온대 중부지역의 식물을 체계적으로 보전하는 동시에 우리의 전통정원 문화를 발전시키기 위해 도심 한복판에 녹색문화 체험공간을 제공하기 위해 조성되었다. 국내 최대 식물 전시 유리온실인 사계절온실을 비롯하여 수목원 내 청류지원 계류의 굴곡진 하천에 반도처럼 튀어나온 지점에 있는 한국전통정원, 금강에서 가져온 원수로 수로를 조성해 습지생태를 관찰할 수 있는 청류지원 등 많은 볼거리로 입장료가 아깝지 않다. 다만, 아쉬운 점이라면 개장한 지 두 돌이 채 되지 않아서인지 울창한 수목원의 이미지를 기대하고 방문한 식물학자들이라면, 다소 실망하게 될 수도 있다. 하지만 꼼꼼하게 구성된 공원같은 수목원의 이용을 기대하며 방문한 일반 관람객이라면 충분히 유쾌한 경험을 하고 돌아갈 수 있을 것이다.

수목원의 역사

2005년 행정중심복합도시 건설이 확정되고, 도시개념에 대한 국제공모전으로 도시 한복판을 비우고 주변 산지를 개발하는 파레아 안드레스Parea Andres(스페인)의 획기적인 설계안이 당선된다. 이로 인해 경사지에 분포될 것 같던 수목원은 이 계획안으로 인해 도시 한복판의 평지를 당당하게 차지할 수 있게 되었다. 이후 2007년 3월 행정중심복합도시 중앙녹지공간 국제 설계공

온실 방향 탐방로에 늘어선 화려한 꽃길

모를 통해 당선된 안을 여러 차례 수정하고 고심을 거듭하면서 최종적으로 세종중앙공원이 탄생하게 되었고, 이곳의 핵심시설로 국립세종수목원이 조성되었다. 당초 행정중심복합도시 중앙녹지공간 국제 설계공모의 목적은 행정중심복합도시 중앙부의 약 698.2ha의 대상지에 대규모 오픈 스페이스를 조성하기 위한 아이디어를 얻기 위한 것이었다. 전월산과 원수봉의 녹지축과 연결되고 금강을 향해 펼쳐져 있는 대평야에 조성된 국립세종수목원은 기존의 도시계획적 사고와는 완전히 상반되는 평탄지에 조성되었다. 이로써 국립세종수목원은 기존의 평탄한 농경지에, 나아가 도시 한복판에 만들어진 전형적인 도심형 수목원으로 탄생한 것이다. 기후 및 식생대별 수목 유전자원의 보존 및 자원화를 위한 국가수목원 확충계획에 따라 국립백두대간수목원(2017년 5월 개장)에 이어 2020년 7월에 설립된 또 하나의 국립수목원이다.

수목원의 구성

식물원에 들어서면 전방에 탁 트인 시원한 전경을 맞이하게 된다. 넓은 잔디밭으로 구성된 축제마당이 있고, 이 가장자리 길을 따라 좌측에 있는 온실을 향해 가다 보면, 아름다운 꽃들의 향연으로 옮겨가는 발길이 다소 더뎌질 수 있다. 잠시나마 꽃의 향기를 만끽하고 아름다운 산책로를 따라 가장 먼저 방문할 곳이 외떡잎식물인 붓꽃의 꽃잎을 형상화해서 디자인한 사계절 온실이다.

알함브라 궁전의 정원을 모티브로 한 지중해 온실

수목원 입구에서 온실 포함 입장료를 내면 온실 전용 팔찌를 주는데, 마치 놀이공원 입장객처럼 이 팔찌를 차고 1시간 단위로 입장이 가능한 시간대에 맞춰 입장하면 된다. 사계절 전시온실은 지중해온실, 열대온실, 특별전시온실로 나뉘어 있다. 지중해온실은 알함브라궁전의 모습을 모티브로 조성되었는데, 잘 조성된 수로와 캐스케이드는 지중해 특유의 정원, 건축물과 어우러진 200여 종의 식물들이 낭만적인 풍경을 연출하고 있다.

2층 산책로에서 바라본 열대온실 전경

바로 옆에 있는 열대온실은 2층 높이의 산책로가 있어 키 큰 식물들을 내려다볼 수도 있다. 잘 조성된 데크 산책로를 따라가다 보면 나무고사리, 흑판수, 인도보리수, 네펜테스 등 437종 6,700여 본의 희귀식물들을 관찰할 수 있다. 특히 아이들이 식충식물 안에 진짜 벌레가 있는 것을 보기라도 한다면, 조용한 온실은 어느새 놀이터처럼 바뀔 수도 있다.

습도 조절을 위한 낙수동굴

특별전시온실은 '이상한 나라의 앨리스'를 모티브로 한 기획전시가 열리고 있었다. 꽃으로 둘러싸인 전시실 주변을 배회하다 보면 어느새 주인공이 된 것처럼 신나게 뛰고 있는 아이들의 모습을 발견하게 될 것이다. 특별전시온실은 앞으로도 매년 특별한 주제를 중심으로 방문객의 흥미를 끌 것으로 기대된다.

온실을 나와 본격적인 수목원 탐방을 하고자 한다면 수목원의 주요 계류인 청류지원을 따라 2.4km에 달하는 산책로를 따라 탐방하는 것이 가장 효과적이다. 물론 온실과 중앙부의 한국전통정원들을 중심으로 살펴보는 1.8km가량의 짧은 코스도 있고, 외곽부를 꼼꼼히 살펴보며 탐방하는 3km가량의 코스도 있다. 각자의 취향에 따라 선택할 수 있다.

함양지로 명명된 상류의 청류지원을 따라 감각정원, 숲정원을 비롯하여 버드나무, 계수나무, 이팝나무가 잘 어우러진 가로수를 따라가다 보면, 수목원 중앙에 있는 한국전통정원을 만날 수 있다. 우리 선조들의 멋과 풍류를 흠씬 느낄 수 있는 한국전통정원은 크게 3개로 나누어져 있다. 왕의 정원인 궁궐정원, 선비의 풍류를 느낄 수 있는 별서정원, 백성의 마당이라고 할 수 있는 민가정원이 그것이다. 이곳에서는 모두 자연에 순응하며 동화하고자 했던 선조들의 여유와 지혜를 엿볼 수 있다. 우선 궁궐정원은 창덕궁 부용지와 주합루宙合樓를 본떠 만들었다. 규장각이 위치한 주합루를 연상케하는 솔찬루와 어수문을 의도한 듯한 가온문은 조선시대 궁궐 정원의 이야기를 재현해내기 위한 정확한 구도와 모양새를 갖추고 있다. 조금 더 시간이 지나 주변의 숲이 울창해지고 그늘이 무성해진다면, 제법 그럴싸한 궁궐정원의 모습을 재현해 낼 수 있을 것으로 기대된다. 이어지는 별서정원은 조선시대 대표적인 원림인 담양의 소쇄원을 재현하여 자연미를 추구하는 전통 정원의 기법을 보여주고 있다. 분재원과 어우러진 민간정원에서는 장승과 솟대, 장독대 등 전통적인 요소와 백성들이 즐겨 먹었던 다양한 과실수들을 볼 수 있게 구성되어 있다.

국립세종수목원 순환 산책로 외곽부에는 치유정원과 양서류관찰원, 무궁화원, 식물분류원, 단풍정원 등이 있다. 아직은 익지 않은 햇과일 같은 느낌이지만, 시간이 좀 더 지나면 외곽부에서 아늑하게 수목원을 끌어안을 수 있을 것으로 보인다.

학명인 'Scholaris'에서 알 수 있듯이 학교와 연관이 깊은 흑판수 *Alstonia scholaris* (L.) R. Br.

수목원의 운영 특성

21세기 대한민국 식물자원을 체계적으로 보전하는 핵심시설인 국립세종수목원은 기후변화와 생물다양성 협약에 적극적으로 대응해 국가 생물다양성 보전과 지속가능한 활용에 중추적인 역할을 하고 있다. 온대중부권역 산림생태계의 현지 외 보전과 연구, 정원문화사업 등을 연계하는 새로운 패러다임의 수목원이라고 할 수 있다.

지속 가능한 수목원 가치 확산으로 국민행복에 이바지하겠다는 교육목표 아래 다양한 교육 프로그램이 운영되고 있다. 수요자 중심의 계층별 교육 및 참여 프로그램 다양화, 수목원·정원 전문가 양성과정 강화, 수목원·정원 교육 활성화를 위한 통합적 거버넌스 구축을 3대 교육

양서류관찰원의 탐방 데크

전략으로 수립하고 함께 성장하는 수목원 교육체계 강화를 전략목표로 설정하고 있다. 어린이, 청소년들이 수목원에서 체험하며 몸소 배우는 산림교육 프로그램을 비롯하여 온 시민과 가족들이 함께 정원을 가꾸고 참여할 수 있는 다양한 여가·취미 프로그램들도 다수 운영되고 있다. 특히 숲해설가와 함께 수목원을 돌며 전시원과 식물에 담긴 이야기를 들어볼 수도 있으며, 사전에 온라인 교육을 통해 국립세종수목원의 다양한 교육들을 체험해 볼 수도 있다. 이외에도 정원치유과정, 온누리배움과정, 온시민 참여과정, 온가족 힐링과정, 정원 리더십 과정, 청년 취업 연계과정 등 다양한 교육 프로그램들이 운영되고 있다. 이들 프로그램을 체험하기 위해서는 수목원 홈페이지를 방문하여 교육안내 사이트의 프로그램을 선택하고 예약하면 되고, 해당 예약 시간에 맞춰 본인인증과 함께 개인정보 작성 후 프로그램 이수를 하면 된다.

국립세종수목원에는 야심 찬 목표가 있다. 2030년까지 연 관람객 120만 명을 유치하겠다는 목표와 함께 교육목적의 사업에도 박차를 가하여 매년 12만 명 이상에게 교육 수혜를 베풀겠다는 목표를 가지고 있다. 운영 측면의 목표 이외에도 온대식물 2,000종 수집을 비롯하여 도심 정원 운동을 이끌기 위한 도심형 정원식물 30종도 개발하겠다는 목표가 있다. 명실공히 대한민국 전 국토의 정원화에 큰 역할을 할, 선도 식물원이 될 것으로 기대된다. 두 살 남짓 된 지금의 앳된 모습을 벗고 20년 후에는 성장한 나무들과 함께 어우러진 수목원의 풍경이 어엿한 청년 수목원으로 멋지게 성장해 있을 것이다.

Travel tip

주소 세종특별자치시 연기면 수목원로 136
홈페이지 https://www.sjna.or.kr/main/
전화 +82 44 251 0001(교육체험 안내 044 251 0002)
개원시기 및 시간 하절기(3월~10월)는 09:00~17:00, 동절기(11월~2월)는 09:00~16:00까지 개원한다. 휴원일은 매주 월요일, 1월 1일, 설, 추석 당일 휴관한다.(월요일이 공휴일인 경우 그 다음 날 휴관)
면적 65ha

07

국내 유일의 청정 고산수목원

금원산생태수목원

Keumwonsan Arboretum

남부권역 고산특산식물원 풍경

해발 1,353m 높이의 금원산金猿山은 경상남도 거창군 위천면과 북상면, 함양군 안의면 사이에 있는 산으로 본래 이름은 산이 검게 보인다고 하여 '검은 산'으로 불렸었다. 옛날 황금원숭이가 하도 날뛰는 바람에 한 도승이 그를 바위 속에 가두었는데 그 바위가 마치 원숭이 얼굴처럼 생겼다고 하여 낯바위 또는 납바위라고 불리는 '금원암'이 전설과 함께 전해 내려오고 있는 곳이다. 37번 국도를 빠져나와 금원산 자락 꾸불꾸불한 길을 따라 올라가다 보면, 등산로 입구에 있는 매표소를 경유하게 된다. 여기서부터 금원산산림자원관리소가 관리하는 금원산자연휴양림, 캠핑장, 산림문화휴양관 등이 있고 조금 더 깊은 산속으로 들어가면 천혜의 자연 속에 파묻힌 듯한 국내 유일의 고산수목원, 금원산생태수목원이 등장한다.

국내 유일이라는 명칭에서 알 수 있듯이 충청권역, 남부권역, 경기권역, 전라제주권역 등 한반도 남단에 있는 다양한 고산특산식물들을 수집해 놓은 고산특산식물원이 입구부터 데크길을 따라 펼쳐진다. 이외에도 희귀특산식물보존원, 고산암석원, 만병초원, 고산습지원, 수생식물원, 문학식물원 등의 전시시설에 목본 940종, 초본 1,530여 종 등 총 2,470여 종의 식물을 수집·전시하고 있다. 특히 희귀자생식물인 구상나무, 산작약 등과 특산식물인 개비자나무, 지리대사초 등은 금원산생태수목원에서 관람이 가능한 식물자원들이다. 금원산 내 위치한 유안청계곡의 유안청폭포 및 자운폭포는 그 경관이 웅장하며 수량이 풍부하여 고로쇠나무, 당단풍, 시닥나무 등과 같은 단풍나무와 수목이 많아 가을 단풍이 매우 화려하다.

수목원의 역사

금원산 자락을 따라 내려오는

금원산 탄생 전설을 알려주는 입구

유안청계곡은 조선 중기 이 고장 선비들이 공부하던 유안청儒案廳이 자리한 골짜기로 알려져 있다. 유안청폭포를 비롯한 자운폭포와 작은 연못들이 울창한 수림과 어우러져 있고, 지재미골 입구에는 단일 바위로는 국내 최대인 문바위와 국가문화재(보물 제530호)로 지정된 고려시대의 가섭암지 마애삼존불도 있다. 이곳에 처음 휴양림 계획이 시작된 것은 1992년부터이다.

2년간의 공사를 통해 금원산자연휴양림이 조성되었고, 이듬해 1993년에 도유림관리사업소에서 운영하는 금원산자연휴양림이 개장되었다. 이후 1996년부터 1999년까지 경상남도산림환경연구원에서 운영하게 되었으며, 이때부터 수목원 조성에 대한 진지한 고민이 시작되었다. 이후 2004년 12월 수목원 조성 계획을 수립한 후, 2005년 5월 10일에 수목원 사전 타당성 심의가 통과되었고, 2006년 10월 17일에 기본계획 및 사전 환경성 검토를 완료하였다. 2007년 7월에 수목원 조성 계획을 승인받아 2007년 8월부터 수목원 조성사업을 시행하였다. 2010년 12월 31일 공식적으로 산림청에 전국 유일의 고산수목원으로 등록하였고, 이듬해 6월 15일 정식 개원하면서 경상남도산림환경연구원 내 금원산수목원관리소를 설치·

65종의 단풍나무가 식재된 단풍수종원

운영하게 되었다. 이후 2012년 1월 1일 자연휴양림과 생태수목원을 통합하면서 금원산산림자원관리소로 조직이 개편되어 현재까지 운영되고 있다.

조릿대와 양치식물원 사이로 조성된 데크 산책로

수목원의 구성

우리나라에서 가장 높은 지대에 있는 금원산생태수목원은 금원산 자락 200ha에 총 2,470여 종의 희귀·특산식물들을 수집·보존·연구·전시하기 위한 목적으로 조성되었다. 특히 구상나무, 산작약 등 2종의 희귀자생식물과 개비자나무, 지리대사초 등 14종의 특산식물을 보유하고 있다. 전체 수목원을 관람할 수 있도록 조성된 약 4km의 데크로드는 수목원의 핵심 관람동선으로서, 자연훼손을 최소화하는 동시에 데크를 따라 설치된 주제원들의 다양한 모습을 가까이서 체험할 수 있도록 설치하였다.

수목원을 구성하고 있는 전시시설로는 희귀특산식물보존원, 고산암석원, 자생식물원, 개비자자생원, 만병초원, 고산습지원, 문학식물원 등이 있으며, 체험교육시설로는 숲문화교육장, 숲해설야외교육장, 오감체험숲, 방문자센터 등이 있다. 그 밖에 묘포장, 증식온실, 알파인온실 등 증식 및 재배시설과 숲 관찰전망대, 휴게쉼터, 대피소 등의 편의시설 등이 있어 관람객들의 편의를 도모하고 있다. 금원산생태수목원과 금원산자연휴양림은 휴양림과 수목원이 통합 운영되고 있어, 관람객들은 산림휴양과 산림학습체험을 동시에 경험할 수 있는 유용한 장소가 되고 있다.

분홍빛이 어울리는 '미스 사토미' 산딸나무

산딸나무와 어우러진 전통 물레방아

정상부 방문자센터 위쪽에

있는 알파인 온실은 고산지역의 척박한 환경에서 살아가는 희귀 고산식물을 보존하기 위하여 마련해 놓은 공간으로 방문객들에게 희귀식물에 대한 교육장으로 이용되고 있다. 온실 주변을 둘러싼 고산암석원은 이른봄 피어나는 우리나라 자생식물 노란 복수초와 한라산비장이, 처녀치마 등을 만날 수 있는 곳으로 1,400m^2 부지에 현무암, 석회암, 화강암과 다양한 토양을 식물 생육환경에 맞도록 남덕유산 자락을 형상화하여 5개 구역으로 분할·조성하였다.

여기서부터 잘 정비된 데크로드를 따라 내려오면 자생식물원과 만병초원, 수생식물원 등을 연이어 만날 수 있다. 가장 먼저 만나게 되는 자생식물원은 투구꽃, 여로, 참조팝나무 등 금원산 지역에 생육하고 있는 자생식물에 대한 전시 및 보존을 위해 조성한 곳으로, 상층부는 교목성 수종으로 음지를 조성하였고, 하층부는 관목류나 초화류를 배치하여 생태적으로 안정된 식생 구조가 되도록 조성하였다. 만병초원에서는 잡목림 하층부에 국내 자생 만병초류를 비롯한 진달래 및 종 다양성이 높은 히말라야 등 아시아권에 생육하고 있는 만병초류를 별도의 영역권 내에 수집하여 조성하였다. 기존 계류수를 우회시켜 조성한 수생식물원에서는 택사, 노랑물봉선, 창포, 세모고랭이 등의 고산성 수생식물 및 수질정화식물들이 보존을 목적으로 조성되었으며, 수목원에서 발생하는 비점오염 처리수를 저감토록 하고 주변에는 목재데크를 설치하여 수생 생태계의 근접 관찰이 가능하게 하였다. 이후 데크로드를 따라 조성된 개비자자생원은 현지 내 자생하고 있는 멸종위기야생식물 2급 산작약과 대규모 개비자나무 자생 군락지역에 대한 서식지 내 원형보전을 위하여 주변 훼손없이 데크를 설치하여 관찰할 수 있도록 조성하였다. 한편 방문자센터에서 주요 전시원 반대편에는 매실나무, 대추나무, 목련, 산수유 등 우리나라 민요, 동요, 대중가요, 속담, 시 등에 자주 등장하는 익숙한 식물을 수집·전시해 놓은 문학식물원이 있어 관련된 문학적 사실과 내용을 안내판을 통해 알기 쉽게 조성해 놓았다.

수목원의 가장 중요한 자원으로 한반도 고산지역에 자생하는 특산식물들을 보존·전시해 놓은 고산특산식물원을 들 수 있다. 최상단에 있는 중부권역을 비롯하여 수목원 입구부터 데크길과 자연스러운 산책로 주변으로 조성된 충청권역, 남부권역, 경기권역, 전라제주권역의 고산특산식물원은 미선나무, 가시오갈피, 깽깽이풀, 노랑매미꽃, 뻐국나리, 광대수염, 둥근잎꿩의비름 등 고산특산식물의 현지 내·외 보존을 위하여 생육환경에 맞도록 조성하여 고산특산

문학과 시와 식물이 있는 문학식물원

식물에 대한 관찰 체험 학습의 장소로 이용되고 있다.

전국 5개 권역별로 조성된 고산특산식물원

수목원의 운영 특성

지리산과 덕유산권역 내 해발 750~900m의 남부 내륙 고산지역에 있는 수목원은 고산식물의 서식처이자 피난처로서의 역할을 수행하고 있다. 또한 희귀특산식물에 대한 보전과 함께 다른 지역과는 구별되는 한반도 권역별 고산특산식물원을 조성하여 이들의 보전에도 힘쓰고 있다. 방문자센터까지 차량 통행이 가능하지만, 수목원만을 관람하기 위한 방문객이라면 수목원 입구의 수국종보전원 인근의 주차장에 차량을 주차하고, 차도 양옆에 펼쳐진 각종 주제원을 따라 등산하듯 올라가면서 살펴보기를 권한다. 그래야 자유롭게 펼쳐진 데크길을 따라 유유히 산책하면서 각종 주제원을 한눈에 조망할 수 있는 기회가 주어진다. 정상부 인근의 방문자센터를 지나 문학식물원 사이로 조성된 산책로를 따라 펼쳐진 전망대는 주변이 금원산, 기백산, 현성산으로 둘러싸여 아늑하면서도 울창한 수목과 기암괴석이 어우러진 금원산의 환상적인 절경을 조망할 수 있는 곳이다.

금원산생태수목원과 금원산자연휴양림은 전국에서 유일하게 자연휴양림과 수목원이 하나의 관리소에 통합 운영되고 있는 곳으로 방문객들에게 산림휴양 및 산림체험 교육을 동시에 누릴 수 있게 해 주는 장소이다. 생태수목원이라는 명성에 맞게 사계절의 변화를 느낄 수 있는 식생, 수려한 폭포가 있는 자연환경, 줄다람쥐가 놀고 있는 고산식물 유전자원의 보고이다. 여유롭게 수목원을 관람하고 싶은 방문객이라면 수목원 아래쪽 130ha에 걸쳐 펼쳐진 금원산자연휴양림에 숙소를 정하고 천천히 관람해볼 것을 권한다.

Travel tip

주소 경상남도 거창군 위천면 금원산길 648-210(상천리 1147-2)
홈페이지 https://www.gyeongnam.go.kr/index.gyeong?menuCd=DOM_000000605000000000
전화 +82 55 254 3971
개원시기 및 시간 연중무휴로 하절기(3월~10월)는 09:00~18:00, 동절기(11월~2월)는 09:00~17:00까지 개원한다.(관람종료 1시간 전까지 입장객 관람 가능)
면적 200ha

08

서울 최초의 공원 안 도시형 식물원

서울식물원

Seoul Botanic Park

식물원의 핵심 공간인 온실 안에 전시된 식물들

서울식물원은 서울의 서쪽인 강서구 마곡지구 내에 한강과 연결되는 저류지 옆으로 50.4ha의 공간에 조성된 공원 내에 있는 서울시 최초의 도시형 식물원이다. 공원 선도형 생태도시를 조성하려는 서울시 정책에 따라 과거 농경지였던 마곡도시개발지구 안에 조성되어 지하철(마곡나루역-9호선·공항철도, 마곡역-5호선)로 쉽게 접근할 수 있으며 서울 중심부인 서울시청에서 30분이면 도달할 수 있어 방문객의 접근성이 좋다. 서울식물원의 공간은 크게 주제원, 열린숲, 호수원, 습지원 등 4개 공간으로 구성된다. 외곽에 있는 열린숲과 호수원, 습지원은 연중무휴 24시간 개방된 공원 공간이다. 주제원은 식물원의 핵심 공간으로 온실과 주제정원으로 구성되어 유료로 운영된다. 식물원의 랜드마크인 온실에는 900종의 열대·지중해 식물들이 전시되어 있으며, 온실과 연결되어 있는 식물문화센터에서는 다양한 전시를 관람할 수 있고, 식물과 관련한 문화시설을 이용할 수 있다. 8개의 주제로 조성된 야외 주제정원들에서는 한국 정원문화의 과거와 현재를 경험할 수 있다. 이외에 열린숲에 있는 숲문화원 그리고 주제원 동측에 있는 어린이정원학교와 서울시 등록문화재로 지정된 마곡문화관(옛 배수펌프장)은 교육과 문화전시관의 역할을 담당하고 있어, 서울식물원은 종합 식물문화공간으로, 평생교육기관의 역할을 톡톡히 하고 있다.

온실에서 열대와 지중해에서 온 이색적인 식물들을 만나고, 주제정원을 관람하는 것은 도시 생태감수성을 높이면서 식물문화와 정원문화에 대한 의미 있는 체험이 될 것이며, 외곽공간인 열린숲과 호수원, 습지원을 둘러보는 것은 도시 생활 중에서 느끼는 산들바람과 같은 여유와 휴식의 시간이 될 것이다.

연잎을 이고 있는 듯한 온실 외관

식물원의 역사

2007년 7월, 서울시와 SH공사는 한강르네상스 프로젝트사업의 일환으로 마곡 수변지구 이용을 위한 워터프론트 국제 현상공모를 진행하였고, 접수된 105개 작품(국내 45개, 국외 15개국 60개) 중 김관중의 'Heart of Magok is Nature of Living Water'를 2008년 6월에 당선작으로 발표하여 마곡지구의 시민공간으로의 활용에 대한 구상에 첫발을 내딛게 된다. 2008년 12월에 기본계획 수립작업을 시작하여 2013년 8월 21일 문화와 자연중심 보타닉공원 개념의 기본계획안을 발표하였다. 기본계획 수립작업이 진행되는 중간에는 2010년 마곡 구역변경 지정 및 마곡동 대규모 사업지구 시행계획 조정이 이루어져 부지 활용에 대한 행정적인 기반도 마련되었다. 2015년 11월 14일 착공 당시에는 마곡중앙공원의 이름으로 공사가 시작되었고 2016년 5월 12일 서울식물원으로 공원 명칭이 고시되어 정식 식물원 이름을 부여받게 된다. 2018년 10월 11일부터 임시개장을 시작하여 시민에게 공개되었고 2019년 5월 1일 정식으로 개원하였다. 2021년 6월 28일에 서울식물원은 공립수목원(서울특별시 제2호)으로 등록되어 시민의 교육과 휴식장소로 이용되고 있다.

식물원의 구성

서울식물원은 크게 주제원, 열린숲, 습지원, 호수원으로 구성되어 있는데, 식물원의 하이라이트인 주제원을 관람하기 위해서는 식물문화센터에서 입장권을 구입하여야 한다. 휴

햇빛 투과율이 높은 온실 내부

일에는 방문객이 많아 표를 구입하기 위해 긴 대기시간이 소요되기도 한다. 주제원은 온실과 야외 주제정원 두 영역으로 나누어지므로, 온실 입장을 위한 대기 줄이 길다면 주제정원을 먼저 관람하는 것이 좋다. 주제정원은 8개의 정원인 바람의 정원, 오늘의 정원, 추억의 정원, 사색의 정원, 초대의 정원, 치유의 정원, 정원사의 정원, 숲정원으로 구성되어 우리 정원 문화의 과거와 현재를 2,700여 종의 우리 자생식물이 품고 있는 이야기로 풀어낸다. 온실에서 가장 가까이 있는 초대의 정원은 우리나라의 사계절을 대표하는 식물이 계절별로 자태를 뽐내기에 계절을 잘 느낄 수 있게 해 준다. 위쪽 경사로로 올라가면 전통가옥을 재현한 다정을 쉽게 발견할 수 있고 고향에 온 듯한 친근함을 느낄 수 있다. 다정을 바라보고 우측에 있는 사색의 정원에서는 주변 경관과 어우러지는 차경기법의 전통 정원을 만날 수 있고, 좌측의 추억의 정원에서는 주로 지난 기억 속에 친밀하게 접했던 식물을 전시하고 있어 과거로의 여행을 하는 기분이 들게 한다. 이어서 안쪽으로 이동하면 오늘의 정원을 만나 현대적인 화단으로 구성된

열대관의 공중을 거닐 수 있는 스카이워크

열대우림을 경험할 수 있는 열대관

정원을 감상할 수 있고, 이어지는 바람의 정원에서는 참억새 등으로 구성된 그라스원의 정취를 느낄 수 있다. 아래로 이어지는 숲정원에서는 우리 자생식물과 수목이 어우러지는 전통 숲을 만나고 온실쪽으로 돌아오는 길에는 약용식물을 전시하는 치유의 정원을 지나게 된다. 마지막으로 만나는 주제정원은 정원사의 정원으로 주로 신진작가들에 의해 실험적으로 새로운 정원유형이 전시되어 미래의 정원을 미리 엿볼 수 있는 공간이다. 주제정원을 즐기다 보면 과거에서 미래까지 시간여행지가 곳곳에 담겨 있기에 천천히 관람하며 이를 발견하는 것도 놓치지 말아야 하는 즐거움이다.

호주 퀸즈랜드에 분포하는 물병나무

온실은 이 식물원의 랜드마크이자 상징이라 할 수 있는데 외형부터가 특이하여 일반적인 돔형이 아니라 천장이 오목한 접시 형태로 보는 이로 하여금 연잎을 떠올리게 한다. 온실은 직경이 약 100m, 높이는 최고 28m로 8층 건물 높이에 해당하며 면적은 7,555m^{2}로 매우 크다. 오목하고 넓은 모양의 천정에 떨어지는 빗물은 우수조로 모아져 재활용되도록 하여 물을 친환경적으로 이용하고자 하였다. 천장은 유리보다 빛 투과율이 좋은 플라스틱소재인 ETFE Ethylene Tetra Fluoro Ethylene로 되어 있어 영국의 에덴프로젝트를 연상하게 한다.

온실은 열대관과 지중해관

두 부분으로 구성되고, 서울시와 자매결연을 맺은 열대와 지중해 12개 도시를 주제로 48,900본의 식물이 전시되어 있다. 입구에서 진입동선을 따라 가면 습하고 덥지만 식물이 가득해 상쾌하게 느껴지는 열대관에 입장하게 된다. 열대관은 자카르타, 하노이, 보고타, 상파울루를 주제로 열대지역의 식물을 관람할 수 있는데 부처가 그 아래서 깨달음을 얻었다고 하는 인도보리수, 대포알나무, 코코넛야자, 빅토리아수련, 코로카시아 기간테아 등과 가장 키 큰 나무인 대왕야자가 눈길을 끈다. 열대관에서는 온실 중앙에서부터 5m 높이의 스카이워크인 공중 데크를 통해 이동하면서 열대우림의 상부 수관을 내려다볼 수 있어 아래에서 보는 모습과는 다른 색다른 경험을 할 수 있다. 이어지는 지중해관은 상대적으로 건조하고 쾌적한 기분이 들게 하여 지중해 지역에 온 듯한 느낌을 준다. 지중해관은 바르셀로나, 샌프란시스코, 로마, 아테네, 퍼스, 이스탄불, 케이프타운, 타슈켄트 총 8개의 도시를 주제로 구성된다. 호주 퍼스에서 온 바오밥나무와 케이프타운의 아프리카물병나무가 신비로운 자태를 보여주고, 살아있는 화석식물 용혈수, 코알라의 먹이가 되는 유칼립투스, 사막의 꿀인 대추야자 등이 이채롭고 아테네의 올리브, 월계수는 신화의 세계를 상상하게 한다. 넓고 경사진 화단과 연결된 로마광장에서는 계절별로 꽃 품종전시회가 열려 관람객을 즐겁게 하는데 특히 5월에서 6월까지 개최되는 40여 종의 수국전시는 화려함으로 유명하다.

온실을 포함하며 연결되어 있는 건물 공간인 식물문화센터에는 기획전시실, 상설전시관, 프로젝트홀을 돌며 전시물들을 관람할 수 있고 식물전문도서관과 씨앗도서관, 카페를

건조하기에 상쾌한 지중해관

창의성이 돋보이는 야외 버블가든

이용할 수 있다.

외부 무료공간을 이용하려는 관람객은 마곡나루역에서 진입광장으로 입장할 수 있다. 지면과 연결된 경사면 옥상정원이 특징인 방문자센터를 지나면 열린숲으로 들어와 둘레 숲 한가운데 넓은 잔디마당인 초지원에서 시원한 개방감을 느낄 수 있다. 열린숲에서는 축제, 특별 전시 등 사계절 다양한 행사가 개최되고 숲문화원 수목 전시와 숲문화학교가 진행된다.

동쪽으로 이동하면 호수원에서는 호수 주변을 따라 수변가로와 관람데크를 걸으며 수변식물을 관람할 수 있는데, 90종의 아이리스가 식재되어 있는 아이리스원에서는 데크를 걸어가면서 꽃창포와 다양한 종류의 붓꽃을 즐길 수 있다. 식물원 관람 중간에 호수 계단에 앉아 호수와 식물원의 경관을 즐기면서 쉬어 가는 것도 여유를 느낄 수 있어 좋다. 여름철에는 야간에 조명 분수쇼가 펼쳐져 생동감을 주는 공간이 된다.

이어서 한강과 저류지가 만나는 곳에 자연적인 습지 지대인 습지원이 나타난다. 자연천이지대의 형태를 볼 수 있고 새를 관찰할 수 있는 생생한 자연 탐사 공간이며 이곳과 연결되는 한강전망데크를 통하면 한강까지 갈 수 있다.

식물원의 운영 특성

서울식물원은 주제원인 온실 및 주제정원은 유료로 운영되므로 입장권을 구입하여야 한다. 그 외 열린숲, 호수원, 습지원은 상시 무료개방되어 언제든 방문할 수 있다. 주차장 운영시간은 오전 8시부터 오후 10시(지상 주차장은 24시간 이용 가능)이며 유료로 운영되는데 식물문화센터의 주차장은 협소한 편이어서 주변 공영주차장을 이용하는 것이 좋다.

야외 주제정원에서 바라본 온실

식물원 해설을 원하는 관람

식물문화센터

객을 위해 해설투어 프로그램을 운영하므로, 참여를 원한다면 미리 서울시 공공예약시스템에서 예약하면 된다. 다양한 교육 프로그램도 운영되어 숲문화학교에서는 나홀로 식물공부, 식물 및 원예 전문과정 등의 교육 프로그램이 진행되며, 어린이정원학교에서는 어린이를 대상으로 식물, 가드닝 교육이 진행되는데 역시 서울시 공공예약시스템을 통해 참여할 수 있다.

식물문화센터 내 상설전시관과 프로젝트홀에서 각종 행사와 전시가 개최되는데 최근에는 온라인 전시도 기획하여 개최한다. 씨앗도서관에서는 씨앗을 책처럼 대출받아 재배한 후, 수확한 씨앗을 기간 및 수량에 상관없이 자율적으로 반납하는 프로그램이 운영되고, 식물전문도서관에서는 식물·생태·정원·조경 등 국내외 식물 관련 전문서적과 자료, 연속간행물을 제공하는데 원외 대출 서비스는 하지 않지만 열람과 복사는 할 수 있다.

Travel tip

주소 서울 강서구 마곡동로 161 서울식물원
홈페이지 https://botanicpark.seoul.go.kr/front/main.do
전화 +82 2 2104 9735
개원시기 및 시간 하절기(3월~10월)는 09:30~18:00, 동절기(11월~2월)는 09:30~17:00(1시간 전 매표 마감)까지 개원한다. 매주 월요일 휴관, 기타 휴관일은 서울식물원 홈페이지 공지 참조.
면적 50.4ha

09

아침 고요의 가치를 구현하는 한국적 정원의 대명사

아침고요수목원

The Garden of Morning Calm

수목원 풍경

아침고요수목원은 경기도 가평군 상면 축령산 기슭에 위치한 원예수목원이다. 수목원을 표방하고 있지만 나무들과 더불어 들풀, 야생화, 화초들이 아름답게 조화를 이루고 있으니 식물원이라 불러도 손색이 없는 곳이다. 가평은 경기도에 속하지만 강원도와 접경을 이루고 있어서 특히 산세가 빼어난 곳이다. 이런 빼어난 풍광을 배경으로 자연과 인공이 멋지게 조화를 이룬 특색 있는 정원들로 꾸며졌기 때문에 아침고요수목원은 사람들이 많이 찾는 관광 명소가 되고 있다. 더욱이 서울 도심에서 한 시간 반이면 닿을 수 있는 멀지 않은 곳이고, 버스, 전철, 철도 등 대중교통편을 이용해서도 쉽게 갈 수 있는 지리적 이점이 가세하여 아침고요수목원은 우리나라 수목원과 식물원 중에서 방문객이 가장 많은 곳이기도 하다. 이런 유명세 덕분에 아침고요수목원은 여러 편의 드라마와 영화의 배경으로 등장하여 대중문화 속의 정원으로도 각광받고 있다.

수목원의 역사

1996년 개원한 아침고요수목원은 당시 삼육대학 원예학과에 재직하던 40대의 한상경 교수가 직접 설계하여 필생의 사업으로 조성해낸 수목원이다. 1993년에 미국 캘리포니아대 데이비스 캠퍼스에 연구교수로 가 있던 설립자 한상경 교수는 미국의 유수한 정원들을 둘러볼 기회를 가지면서 우리나라에 우리 자연미를 담은 한국적인 정원이 없다는 현실을 뼈아프게 느꼈는데, 이 절실한 아쉬움이 수목원 조성의 씨앗이 되었다.

귀국한 이듬해인 1994년에 축령산 자락의 화전민들이 염소를 키우던 땅을 구입한 설립자는 2년 동안 돌밭이나 다름없었던 이곳을 각고의 노력 끝에 일구어 1996년 수목원의 문을 열었다. 개원 당시에는 고

서화연

향집정원, 야생화정원, 아침광장, 하경정원 등 10개의 주제정원이 있는 조촐한 규모였다.

1998년 한국정원, 아이리스정원이 조성되었고, 1999년에는 250여 품종의 무궁화를 구해 무궁화동산을 만들고, 이어 2000년에 능수정원, 2001년에는 야생화전시장이 속속 조성되었다. 신문에 '산속의 비밀정원'으로 소개되는 기사가 나면서 방문객들이 차츰 늘어나고 때마침 수목원을 배경으로 촬영된 영화와 드라마가 인기를 끌면서 전국적으로 알려지게 된다. 수목원은 이에 탄력을 받아 지속적으로 확장되고 정원의 조경 또한 정묘한 아름다움을 더해가게 된다. 2007년부터 삭막한 겨울정원을 빛으로 수놓아 독특한 설경을 뽐내는 오색별빛정원 축제를 시작했고, 2008년 이후로 고산암석원, 알파인온실, 산수경온실, 한국정원이 속속 조성되어 오늘에 이르고 있다.

전체 면적이 약 33.1ha 이르는 아침고요수목원에는 넓은 부지에 계절별, 주제별로 한국의 자연미를 느낄 수 있는 20여 개의 주제정원이 펼쳐져 있다. 연간 방문객이 100만 명에 이를 정도로 대중의 사랑을 받아온 아침고요수목원은 이제 명칭 그대로 아침 고요의 가치를 구현하는 한국적 정원의 대명사일뿐만 아니라 캐나다 밴쿠버의 부차트가든Butchart Garden과 같은 세계 유수의 정원으로 발돋움하고 있다.

수목원의 구성

아침고요수목원 전체를 관류하는 구성 원리를 하나 찾는다면 바로 한국적 자연미의 구현이다. 수목원 창립 당시부터 한국의 자연미를 담은 한국적 정원의 한 모델을 제시하고자

하경정원

했던 설립자 한상경 교수는 한국적 자연미의 특징을 '곡선'과 '비대칭의 균형'으로 파악한다. 한국의 정원은 바로 이 점에서 직선과 대칭적 균형을 강조하는 서양의 정원과 차별되고 자연스러운 멋을 그대로 옮기고자 한다는 점에서 장엄한 중국의 정원이나 인공적이고 섬세한 일본의 정원과 획을 달리한다. 우리네 옛 고향의 전통적인 마당 정원의 분위기가 감도는 고향집정원이나 정자와 연못이 어우러진 한국의 전통정원을 재현한 서화연은 물론 내려다보는 분지에 조성된 하경정원 및 정원의 여러 산책로 등에는 하나같이 곡선과 비대칭의 절묘한 조화와 아름다움이 깃들어 있다.

축령산 산자락의 10만평 너른 부지에 이런 구성 원리에 입각하여 22개의 각종 주제정원이 계절에 따라 서로 다른 자연미를 뽐내며 관람객의 눈길을 사로잡고 있다. 그 가운데에서도 초가집과 진달래, 목련, 채송화 등 예부터 마당에서 자주 보던 식물을 만나 볼 수 있는 고향집정원, 양반집 대가인 한옥의 대청에 앉아 한국 전통정원에서 볼 수 있는 매화, 모란, 국화 등을 즐길 수 있는 한국정원, 전통

J의 오두막정원

알파인온실

조경양식을 계승한 연못과 정자가 있는 서화연, 전망대에서 아래로 내려다볼 수 있는 하경정원, 영국 코티지 정원 양식을 재현한 J의 오두막정원, 하얀교회와 흰색의 꽃과 줄기를 가진 식물로 가득한 달빛정원 등이 특히 눈길을 끄는 명소이다.

다양하고 화려한 식물이 들어찬 정원도 아름답지만, 약간 경사진 넓은 터에 푸른 잔디가 곱게 깔린 아침광장은 고요함과 탁트인 전망으로 아침을 맞는 신선함과 상쾌함을 선사하는 치유공간이기도 하다. 아침광장에는 군데군데 빼어난 수형의 멋진 나무들이 있지만 그중에서도 천 년이란 긴 세월을 견디고 고고하게 서 있는 향나무, '천년향'은 인생을 다시 되돌아보며 앞으로의 삶을 생각해 보게 한다.

산 위쪽을 향한 약간 가파른 데크를 따라 올라가면 조금은 힘들지만 지금까지 본 화려한 정원과는 또 다른 정원을 즐길 수 있다. 백두대간과 로키·히말라야산맥과 같은 높은 지역에 서식하고 있는 고산식물을 수집하여 암석과 함께 어우러지게 조성한 고산암석원, 그리고 우리나라 여름철의 고온다습한 조건에서 쉽게 고사하는 고산식물을 보존하기 위한 알파인온실에서 고산의 저온과 바람을 이겨내며 자라온 고산식물을 감상해 보는 것도 좋을 것이다.

아침고요수목원은 봄, 여름, 가을, 겨울 계절에 따라 꽃과 나뭇잎의 색과 수목의 수형, 그리고 수목원을 둘러싼 축령산이 달라져 어느 계절에 가든지 특색있는 아름다움을 즐길 수 있다.

아침고요수목원은 약 5천 종의 식물을 보유하고 있다. 그중 야생화정원의 750여 종의 들꽃, 한국정원의 40여 종의 모란, 아이리스정원의 800여 종의 각종 아이리스, 무궁화동산의 200여 종의 무궁화 등이 수목원이 특별히 자랑하는 컬렉션이다.

고산암석원에서 개울까지 이르는 데크

수목원의 운영 특성

아침고요수목원은 여러 가지 축제와 전시회를 열고 일반

관람객을 위한 다양한 체험 프로그램을 운영하고 있다. 계절에 따라 열리는 정원 축제, 예컨대 여름의 아이리스 축제와 무궁화 축제, 가을의 단풍 축제, 겨울의 오색별빛정원 축제는 관람객에게 계절의 독특한 자연미를 일깨운다. 또한 철마다 특정한 식물을 중심으로 기획 전시를 열고 있는데, 가령 봄의 야생화 전시회, 여름의 수국 전시회, 가을의 국화 전시회 등이 그것이다. 또한 개인별 단체별로 여러 가지 체험 프로그램을 제공하여 관람객들이 직접 자연과 접하는 즐거움을 맛보도록 배려하고 있다.

이 밖에도 관람객의 편의를 도모하는 안내 센터, 식물을 판매하는 수목원 기념품점, 식당과 카페와 같은 편의 시설, 그리고 관람 도중 잠시 쉴 수 있는 쉼터가 곳곳에 마련되어 있다.

야생화정원의 산마늘

삼색개키버들이 꽃처럼 피어 있는 관람로

Travel tip

주소 경기도 가평군 상면 수목원로 432
홈페이지 www.morningcalm.co.kr
전화 +82 1544-6703
개원시기 및 시간 연중무휴로 08:30~19:00까지 개원한다.
면적 33.1ha

10

안면송과 난대림이 어우러지는 다채로운 수목원

안면도수목원

Anmyeondo Arboretum

고풍스러운 정형미가 돋보이는 아산원 연못

전통이 느껴지는 안면송 소나무 숲과 바다가 어우러지는 충청남도 안면도수목원은 안면대로를 기준으로 안면도 자연휴양림 맞은편에 위치하고 있다. 안면도 자연휴양림 주차장에 주차하면 수목원과 휴양림을 함께 돌아보거나 취향에 따라 선택하여 즐길 수 있다. 수목원으로 들어오는 600m의 탐방로를 걸으면서 안면송으로 불리는 안면도 소나무의 우람한 숲에서 뿜어나오는 솔 향기 가득한 자연의 정취를 마음껏 느낄 수 있으며, 이후 나타나는 수목원에서는 감춰진 비밀의 정원같이 숲속의 고요함과 신비로움을 맛볼 수 있다. 한국의 전통적인 정원의 멋이 유감없이 발휘된 아산원, 늘 푸른 나무만으로 구성된 상록수원, 안면도에 자생하는 꽃과 나무들이 식재된 안면도 자생수원, 자연 형태의 연못을 이용해 생태적 특성을 관찰해볼 수 있는 생태습지원 등 26개 주제원으로 구성된다. 42ha의 면적 중 15ha에 집중적으로 조성되어 있는 안면도수목원은 1,824종, 835,006본의 식물을 보유·관리하고 있으며 안면도 국제꽃박람회 부전시장으로 활용되고 있다.

전반적으로 자연미를 최대한 살리고 있기에 편안하고 정겨운 느낌으로 관람할 수 있는데, 중간에 만나게 되는, 전통정원으로 거듭난 아산원과 토피어리가 인상적인 지피원, 청자자수원 등의 주제원들이 방문객들에게 즐거움을 선사해 준다.

수목원의 역사

충청남도 산림자원연구소 태안사무소 소속기관으로 1차 조성은 1989년부터 1992년까지 4년간 진행되었다. 2차 조성은 1998년부터 2002년까지 꽃박람회 부전시장으로 활용하기 위해 확대 조성하는 과정을 거치게 된다. 2002 월드컵 당시에는 경기를 응원하고자 꽃지해수욕장에서 세계꽃박람회를 진행하면서 안면도수목원도 같이 개방하였다고 한다. 이후 2005년 8월 4일 공립수목원으로 등록되었으며 2005년 8월 24일 정식 개원하였다.

수목원의 구성

휴양림 주차장에서 출발하여 연결되는 터널로 이루어진 문을 통과하면 좌우의 큰 소나무들이 인상적인 안면송 탐방로를 지나게 된다. 안면송이라 불리우는 안면도 소나무는 섬 소나무로는 드물게 해송이 아닌 육송으로 곧고 크게 자라서 고려시대부터 궁궐이나 선박 건조용으로 많이 사용되었기에 조선시대 왕실에서는 특별히 관리하기 위해 봉표로 구역을 표시하고 아무나 베어서 쓸 수 없는 곳인 봉산으로 지정하였다고 한다. 경복궁을 지을 때 이곳 나무를 사용했다는 기록이 있으며, 근래 숭례문 복원에도 사용되었고 현재 충청남도가 1978년부터 유전자 보호림으로 관리하고 있다는 안내판을 볼 수 있다. 솔향을 맡으며 소나무 숲 전체를 느끼는 경험이 상쾌함을 더해 준다.

진입로에서 만나는 안면송

지피원의 토피어리

생태습지원

안면송 탐방로를 지나 식물원으로 들어오면 굴거리나무가 많은 상록수원을 처음 만나게 되고 이어서 진달래, 참꽃나무, 산철쭉, 영산홍 등 철쭉류가 식재되어 있어 봄철에 어우러져 피어나는 7가지 색의 향연이 펼쳐지는 철쭉원을 관람할 수 있다.

내부로 이동하면 지피원에서 향나무로 다양하게 만든 재미

양치식물원 온실 내부

숲속 산책로

있는 토피어리들을 만날 수 있는데 여름꽃인 족두리꽃, 해바라기, 메리골드가 화단을 채우고 있어 꽃 배경으로 추억을 간직할 수 있는 포토존으로 인기가 많은 곳이다. 현대그룹 정주영 회장이 생전에 조성해서 기증하여 그의 호로 이름 지어진 아산원으로 들어오게 되면 한옥과 정자가 있는 정방형의 연못에 수련들이 별서정원에 온 것 같은 느낌을 받게 된다. 7,362m^2 면적의 부지에 숲, 물, 돌 등이 어우러져 자연스러운 전통정원에 주 출입구 안쪽으로 회화나무를 심어서 학문과 지혜의 공간이 되기를 바라는 마음이 느껴진다. 아산원 뒤편에 있는 청자자수원에서는 개성있는 아이디어의 공간을 즐길 수 있다. 청자를 반쯤 묻어 놓은 형상에 수놓은 것처럼 식물을 식재하여 청자의 아름다움을 표현하였다. 면적은 3,200m^2로 2002년도 안면도 국제꽃박람회 부전시장으로 활용할 때 이어령 교수의 아이디어를 반영하였다고 한다. 왼편으로는 여러 시인들의 시가 담긴, 규모가 큰 시비들이 나열되어 있어 이채롭다.

향기가 나는 곳으로 이동하면 섬백리향, 서향, 호랑가시나무, 히어리, 때죽나무, 라일락 등 100여 종의 향기 나는 수목과 초화류가 향기로 유혹하는 방향수원이 있다.

바다가 가까워 모래가 쌓이고 구릉이 만들어지면서 세월에 의해 형성된 자연적인 연못에 조성된 습지생태원을 지나면 넓은 광장이 나오는데 현대적인 느낌의 공연장과 충남에 있는 여러 군들을 장승으로 만들어 놓은 재미있는 공간이다. 양치식물원은 전국에서 유일한 양치류 전문 온실로 제주도 및 남부 해안지역에서 자생하는 종과 외래종을 전시 연출하고 있으며, 또한 유전자원의 보존과 종 번식을 위한 전문 온실로 다양한 고사리들이 전시되어 있다. 난대림으로 조성되어 있는 안면도 자생수원은 18,700m^{2}의 면적에 안면도에 자생하는 나무와 꽃들을 식재한 곳으로 안면도가 자생지의 북방한계선인 굴거리나무, 수목원 인근의 방포 해수욕장에서 자연적으로 군락을 이루어 천연기념물 제138호로 지정되어 있는 모감주나무, 동백나무 등을 식재하여 수목원에서 가장 의미가 두드러지는 곳이다. 수목원의 가장 높은 곳에 있는 전망대에서 멀리는 서해 바다와 섬을 볼 수 있고 가까이는 청자자수원을 한눈에 감상할 수 있다. 전망대를 지나 가장 뒤쪽 한적한 곳에 한방약초식물원이 있는데 흔히 잘 알고 있는 한약처방에 이용되는 식물들을 약방문 단위로 전시하고 있어 찾아보는 재미가 있다. 외곽으로 돌아나오는 길에 만나는 갈매나무원에서는 안면도에서만 발견된 희귀낙엽 덩굴식물 먹넌출*Berchemia racemosa* Siebold & Zucc.이 시렁을 휘감아 올라가고 있고 아래 면에 있는 붉은 석산이 조화로움을 준다.

수목원의 운영 특성

수목원에서는 오감으로 느끼는 다양한 체험 해설프로그램을 운영하는데 프로그램은 산

충청남도 각 군을 상징하는 장승들

한방약초식물원

림자원연구소 태안사무소 주관으로 식물원과 휴양림 공간을 함께 활용하여 운영된다. 안면도 자연휴양림의 소나무 숲과 안면도수목원을 경험할 수 있는 숲해설프로그램은 3월부터 11월까지 운영하며 전화예약과 출발지인 휴양림 종합안내도 현장에서 신청이 가능하며 무료이다. 목공예 체험 프로그램은 3월부터 11월까지 안면도 자연휴양림 산림소통관 산림교육실에서 운영하며 매일 오전 10:00~11:30까지와 오후 1:30~4:00까지 2회 운영한다.

어린이집, 유치원 대상의 숲속 놀이동산과 도내 교육기관 대상의 청소년 숲속교실, 도내 복지시설 대상의 숲속 행복나눔 프로그램이 운영된다. 최근 무장애 나눔길 조성으로 노약자, 장애인 등 교통 약자가 불편함 없이 산림 복지 서비스를 누릴 수 있게 하였다.

수목원 건너편 주차장이 있는 안면도 자연휴양림쪽에서 입장권을 구입하면 수목원도 함께 관람할 수 있다.

Travel tip

주소 충청남도 태안군 안면읍 안면대로 3195-6
홈페이지 https://www.anmyonhuyang.go.kr:453/arboretum_main.asp
전화 +82 41 674 5019
개원시기 및 시간 하절기(3월~10월)는 09:00~18:00, 동절기(11월~2월)는 09:00~17:00까지 개원한다. 폐장 1시간 전까지 입장가능(매월 첫째, 셋째 수요일 휴관)
면적 42ha

11

숲속에서 만나는 작은 유럽

제이드가든수목원

Jade Garden Arboretum

유럽풍 정원을 장식하는 조각상

경기도 가평군과 강원도 화천군에 걸쳐 있는 화악산(1,468m) 자락에 자리잡은 제이드가든은 숲속 분지처럼 안온하고 산에서 내려오는 맑은 계류가 부지 가운데로 흐르고 있어 청정한 분위기이다. 제이드가든은 총 17ha 부지에 조성면적은 10ha로 여기에 다양한 주제정원과 식물군락지를 조성하고 4,000여 종의 식물을 특성과 기능, 그리고 정원디자인에 맞추어 식재하여 식물이 잘 자라면서 더 다채롭게 보이도록 관리하고 있다.

아기자기하고 예쁜 정원으로 소문이 나서 개원하고 짧은 시간 내에 연간 40~50만 명이 방문하는 수목원으로 성장하였다. 서울에서 가까운 거리에 있어 마음만 먹으면 쉽게 다녀올 수 있다.

수목원의 역사

제이드가든은 한화그룹 계열사 중 한화호텔&리조트사에서 조성하였다. 당초에는 스키장을 조성하려 했으나 지역사회에 대한 봉사와 공익을 우선하여 수목원 조성으로 선회한 결과이다.

2005년부터 6년간의 공사 기간을 거쳐 산림청에 수목원으로 등록하고, 2011년 5월에 개원하였다. '숲속에서 만나는 작은 유럽'이라는 조성 컨셉에 맞추어 입구에 유럽풍 빨간 벽돌 건물을 세우고 영국의 보더가든과 코티지가든 그리고 이탈리아의 정형식가든을 도입하여 유럽의 느낌이 나도록 설계하였다.

수목원의 구성

화악산 위쪽으로 길게 경사진 부지에는 24개의 주제정원과 집중 수집하는 식물들이 군락을 이루는 정원이 여기저기 다양한 모습으로 자리잡고 있다. 계류 왼편으로는 영국식보더가든, 이탈리안웨딩가든, 은행나무미로원, 꽃물결원, 고산식물온실, 이끼원, 코티지가든 등의 주제정원들이 조성되어 있다. 계류 오른쪽에는 윈터가든, 호스타가든, 수생식물원, 원추리정원, 만병초원, 목련원, 블루베리원 등 주로 제이드가든에서 집중 수집하는 식물들이 군락을 이루는 정원이 전개된다.

관람 경험으로 볼 때 수목원 초입에서 유럽풍 정원을 즐기고, 낙엽송 우드칩이 두툼하게 깔린 그늘진 길을 걸으며 주제정원을 둘러보면서 정상으로 향하는 것이 좋다. 정상 부근에는 수선화, 크로커스, 무스카리, 백합 등 다양한 구근식물 및 다년초들이 이른 봄부터 가을까지 돌아가며 꽃을 피우는 야생화언덕과 고층습지, 그리고 흰 꽃이 피는 식물을 모아 놓은 화이트가든이 있다. 정상에서 제이드가든 전체 조망을 즐길 수 있는 스카이가든에서 한숨 쉬다가, 계류를 오른쪽에 끼고 내리막길로 편히 내려오면서 식물 중심으로 군락지를 감상하는 것이 좋다.

제이드가든 입구에서 바로 시작되는 영국풍으로 식재된 가장자리 화단인 영국식보더가든과 이탈리안웨딩가든은 제이드가든의 핵심 정원이다. 특히 긴 장방형 부지에 펼쳐진 이탈리안웨딩가든은 조각상의 시선을 따라 2개의 긴 수로에 물이 흐르고 작은 분수가 물결을 만들어 단정하면서 우아한 느낌을 준다. 수로 주변에는 잔디밭과 장미를 얹은 파고라를 조성하여 이국적이기도 하거니와 정형식 정원이 주는 균형감과 정적 질서로 정결한 느낌이 드

유럽풍 건물이 보이는 정문

이탈리안웨딩가든

는 웨딩가든이다.

아담한 키친가든과 고산식물온실을 지나면 은행나무미로원이 나타난다. 대개의 식물원에서는 가지가 빽빽하고 높게 자라는 침엽수로 미로원을 만든다. 캐나다의 밴듀센식물원 미로원에 들어갔다가 나오는 길을 못 찾고 헤매다 들고 있던 양산을 높이 쳐들고 큰소리로 일행을 불러 빠져나온 부끄러운 기억이 있다. 개원하고 4년째인 2014년 늦가을에 방문했을 때는 가느다란 은행나무가 잎도 거의 없이 꼬챙이 같이 꽂혀 있어 직립으로 곧게 자라는 은행

다양한 산딸나무

나무로 미로원이 가능할지 의아스러웠던 터라 2021년에 다시 가면서 제일 궁금했던 곳이 은행나무미로원이었다. 7년 사이 나무가 굵어지고 가지도 벌어지고 잎이 제법 무성하지만 아직도 미로원이라 하기에는 성글어 여기서 길을 잃는 사람은 없을 것 같다. 그러나 가을철에는 노랗게 물든 은행나무미로원의 아름다움에 취해 길을 잃을지도 모르니 다시 와봐야겠다는 생각이 든다

경사로를 조금 더 올라가면 느티나무, 참느릅나무, 팽나무 등 키 큰 관목 주변에 데크를 조성하고 흔들다리를 놓은 나무놀이집이 나타난다. 여기는 남녀노소 누구나 동심으로 돌아가 흔들다리를 일부러 더 흔들어대기도 하고 벤치에 앉아 주변의 나무들에 감탄하기도 하면서 숲 향기에 취해볼 수 있는 여유가 만들어지는 공간이다.

사계절에 걸쳐 다양한 꽃과 잎의 색깔이 변하면서 전체적으로 큰 물결모양을 이루도록 조성한 꽃물결원을 지나 조금 더 올라가면 코티지가든에 다다른다. 코티지가든은 16~17세기 무렵 영국의 시골농가에서 집 주위에 채소와 허브를 가꾸던 정원에서 시작되어 여기에 갖가지 꽃들이 곁들여지면서 실용적 목적 외에 관상용으로 가꾸는 정원양식으로 발전한 것이다. 코티지가든의 등장으로 정원의 중심이 나무의 조형미에서 꽃이 중심이 되는 정원으로 변화하였다. 유럽의 식물원에는 대개 코티지가든이 한편에 자리잡고 있는데, 영국의 로즈무어가든과 독일의 함부르크식물원의 코티지가든이 너무 예쁘고 정겨워 노후에 이런 코티지가든을 만들어 보고 싶다는 소망을 품기도 했다. 5월에 제이드가든을 간다면 하얀 십자형 꽃

나무놀이집

코티지가든의 원반분수와 산딸나무

이 눈처럼 뒤덮인 산딸나무 아래에서 차 한잔을 즐기며 코티지가든의 편안함과 정겨움을 즐길 수 있을 것이다.

코티지가든 옆에는 원추리홍보정원이 있고, 또 정상에 이르는 길에는 원추리워크가 있다. 이처럼 원추리 전시가 많은 것은 제이드가든이 산림청과 국립수목원의 지원을 받아 원추리 종을 수집하고 이를 확산하는 '원추리프로젝트'를 수행하고 있기 때문이다. 원추리는 녹음이 짙고 꽃이 드문 여름철에 주황색 꽃을 피워 시선을 받는 꽃이다. 제이드가든의 노력으로 여름철 정원을 환하게 만들어 주는 원추리를 더 많이 볼 수 있기를 기대한다.

이끼원

수국이 피어 있는 숲속 데크

제이드가든을 조망할 수 있는 스카이가든

또 하나 눈여겨볼 만한 정원은 이끼원이다. 이끼원은 앞서 본 정원과는 아주 다른 모습을 보여준다. 조용히 흐르는 계류 옆 나무숲 그늘 아래, 초록빛 이끼물결 위에서 청나래고사리와 관중 그리고 도깨비부채가 자라는 초록세상이 펼쳐진다. 초록빛 융단같은 이끼가 밑에 깔린 울퉁불퉁한 돌모양을 그대로 감싸 물결처럼 퍼지는 이끼원은 현실같지 않고 마치 환상의 세계로 들어선 듯한 느낌을 준다.

경사가 급하지 않아 정상에 있는 스카이가든에 이르기까지 그다지 힘들지는 않다. 제이드가든 전체를 조망하고, 이 지역의 여러 산들이 겹겹이 보이는 풍경을 즐기고 내려오는 길에는 블루베리, 목련, 만병초, 원추리, 호스타가 무리지어 있는 정원을 볼 수 있다. 그중에서 만병초원은 그냥 지나치기 아까운 정원이다. 다른 식물원에도 만병초원이 있기는 하나 제이드가든처럼 만병초원을 잘 조성한 곳은 드물기 때문이다.

만병초는 풍성한 꽃과 다양한 꽃색 그리고 사철 푸른 잎을 볼 수 있는 상록관목으로 정원의 소재로 널리 이용되고 있다. 전 세계적으로 1,000여 종이 있으며, 우리나라에 자생하는 만병초도 있다. 우리나라에서는 만 가지 병을 고친다는 약재로 알고 있어 오래전부터 약초 채취의 대상이 되었다. 유럽, 특히 영국에서는 정원 소재로 일찍이 만병초를 수집하여 만병초원을 조성한 식물원이 많다. 영국의 큐가든, 위즐리가든, 에딘버러왕립식물원, 벤모어식물원 등이 만병초 수집으로 유명하다. 방문해 본 식물원 중 가장 기억에 남는 만병초원은 스웨덴의 예테보리식물원의 만병초계곡이다. 11월에 방문했음에도 불구하고 반짝반짝 윤기가 흐르는 푸른 잎 사이로 소담스러우면서도 화려하게 핀 만병초꽃이 인상 깊었다.

제이드가든은 우리나라 고산지대에서 자생하는 만병초 중 울릉도 홍만병초를 집중수집하고 있다. 큰 나무들이 들어선 경사로에 만병초를 식재하고 데크를 설치하여 데크를 따라 올라갔다 내려오며 가까이서 다양한 만병초를 볼 수 있도록 하였다. 만병초가 잘 자랄 수 있는 기본적인 환경을 잘 갖추어 놓아서인지 5월 말경에 갔는데도 여기저기 연분홍빛 꽃을 탐스럽게 피우고 있는 만병초를 볼 수 있었다.

만병초원

수목원의 운영 특성

제이드가든은 관람객 중심의 여러 가지 서비스를 제공하고 있다. 직접 운영하는 19평짜리 재배온실에서 유기농으로 허브와 채소류를 재배하여 수목원 레스토랑에 식재료로 공급하여 관람객에게 건강한 식단을 제공하고 있다. 또한 가족단위 및 단체 방문객들이 편하게 담소를 나누고 도시락과 간식을 먹을 수 있는 피크닉 공간도 마련되어 있다.

가드너로 활동하는 전문가가 참여하는 가드닝 교육 프로그램을 운영하여 정원을 가꾸고 싶은 사람들에게 생생한 교육을 하면서 정원문화 확산에도 기여하고 있다.

Travel tip

주소 강원도 춘천시 남삼면 햇골길 80
홈페이지 www.hanwharesort.co.kr/irsweb/resort3/tpark/tp_intro.do?tp_cd=0400
전화 +82 33 260 8300
개원시기 및 시간 연중무휴로 09:00~18:00까지 개원한다.
면적 17ha(조성면적 10ha)

12 도시 한복판의 오아시스 한밭수목원 Hanbat Arboretum

다양한 꽃색이 화려한 화단

수목원이 있을까 싶은 대전의 도심 한복판 번화가를 가로지르다 보면 드넓은 수림대가 조성된 공원에 다다르게 된다. 이곳이 바로 정부대전청사와 엑스포과학공원의 중앙에 있는 도심형 한밭수목원이다. 56.9ha의 둔산대공원은 대전예술의 전당, 평송청소년문화센터, 대전시립미술관, 이응노미술관 등 문화 예술시설이 밀집한 공원으로 한밭수목원을 끌어안으면서 명실상부한 도심 속 오아시스로 거듭났다.

도심형 수목원답게 식물자원의 보존뿐 아니라, 시민휴양과 환경체험장으로서의 역할이 강조되고 있다. 조성목적에서도 알 수 있듯이 정부대전청사와 엑스포과학공원의 녹지축이 연계될 수 있도록 수목원을 통해 도심의 녹지공간을 확보하고, 도심 속 인공수목원을 자연과 조화를 이루도록 조성함으로써, 청소년을 위한 자연체험의 장과 시민을 위한 휴식공간의 제공을 주요 목적으로 설립되었다. 물론 종다양성과 희귀식물의 종보존 및 증식으로 식물 유전자원 확보라는 수목원 본연의 목적도 충실히 수행해 내고 있다. 특히 열대식물원에서는 다양한 열대 희귀식물들을 전시하여 종보존과 증식에 힘쓰고 있다.

수목원의 역사

1991년 1월 12일 대전직할시는 이곳에 양묘관리사업소를 신설하면서, 수목원 조성을 위한 첫걸음을 떼었다. 1996년 2월 28일 대전광역시 녹지사업소로 개편하는 동시에 사업소 내 양묘계와 화훼계를 설치·운영하면서 수목원 운영이 시작되었다.

총면적 38.7ha를 4단계로 구분하여 연차별로 조성하였다. 녹지사업소로 개편되기 직전인 2001년부터 3년간의 공사 기간에 시립미술관

흔들의자 벤치와 어울리는 습지원 전경

넓게 개방된 습지원과 수련원 전경

북측 16.1ha 부지에 관리사무소를 비롯한 화장실, 매점 등의 편의시설과 함께 수생식물원을 중심으로 한 수목 179종 93,500여 본과 초화 300여 종 5십만여 본의 식물을 식재하여 서원을 조성하였다. 이후 2004년부터 대전광역시 수목원 관리사업소를 신설하면서 본격적인 한밭수목원 조성을 시작하여 2005년 4월 28일 정식으로 개원하였다. 이후 같은 해 8월 26일부터 2008년 11월 8일까지 나머지 한쪽인 동원을 조성하여 2009년 5월 9일 개원하였다. 또한 2011년 10월 29일 맹그로브를 주제로 한 지하 1층, 지상 2층 구조의 열대식물원을 개원하면서 공립수목원 제 33호로 등록하였다. 나아가 연구관리동의 확충을 계기로 수목 연구, 교육 기능 등을 더욱 강화하여 수목원 본연의 기능을 충실히 할 수 있도록 발전하였다.

수목원의 구성

한밭수목원은 대전 엑스포시민광장을 중심으로 동원과 서원으로 나누어져 있다. 먼저 광장 양측에 줄지어 선 메타세쿼이아 산책로를 경계로 서쪽에 있는 서원에는 습지원, 야생화원, 잔디광장, 어린이정원, 만병초원 외에 각종 수종으로 구성된 버드나무숲, 소나무숲, 단풍나무숲, 굴참나무숲, 물오리나무숲 등이 자리하고 있다. 서원 전체를 순환하는 습지원은 수련이나 연꽃, 부들, 붓꽃, 창포 등과 같이 물이나 물가에서 서식하는 호습성 식물들이 사는 곳으로 각종 수생식물, 수서곤충, 조류 등 다양한 생물의 서식처로서 사계절 생태계의 안정적인 변화를 감상할 수 있는 곳이다.

습지원을 중심으로 주변에는 여러 수종의 나무들이 각각의 주인공이 되는 주제원들이 있다. 습지원에 인접한 버드나무숲과 물오리나무숲이나 외곽을 둘러싼 졸참나무숲, 상수리나무숲, 굴참나무숲 등의 참나무숲은 여유로운 산책로로서 훌륭한 역할을 수행한다. 또한 우리 민족이 가장 좋아하는 나무이며, 대전시 상징 나무이기도 한 아름드리 소나무가 울창한 소나무숲에서는 콧속 가득 솔향을 채울 수 있다. 소나무숲 남측에 있는 야생화원에서는 우리나라 산과 들에 자생하는 다양한 야생화를 목재데크를 따라 관찰할 수 있다. 원추리, 참나리, 자란, 산부추, 구절초 등 계절별로 피어나는 꽃들을 찾아보는 사계절 흥미로운 공간이다. 인근에 있는 100% 목재만 사용된 친환경적인 어린이놀이터도 아이들에게 인기있는 공간이다. 서원의 여러 정원을 관람하고 나면, 동원을 살피러 가야 한다. 이때 출입구 우측에 있는 잔디광장은 방문객들에게 잠시나마 쉬어 갈 수 있는 최적의 장소이다. 동서남북으로 팽나무, 버드나무, 소나무 그리고 대왕참나무가 시원한 그늘을 제공하며, 피곤한 당신에게 안락함을 제공해 줄 것이다.

서원의 중앙 출입구를 나와 반대편에 있는 동원으로 들어가게 되면, 분수 광장을 지나 트렐리스 한가득 장미가 피어 있는 장미원으로 들어선다. 신비한 연보라색 블루문이나 꽃잎 안쪽과 바깥쪽의 색이 다른 러브 등 26종 4,000여 본의 장미가 5월부터 여름까지 장관을 이루는 곳으로 많은 방문객이 사진을 찍고 관람하는 장소이다. 여기서부터 암석원까지 이어지는 수생식물원 주변 산책길 좌우로는 장미과원와 유실수원, 허브원이 이어진다. 식용과 약용 등 다양한 쓰임새로 사용되는 허브들과 함께, 장미과원과 유실수원에는 대부분 봄에 꽃을 피우는 벚나무, 조팝나무, 매실나무, 꽃사과나무 등이 있어 봄철에 가면 아름다운 꽃들로 어우러진 장관을 볼 수 있다. 암석원은 동원의 하이라이트이다.

한밭수목원에서 가장 높은 곳에 위치하여 암석과 측백나무 사이에서 질긴 생명력으로 살아가는 참억새, 수크령 등 120여 종의 고산식물과 다육식물들을 살펴볼 수 있다. 정상에 있는 전망대에는 지하고가 높은 소나무들이 주변을 둘러싸고 있어 넓게 시야가 트여 있다. 도심 한복판에 위치한 수목원답게 고층 건물들로 둘러싸인 채, 갑천, 유등천, 대전천으로 이어지는 대전의 3대 하천과 계족산, 식장산, 보문산 등으로 어우러진 훌륭한 경관을 만끽할 수 있는 곳이다. 전망대를 내려오면 백당나무, 가막살나무, 조팝나무 등 관목 70여 종을 전시해 놓은 관목원과 식이식물원을 만날 수 있다. 특히 식이식물원에는 새들에게 먹이가 되는 빨간 열매의 산딸나무를 볼 수 있는데, 이곳의 산딸나무 꽃잎은 다른 지역의 산딸나무 꽃잎에 비해 유난히 꽃잎이 작고 귀여운 것이 특징이다. 동원 가장 남측에 있는 열대식물원 바로 북측에

야생화원과 이를 위에서 내려다볼 수 있게 만든 탐방 데크

장미원

는 천연기념물 후계목원이 있다. 이곳에는 전국 곳곳에 있는 천연기념물들의 후계목들을 모아 놓은 동산이다. 세계에서 유일하게 우리나라에서만 자생하는 미선나무를 비롯하여 문화재청과 대전광역시가 협력하여 옮겨 심은 보은 속리 정이품송, 예천 천향리 석송령, 예천 금남리 황목근, 서울 재동 백송 등 35종의 천연기념물 후계목들을 관리·운영하고 있다.

한밭수목원의 또 다른 자랑거리 중 하나는 열대식물원이다. 시원한 폭포수와 함께, 4개 주제원으로 구성되어 리조포라속 식물 등 198종 9,300여 본의 열대식물과 아열대식물들이 전시되고 있다. 메인이 되는 열대식물원 1은 야자원, 열대화목원, 열대우림원, 맹그로브원 등 4개의 주제원으로 구성되어 있다. 우리나라에서 최초의 맹그로브 테마 주제원에는 열대와 아열대의 해안이나 하구 습지에 사는 소네라티아, 바링토니아, 브루구이에라, 니파야자 등 대표적인 맹그로브 식물들을 만날 수 있다. 온실 중앙의 야자원에 전시된 야자나무과 식물은 대개 가지를 치지 않아 잎이 줄기 끝에서 모여 나는 특징을 가지고 있다. 줄기는 목재, 잎은 생필품과 의복의 재료, 열매는 식용으로 쓰이는 열대지방의 중요한 경제 식물로, 대표적인 공기정화식물 중 하나인 아레카야자와 워싱턴야자, 피닉스야자 등 20여 종의 야자나무를 볼 수 있다. 열대 화목류 중에서 아름답고 향기가 좋은 하와이무궁화, 란타나, 칼리안드라, 브룬펠시아, 부겐빌레아 등 열대 수종을 중심으로 구성한 열대화목원과 적도부근 밀림의 식생으로 구성된 열대우림원에는 공기뿌리가 특징인 여러 종류의 고무나무와 대형 양치식물인 나무고사리, 잎이 큰 부채파초와 필로덴드론셀로움 등이 식재되어 있다. 부속건물처럼 연결된 열대식물원 2는 열대화과원으로 열대와 아열대 지역이 원산지이거나 재배지인 과일을 종류별로 모아 놓은 전시원이다. 가장 많이 알려진 바나나와 파인애플을 비롯하여 도금양과의 여러 가지 애플, 빈낭야자라고 불리는 아레카 카테쿠, 귤을 포함한 시트러스 종류, 구아

암석원

바, 몬스테라 등을 볼 수 있다.

암석원에서 바라본 수목원 전경

수목원의 운영 특성

수목원에서는 수목원 해설 사전 신청제를 3월부터 11월까지 평일에만 실시하고 있다. 최소 10명 이상의 단체 관람객들이 40~60분가량 수목원 해설을 듣고자 할 경우, 사전 예약을 하면 수목원 숲해설가와 함께 수목원 구석구석을 둘러보며, 식물의 유래, 용도, 비슷한 식물 구분 등 풀과 나무에 대한 다양한 해설을 받을 수 있는 프로그램이다. 주말을 이용해 야경과 함께 밤 숲 이야기를 듣고 즐기고 싶은 관람객이라면 2시간가량 운영되는 수목원 야행 프로그램도 누구나 참여할 수 있다. 이외에도 중학생의 자유학년제를 위한 프로그램으로 수목원의 기능 및 역할과 직업을 소개하는 '수목원에서의 하루'라는 2시간가량의 프로그램이 운영되고 있다. 한편 누리 교육과정과 연계하여 계절변화에 따른 동식물 생활사를 관찰하고 생태놀이를 진행하는 유아 대상의 '꼬맹이 생태학교'도 많은 관심 속에서 인기리에 운영되고 있다.

참고로 여유가 있는 아이 동반 관람객이라면 대전곤충생태관도 함께 둘러보기를 권한다. 비록 운영 주체가 달라 동원에서 동선이 다소 분리되어 있지만, 이곳에서는 아이들이 좋아하는 넓적사슴벌레나 장수풍뎅이 등 다양한 곤충들과 함께 흥미로운 곤충 사육실과 나비체험실 등도 관찰할 수 있다.

Travel tip

주소 대전광역시 서구 둔산대로 169
홈페이지 https://www.daejeon.go.kr/gar/index.do
전화 +82 42 270 8452~5
개원시기 및 시간 하절기(4월~9월)는 06:00~20:00, 동절기(10월~3월)는 08:00~18:00(관람종료 1시간 전까지 입장객 관람 가능)까지 개원한다. (열대식물원: 09:00~17:30, 관람종료 30분 전까지 입장객 관람 가능) 동원은 매주 월요일, 서원은 매주 화요일, 열대식물원은 매주 월요일 휴원한다. (휴원일이 공휴일과 겹칠 경우 정상 개원)
면적 37ha(서원 16ha, 동원 20ha, 열대식물원 1ha)

13

대학식물원의 역할을 잘 보여주는

림바일무식물원

Rimba Ilmu Botanical Garden, University of Malaya

세계 최대의 꽃 라플레시아 모형 전시물

림바일무식물원은 말레이시아 쿠알라룸푸르의 말레이시아대학 내에 위치한 열대식물원이다. 말레이시아반도의 기후특성을 반영한 열대우림의 대표적인 식물원으로, 말레이시아와 인도네시아의 식물상을 강조하고 있다. 1974년 설립된 이후 1,600여 종의 식물의 수집과 함께 현지외 보전의 역할을 수행하고 있으며, 국제식물원보전연맹BGCI과 동남아시아식물원네트워크의 회원이다.

림바일무식물원의 임무는 말레이시아에서 인구가 많고 발달된 지역에 위치한 식물원으로서 기능에 적합한 시설과 활동을 개발하고 관리하여 열대식물의 생명과 환경, 생태 및 보존에 대한 인식과 지식을 생성하고 증진하는 것이다.

식물원의 역사

림바일무식물원은 말레이시아어로 '지혜의 숲'이라는 뜻으로, 1974년에 버려진 고무나무 재배장에서 시작되었으며, 면적 80ha에 1,600여 종의 새로운 종이 자라고 있다. 현재 고무나무는 거의 제거되었으며 남아 있는 40ha의 고무나무 재배지도 앞으로의 2차 열대우림을 위해서 지속적으로 관리되고 있다.

식물원의 구성

식물원은 몇 가지 특별구역과 연구구역으로 구성되어 있으며, 수집은 말레이시아 열대우림의 다양성과 보전에 필요한 종들로 이루어져 있다. 약용식물, 야자수, 대나무 및 감귤류와 시트로이드, 생강, 열대과일, 고사리, 목재용 식물들이 수집·전시 및 연구되고 있으며, 열대아시아, 태평양의 여러 섬, 오스트레일리아, 남아메리카, 아프리카, 마다가

국왕 방문행사 기념비

스카르 등지에서 수집된 종들도 포함되어 있다.

온실은 식물의 보전적 관점에서 희귀종에 대한 이해를 돕기 위한 연구와 교육 시설의 기능을 담당한다. 온실 재배 시설은 24m×10m 크기의 지붕 장착형 안개 방지 시스템이 있는 회전식 접시 냉각기로 관리된다. 희귀종 수집은 1999년 9월에 시작되었으며 2000년 12월까지 약 1,000개의 종이 수집되었다. 수집물에는 우리가 알고 있는 가장 희귀하고 가장 멸종위기에 처한 종들이 포함되어 있다. 이 온실에는 말레이시아와 주변 지역 식물을 세 가지 형태의 희귀성으로 구분하여 보여준다. EN코드, RM코드, LF코드 그룹으로 나누며, 말레이시아 또는 인근 국가의 토착 난초수집이 포함되어 있다. 연구를 위해 체계적으로 분류되며, 난초의 경우 학명과 함께 일반 표찰이 부여되어 있다. 온실의 경우 정기적으로 관람이 되지는 않지만, 매월 첫 번째 토요일에 가이드가든워크에 참여하는 방문객에게 짧은 투어가 제공된다.

경사지에 구조물을 활용한 식물 전시

주요 수집 식물 중 하나인 야자나무

대학식물원의 모습을 보여주는 육종연구온실

2000년도에 만들어진 희귀 식물, 난초 온실과 2003년에 만들어진 고사리원은 특별단체 방문과 연구차원의 방문만 가능하며, 2003년에 만들어진 대나무 수집원bambusetum은 일반 대중에게 개방한다. 바나나 연구를 위한 수집도 소규모로 이루어지고 있다. 림바일무식물원 개발의 하이라이트는 2001년부터 쿠알라룸푸르 시내에 새로운 숲을 조성하기 위해 관련 관계자를 참여시키는 '밀레니엄 숲' 사업의 기점으로 특별수목원(수목 수집)을 설치하는 것이었다.

식물원에서 볼 수 있는 세계에서 가장 큰 야자나무 중의 하나

본관에서는 '열대우림과 환경'이라는 전시를 경험할 수 있으며, 말레이시아 열대우림의 다양

한 식물과 동물을 관람할 수 있다. 특히 덩굴식물에 기생하여 살아가며 식물종 중 가장 큰 꽃을 피우는 라플레시아, 세계에서 가장 큰 다섯 그루의 나무도 볼 수 있다.

식물원 내에서는 90종 이상의 다양한 조류를 발견할 수 있으며, 딱따구리, 물총새, 바람까마귀 붉은정글새 등이 있다. 식물원 내의 길을 따라 걷다 보면 다람쥐, 원숭이, 도마뱀을 발견할 수 있으며, 하천에 서식하는 다수의 작은 곤충들도 볼 수 있다. 대형온실에는 말레이시아 토착 난초 등의 희귀멸종식물들이 관리되고 있다.

표본관은 2000년에 림바일무식물원의 현재 건물로 이전했으며, 약 63,000개의 표본을 보유하며 말레이시아 최대의 수집량을 자랑한다. 표본관은 1960년에 설립되었으며 KLU라는 약어를 사용하여 국제식물분류협회에 등록되어 있다. 표본관의 주요 수집물은 주로 말레이시아의 토착식물상에 있지만, 교환을 통한 온대식물도 수집되어 있다.

중요한 수집품으로는 판다나과, 운향과, 두릅나무과, 대나무과 식물들, 다눔계곡(사바)과 울루칼리(말레이시아 반도)에 자생하는 식물과 말레이반도와 술라웨시 석회암 지대 식물 등이 있다. 표본관에서의 몇 가지 절차 중 표본 검수의 경우 자원봉사자의 지원을 받는다. 자원봉사사는 연구에 활용할 수 있는 표본을 만들기 위해 식물 표본 만들기 및 보존에 관련된 일련의 작업과정을 배운다. 1,000여 종류의 이끼표본과 4,500여 종류의 말레이시아 해조류의 표본을 소장하고 있다.

식물원이 보유한 가장 특이한 식물인 라플레시아 모형 전시

식물원의 운영 특성

대학교 직원인 2명의 관리자와 보조원 등 5명이 이 수목원을 관리하고 있다.

환경교육 프로그램은 다양한 연령대를 위해서 말레이시아 대학과 말레이시아자연협회에서 개발하였다. 자원봉사자 프로그램은 정원의 관리와 개선을 위해서 운영되고 있다.

열대우림과 다양성이라는 전시가 지속되고 있으며, 열대우림과 다양성 보전, 식물과 동물의

전시실 전경

다양한 식물 종자 전시의 일부

생활사를 다루고 있다. 1997년에 처음 개최된 '열대우림과 우리의 환경' 전시회는 2002년, 2003년에 새로운 시설보완을 통해 지속적으로 전시되고 있다. 이 전시회는 말레이시아에서 이렇게 넓은 범위의 상설 전시로는 유일하다. 일반인들이 쉽게 관람할 수 있으며 열대우림이 무엇인지, 어디에 분포하는지, 인간에게 어떻게 유용한지, 식물과 동물의 생물다양성, 기후 균형 및 환경 유지에 대한 중요성, 생물다양성 및 환경 보존의 주요 측면 등을 소개하고 있다.

환경교육 프로그램은 훈련된 자연 교육 인력에 의해 이루어지며, 다양한 전문가 및 과학 자원봉사자의 도움을 받아 자연과 우리의 환경에 단계적으로 친숙해질 수 있도록 지원하고 있다. 특정 연령대 및 경험에 맞게 조정되므로 주최 측과 담당 교사가 먼저 연락해 그룹의 배경과 추구하는 활동 종류를 논의하는 등 사전의 계획된 준비를 통해서 가능하다. 말레이시아 자연학회와 말라야대학의 공동 활동으로 다수의 프로그램이 진행되고 있으며, 다른 프로그램과도 연계할 수 있다.

Travel tip

주소 Rimba Ilmu, Institute of Biological Sciences, University of Malaya, 50603 Kuala Lumpur, Malaysia

홈페이지 https://rimba.um.edu.my/index.php

전화 +60 3 79674685

개원시기 및 시간 월요일부터 목요일은 09:00~12:00, 14:00~16:30, 금요일은 09:00~12:00, 14:45~16:30까지 관람이 가능하다. 토요일, 일요일, 공휴일은 휴원한다.

면적 80ha

14 아시아 향신료 식물 박물관
열대향신료정원
Tropical Spice Garden

열대식물에 둘러싸인 연못

열대향신료정원은 페낭의 북동 바투 페링기Batu Ferringhi 해안가에 위치하고 있다. 페낭은 페낭주의 주도이며, 페낭의 제임스타운은 한때 향신료의 국제무역이 활발하게 이루어지는 항구였다. 페낭은 인도양과 태평양을 잇는 가장 중요한 항로인 말라카해협의 관문인 덕에 일찍이 아시아 무역의 중심 역할을 했다. 15세기 들어 향신료를 둘러싸고 유럽 강국들의 각축전이 벌어지는 가운데 1786년 영국은 페낭을 점령하고, 이곳을 동인도 회사의 무역거점으로 활용하였다. 1876년 수에즈운하의 개통과 더불어 영국의 산업혁명으로 많은 양의 주석과 고무 수요가 급증하면서 페낭은 그 중심부에서 날로 번창하였고 많은 외지인들이 몰려들어 말레이시아, 중국, 인도, 태국, 미얀마, 유럽 등등 수많은 문화의 용광로가 되었다.

제2차 세계대전 시기 1941년 일본에 점령당하면서 많은 유럽인들이 이를 피해 고국으로 돌아갔고 영국도 페낭을 떠났다. 전쟁이 끝나고 1945년 영국에 반환된 페낭은 1946년 영국으로부터 해방되었고, 1957년 8월 31일 말라야 연방Federation of Malaya으로 독립하고 페낭은 말레이시아의 13개 주에 포함되었다.

2003년에 개원한 열대향신료정원은 3.3ha의 면적으로 큰 규모는 아니지만, 산지 경사를 활용하여 곡선으로 탐방로를 만들어 500여 종이 넘는 향신료 식물을 촘촘히 관찰할 수 있도록 배치하여 가이드 없이도 탐방이 가능하도록 조성해 놓았다. 또한 페낭과 향신료의 역사 그리고 향신료의 제조과정과 효능에 대한 정보를 충실하게 전하는 안내판을 곳곳에 배치하여 열대향신료에 대한 이해를 돕고 있다.

열대향신료정원에는 시티투어 버스가 정차하므로 페낭의 다른 관광지와 연계하여 들르기 편하다. 페

열대향신료정원 입구

낭 동쪽에 있는 페낭식물원은 규모도 크고 식물 구성도 좋아 꼭 가보기를 권한다.

정원의 역사

열대향신료정원의 설립자 레베카 듀케트Rebecca Duckett는 어려서부터 자연주의자인 아버지로부터 영향을 받고 자랐다. 그녀는 영국과 미국에서 교육을 받고 말레이시아로 돌아와 1990년 초 남편 데이비드 윌킨슨David Wilkinson과 함께 소매업을 창업했다. 아시아 경제의 위기로 사업이 어려워지게 되자 쿠알라룸푸르의 사업을 정리하고 페낭으로 이사하였다.

멸종되어가는 희귀식물인 조에이야자Joey palm, *Johannesteijsmannia magnifica* J. Dransf.

새로운 사업에 대한 구상을 하던 중 향신료무역의 본거지였던 페낭의 과거사에 주목하여 향신료정원을 개발하기로 결정하고, 버려졌던 3.3ha 크기의 고무나무 플란테이션을 향신료 정원으로 조성하기 시작했다. 유네스코 문화유산으로 지정된 제임스타운이 가까워 관람객 유치에도 유리하고, 모래사장이 좋은 바투 페링기 해안가에 자리잡고 있다는 점도 그들의 의욕을 돋구웠다.

향신료정원을 개발하면서 부부는 열대우림의 자연미를 높이기 위해 큰 나무들을 제거하지 않고 가능한 지금의 위치에 남겨두기로 하였다. 또한 정원의 아름다움을 높여줄 뿐만 아니라 향신료의 섬인 페낭의 역사와 연계될 수 있는 교육적 가치를 지닌 식물과 멸종위기식물을 도입한다는 원칙에 따라 새로운 식물을 도입하여 열대향신료정원을 개발하였다.

식물과 야생동물의 공존

정원의 구성

페낭은 적도 북쪽 5도에 위치한 열대우림기후대에 있어 날씨가 덥고 습기가 많으며 비가 많이 내리므로 향신료정원에는 향신료로 쓰이는 열대의 초본식물과 목본식물이 싱싱한 모습으로 자라고 있다. 정원은 크게 연못, 열대우림구역, 향신료테라스, 향신료세계, 대나무정원, 음료식물구역으로 구성되어 있고 각 구역마다 주제에 맞는 식물들이 자라고 있다. 부지가 그리 크지는 않지만 경사도를 활용한 곡선의 보도를 따라가며 여러 가지 식물을 만나게 되어 작아 보이지는 않는다. 이 정원 이름은 열대향신료정원이지만 향신료식물만 있는 것은 아니고 이 지역에서 사라져가는 멸종위기식물도 있고, 열대정원을 아름답게 보이게 하는 식물들이 어우러져 있다. 관람객이 꼭 보았으면 하는 주요 61개 향신료 식물은 위치와 이름이 리플렛에 제시되어 있다.

생강꽃

입구에는 향신료정원답게 생강, 라임, 레몬그라스, 치자 등 다양한 향신료 식물을 전시하고 있다. 입구에 들어서자마자 만나게 되는 것은 부지 위쪽에서 흘러내린 물줄기를 이용해 만든 연못이다. 니파야자와 바나나, 헬리코니아, 브로멜리아드에 둘러싸인 연못에는 각종 수련과 연꽃이 피어 있고 빅토리아수련도 싱싱하게 자라고 있다.

연못에서 관람로를 따라 위쪽으로 가면 정원의 심장인 열대우림지역에 다다른다. 여기에는 여러 종류의 다양한 야자수가 하늘을 가리고 있고, 수염달린 박쥐백합, 양념이나 치료제로 매우 요긴하게 쓰이는 생강이 정열적인 꽃을 활짝 피우고 있는 모습도 볼 수 있다.

그다음 닿게 되는 '향신료세계'에서는 향신료의 원재료가 되는 다양한 초본식물과 나무

서남아시아 고유종인 박쥐백합

를 볼 수 있다. 향신료는 10세기부터 사용되었는데 가장 비싸게 거래되는 향신료는 육두구와 후추였다고 한다. 이곳에는 육두구Nutmeg, 후추, 강황, 생강, 계피, 타마린드, 자스민, 정향, 고추, 바닐라, 헤나 등 26가지 주요 향신료 관련 식물들이 식재되어 있다. 페낭의 대표적 향신료 나무인 육두구는 사향향기가 나는 호두나무인데 20m 높이까지 자라며, 음식에 첨가하면 독특한 향이 나며 맛을 돋구워 줄뿐만 아니라 항산화, 통증 완화, 항진균, 항우울제와 같은 효능이 있어 애용되는 향신료이다. 원산지는 인도네시아 몰루카제도이며 인도네시아, 말레이반도 등의 열대지방에 분포한다.

1천 년 전 육두구 500g은 소 7마리 값이었고, 후추 30kg은 노예 1명에 해당하는 값이었다고 전해진다. 후추는 인도 원산으로 1453년경 아랍인들이 유럽으로 후추를 전하면서 이슬람 상인이 후추무역을 독점하여 이윤을 많이 챙겼다. 1492년 콜럼버스가 후추를 얻기 위해 인도로 가는 새로운 항로를 찾기 위한 긴 항해를 떠나 아메리카대륙을 발견하기도 했다. 향신료세계에 서 있는 안내판에는 15세기부터 19세기까지 향신료를 차지하기 위해 치뤘던 전쟁을 소개하고 있어 발길을 머물게 한다.

향신료로 쓰이는 뿌리와 열매

대나무숲을 지나면 음료의 원재료가 되는 나무들이 우거진 곳에 도착한다. 여기에는 차와 커피, 코코아 나무들이 있다. 커피나 코코아를 만드는 과정을 설명하는 안내판이 곳곳에 있어 이들을 이해하는데 도움이 된다.

이렇게 경사진 곡선 길을 따라 굽이굽이 돌면서 관람하노라면 마지막에 페링기 해안이 내려다보이는 카페가 있어 향신료 정원 산책을 시원하고 달콤하게 끝내게 해 준다.

향신료 체험 시설

정원의 운영 특성

가이드 투어가 가능하나 오디오 투어를 추천한다. 7개국 언어로 들을 수 있는 오디오기기와 정원의 전체적인 구성과 주요 향신료 식물들의 위치와 이름이 인쇄된 오디오가이드를 제공하므로 관람객 스스로 시간 조절을 하며 자세히 관람할 수 있다.

또한 향신료 테라스에는 관람객이 직접 향신료로 쓰이는 열매들을 조그만 절구에 넣고 갈아서 향을 맡고 맛을 볼 수 있는 시설이 있고, 차를 다려 마시며 쉬는 곳도 있다.

정원에서 운영하는 요리교실은 각 분과에 10명씩 참여하여 동남아시아의 향신료가 사용되는 여러 나라의 요리를 만들어 보는 기회를 제공한다.

Travel tip

주소 Lot 595 Mukim, 2, Jalan Teluk Bahang, 1050 Teluk Bahang, Pulau Pinang, Malaysia.
홈페이지 www.tropicalspicegarden.com
전화 +60 4 881 1797
개원시기 및 시간 금요일~일요일은 09:00~18:00, 월요일~화요일, 목요일은 09:00~16:00까지 개원한다.
면적 3.3ha

15 국가 유산으로 발전하는 쿠알라룸푸르페르다나식물원

Kuala Lumpur Perdana Botanical Garden

하경정원 형태로 조성된 장식정원

타만 타식 페르다나Taman Tasik Perdana 또는 호수 정원Lake Gardens으로 알려진 페르다나식물원은 쿠알라룸푸르의 툰 압둘 유산 공원Tun Abdul Razak Heritage Park에 위치하고 있다. 1888년에 조성되었으며, 면적은 69ha에 달하며, 이 공원은 식민지 시대에 도시의 번잡함에서 도피처 역할을 했다. 원래는 레크리에이션 공원의 일부로 만들어졌지만 열대식물들을 심는 등 식물원으로 탈바꿈하였다. 도심 한복판임에도 불구하고 열대우림에 있는 듯한 분위기를 느낄 수 있다. 쿠알라룸푸르 도심의 서쪽에 있는 커다란 공원으로 시민들의 편안한 휴식처가 되어 주는 곳으로 내부에 페르다나호수가 위치해 있어 레이크가든이라 불린다. 주변으로 새 공원을 비롯해서 나비 공원, 사슴 공원, 난초 정원 등이 조성되어 있다.

식물원의 역사

페르다나호수공원으로 알려진 이 푸르른 녹색 공원은 쿠알라룸푸르에서 가장 오래되고 가장 인기 있는 공공 휴양 공원으로 1880년대에 만들어졌다. 정원은 이용 가능한 많은 공공시설을 미화하고 개선하기 위해 다년간 변화해 왔다. 가장 광범위한 재개발 프로젝트는 2010년 초에 시작되었는데, 공공공원에서 식물원으로 변화하게 되었다. 변화의 첫 번째 단계로는 정원의 주요 핵심 구역을 복원하고 다양한 컬렉션과 기능을 추가하는 작업이었으며, 쇼가든으로서의 다양한 요소, 열대우림의 분위기를 조성함으로써 대도시 가운데 있음에도 불구하고 휴양지의 평온함을 가지게 된 것이다. 변화의 두 번째 단계는 표본관, 도서관 및 방문자센터 등 식물원의 필수적인 요소들을 갖추게 된 것이다. 그 과정에서 수천 그루의 새로운 식물과 나무가 정원에 도입되었다. 페

열대 습지

르다나식물원을 탐방하는 방문객들은 보틀트리, 소시지나무, 바오밥나무 등 이국적인 나무를 포함하는 다양한 식물들에 놀랄 것이다.

식물원의 구성

쿠알라룸푸르에서 가장 큰 식물원이며, 20개 이상의 정원과 시설이 마련되어 있으며 다양한 식물수집과 볼거리들이 마련되어 있다. 산림수목수집Forest Tree Collection, 생강 및 헬리코니아수집Zingiberales & Heliconia Collection, 과수수집Lesser Fruits Trees Collection, 사슴공원Deer Park, 히비스커스정원Hibiscus Garden, 난초원Orchid Garden, 라만페르다나Laman Perdana, 표본관Herbarium 등이 있다.

식물원 곳곳에는 숲이 우거져 있고 수목 유산이라고 여기는 산림수목수집이 있다. 친숙하고 경제적으로도 중요한 나무들이며 열대우림의 많은 종 중 일부가 전시되어 있다. 생강, 코스투스, 무사 등으로 구성된 생강 수집은 잘란템부스Jalan Tembus 부근 경사면을 따라 심겨 있으며, 헬리코니아정원으로 이어진다. 헬리코니아정원은 화려한 꽃과 큰 잎의 다양한 품종의 이국적인 열대식물 정원을 대표하며, 작은 폭포가 있는 정원의 연못은 시원한 휴식처가 된다. 툰 압둘 라작 기념관으로 가는 계단 위로 올라가는 길에 주택정원이나 과수원에서 흔히 볼 수 없는 열대 과일나무들이 심겨 있다. 이 과일나무들 중 일부는 상업적인 제품의 형태로 팔리고 있다.

2ha 크기의 사슴 공원에는 작은사슴Mouse deer, 다마사슴Fallow deer, 액시스사슴Axis

장식정원 한가운데의 분수

deer, 물사슴Sambar deer 등의 사슴과 염소가 방목되어 있다.

히비스커스정원은 말레이시아의 국화인 하와이무궁화*Hibiscus rosa-sinensis* (Spreng.) Balle의 다양한 종을 전시하는데, 3,000여 종의 히비스커스가 식재되어 있다.

난초원은 최대 120종의 난초 5,000품종이 있으며, 착생 품종을 위한 반원형 파골라와 육지 품종을 위한 바위 정원으로 구성되어 있다. 정원의 주변에는 4미터 높이의 폭포, 수영장, 분수 등이 있으며, 식민지 양식의 건물이 다실과 갤러리가 있는 전시장으로 개조되었다.

라만페르다나Laman Perdana는 노란색으로 하이라이트를 준

호수 전경을 볼 수 있는 오래된 나무를 둘러싸고 만들어진 전망대

풍부한 물을 이용한 계류정원

그늘막으로 꽃을 형상화해서 기둥은 꽃봉오리, 하늘을 덮은 격자 모양의 알루미늄 철골구조는 연결된 꽃잎을 연상하게 한다. 한낮의 직사광선을 가릴 수 있어 낮 동안엔 행사가 개최되는 무대가 되며 저녁에는 조명이 더해져 환상적인 경관을 연출한다. 행사가 없더라도 한낮에 내리쬐는 태양빛이 다양한 패턴을 가진 격자무늬로 공원 바닥에 수놓고 있어서 공간에서 리듬감을 느끼게 해 준다.

표본관은 페르다나식물원과 주변 산림 지역의 꽃과 열매 식물 컬렉션을 보관하고 있다. 모든 데이터는 브람스(식물 연구 및 표본관 데이터베이스 관리 시스템)에 기록되어 있으며, 2017년 일반인에게 개방되었으며 매주 월요일부터 금요일 오전 8시부터 오후 4시 30분까지 이용 가능하다.

시간에 따라 다양한 경관을 연출하는 라만페르다나Laman Perdana

다양한 정원과 볼거리로 구성된 식물원은 걸어서 다 둘러보려면 3~5시간 정도 걸리므로 트램을 타고 이동하는 것이 좋다. 트램은 공원 내·외부를 연결하는 친환경 교통수단으로 무더운 날씨에도 쾌적하게 식물원을 감상할 수 있게 해 준다.

조형적으로 멋지게 다듬어진 나무들

식물원의 운영 특성

관광명소인 것 외에도 페르다나식물원을 세계적인 식물원으로 육성하여 레저와 교육의 장으로 만들고자 노력하는 한편, 식물원을 국가 유산으로 보존하고 유지하는 것을 사명으로 생각하고 있다.

기부, 후원, 전문가 조언 및 자원봉사와 같은 모든 종류의 지원을 적극적으로 받아들이며, 일반 대중, 기업, 고등 교육 기관으로부터 더 많은 참여와 참여를 끌어낼 수 있도록 노력하고 있다. 연구 분야에서는 전문가, 교수 및 학생들과의 협력을 통해 연구 센터와 커뮤니티를 구축하는 것이 큰 목표이기도 하다. 특히, 학교프로그램은 청소년을 대상으로 하는 생물다양성과 자연 보전 중요성에 관한 다양한 프로그램들이 진행 중이다.

Travel tip

주소 Jalan Kebun Bunga, Tasik Perdana, 55100 Kuala Lumpur, Malaysia
홈페이지 www.klbotanicalgarden.gov.my
전화 +60 3 2276 0432
개원시기 및 시간 월요일~일요일 07:00~20:00까지 개원한다.
면적 69ha

16

열대지역의 녹색 허파

페낭식물원

Penang Botanical Gardens

식물원의 중심을 관통하는 수생식물원

폭포정원으로 알려진 페낭식물원은 말레이시아 페낭섬 조지타운의 잘란 에어 준에 위치한 공립식물원이다. 1800년에 향신료 정원으로 처음 개발되었으며, 1884년 찰스 커티스를 초대 큐레이터로 페낭 언덕 기슭의 오래된 화강암 채석장에 정식으로 설립되었다. 이 식물원은 말레이시아에서 가장 오래된 식물원이며, 말레이시아 반도 북부지역 최초의 식물원이기도 하다. 식물원은 정글로 뒤덮인 언덕 기슭에 있는 112m 깊은 계곡에 자리 잡고 있으며 상록수 열대우림으로 둘러싸인 세계에서 가장 오래된 열대 숲에 있는 식물원이다.

페낭식물원은 많은 관광객이 찾고 있는데, 주말에는 평균 방문객 수가 5,000명에 이른다. 무성한 녹지와 고요한 환경은 페낭의 독특한 자연 유산이며, 말레이시아와 페낭의 지역 고유 식물상의 보고인 동시에 페낭의 "녹색 허파" 역할을 한다.

식물원의 구성

고도 20~80m, 경사지 15도 이상의 저지대 계곡에 위치하며, 자연 저지대와 이차림이 주변을 둘러싸고 있다. 페낭식물원 내에는 저수지와 수처리 시설이 있으며, 저수지는 유명한 페낭폭포 기슭에 있어 폭포정원으로 알려진 이유이기도 하다.

페낭식물원은 29ha이며, 특별구역계획SAP을 포함하면 242ha에 이른다. 기존의 식물원은 29ha의 부지 중 11ha가 개발되거나 활용되고 있다. 나머지는 여전히 자연 상태로 남아 있으며. 주요 정원은 야자수수집원, 침엽수수집원, 고사리원, 암석원 등으로 전문화되어 있다.

식물원은 잘란 케분 붕가Jalan Kebun Bunga의 계곡에 위치하며 다양한 토착식물과 이국적인 식물이 자생하는 곳으로 11개의 정원과 기반 시설로 나누어진다. 주요 정원

페낭식물원 정문

으로는 수생식물원Aquatic Garden, 경제식물원Economic Garden, 암석원Quarry Garden, 비밀정원Secret Garden, 허브원Herbs Garden, 천남성식물길Aroid Trail, 백합연못Lily Pond, 커티스길Curtis Trail, 정형식정원Formal Garden, 침상정원Sunken Garden, 일본정원Japanese Garden으로 구성되며, 그 외에는 페르다나식물하우스Perdana Plant House, 열대우림정글길Tropical Rainforest Jungle Track, 천남성길Aroid Walkway, 난초온실Orchidarium 등으로 구성되어 있다. 또한, 식물원에는 현재 장식용 온실, 브로멜리아드 및 베고니아 하우스, 난초온실, 선인장과 다육식물의 온실, 고사리 온실 등 5개의 온실이 있다.

4,000종 이상의 표본과 10,000종 이상의 식물들이 정원에 자연상태 그대로 살고 있다. 페낭식물원에는 식물 외에도 케라, 유인원, 원숭이, 개미핥기, 거북이 등과 같은 동물들도 있다.

주요 정원 중 하나인 비밀의 정원

페낭식물원은 역사와 유산으로서의 나무를 포함한 자연 요소의 보호 및 유지 관리에도 노력을 기울이고 있다. 특히, 수목유산Heritage Tree에 대해서는 특별구역계획의 목적에 따라 키, 형태, 크기, 연령, 문화적·생물학적 중요성이 선택의 주요 기준으로 적용된다. 정원에 있는 100그루 이상의 나무가 100cm를 초과하는 흉고직경을 가지고 있다. 정원에 있는 가장 크고 오래된 나무는 직경이 150cm를 초과하며, 이렇게 크고 오래된 나무 29개가 수목유산으로 관리되고 있다. 100cm를 초과하는 것은 100세 이상의 나무로 지역이 개간되었을 때 원래의 숲에서 남은 나무이기도 하며, 정원이 개발될 때 심은 나무도 포함된다.

식물원을 대표하는 나무 중 하나인 대포알나무*Couroupita guaneensis* Aubl.

식물원 내에서 식물원의 역사를 반영하는 레인트리The Rain Tree, 대포알나무Canon Ball Tree, 아르거스꿩나무Argus Pheasant Tree, 캔들트리Candle Tree 등의 특별한 식물을 볼 수 있다.

페낭식물원 정문에 있는 웅장한 레인트리*Samanea saman* (Jacq.) Merr.는 1800년대 이후 오랜 기간 동안 많은 방문객의 관심을 받아왔다. 35m 높이까지 자라며, 크고 넓게 뻗은 우산 모양의 수관은 넓은 그늘을 제공하며, 분홍빛의 작은 꽃들이 핀다. 현지인들은 이 나무를 "포콕 푸쿨 리마Pokok Pukul Lima" 또는 "5시 나무5 o'clock Tree"라고 부르는데, 잎이 해가 지기 직전에 닫히고 해가 뜨면 열리기 때문이다. 이것은 잎을 접었을 때 더 많은 이슬이 맺히도록 하여 나무에 더 많은 수분을 유지시켜 주기 위함이다.

대포알나무*Couroupita guaneensis* Aubl.는 수고 25m에 달하는 아름답고 빠르게 자라는 나무이며, 잎의 수명은 약 6개월로, 그 후 잎은 빠르게 떨어진다. 커다란 분홍빛의 향긋하고 반짝이는 꽃이 나뭇가지를 따라 피며, 사람의 머리 크기만 한 커다란 적갈색 둥근 열매가 달린다. 시큼한 냄새가 나는 열매는 9개월에 걸쳐 익는다. 개화는 몇 주 동안 지속되며, 넓은 정원과 공원에 적합하다.

아르거스꿩나무 *Dracontomelon dao* (Blanco) Merr. & Rolfe는 수고가 31m에 달하는 키의 큰 낙엽교목으로 나이가 들수록 수관이 둥글고 줄기가 견고해지는 관상용 나무이다. 아이들이 좋아하는 마을의 과일나무이며, 꽃과 잎을 식용한다. 열매에 있는 다섯 개의 적도 반점이 아르거스 꿩의 무늬를 닮았다고 하여 붙여진 이름이다.

캔들트리 *Parmentiera cereifera* Seem.는 수고가 6~10m까지 자라는 갈색 줄기의 상록수로 8cm 너비의 종 모양의 크고 흰색인 꽃이 핀다. 잎은 3개로 갈라지며 녹색이다. 열매는 줄기와 녹색 가지에 달리며 약 17cm 길이의 작은 녹색 양초를 닮았으며 익으면 노란색으로 변한다.

흑단 *Diospyros embryopteris* Pers.은 짙은 녹색의 광택이 나는 잎을 가진 상록수이며, 밀집한 돔 모양의 원추형 나무로 튼튼하고 넓게 퍼지며 그늘을 제공한다. 꽃은 연한 크림색을 띠고 식용인 열매는 갈색을 띠며, 의약 가치가 있으며 면화를 염색하고 어망을 강화하는 무두질에 사용된다. 씨앗에서 추출한 특수한 기름은 인도 전통 의학에서 사용되기도 한다. 공원과 공터의 관상용 수목으로 재배된다.

식물원의 운영 특성

페낭식물원은 특별구역계획 SAP, Special Area Plan이 마련되어 있다. 이 특별구역계획은 타운 섹션(16B)과 국가계획법 Act1976(Act172) 아래 운영되고 있으며, 식물 종에 대한 지식, 식물 종과 경관 보전을 위한 식물원의 향후 방향을 제시하는 마스터 플랜이다.

특별구역계획은 페낭식물원의 발전에 도움이 되는 기초 체계를 제공한다. 페낭식물원은 말레이시아의 토착종에 관한 과학적 연구 그리고 보전을 위한 기관으로써 특별구역계획 안에서 다양한 프로젝트와 개선프로그램, 비전을 구체화시킨다.

이곳은 세계자연유산과의 연결이라는 비전 아래, 현지 내 및 현지 외 보전을 바탕으로 한 생물다양성 보전을 위한 노력, 정원과 정원 가꾸기에 대한 대중의 인식 함양과 교육, 국내 및 국제적으로 식물, 원예 및 생태 연구 프로그램의 개발 및 구현, 방문객들에게 정원의 역사적·문화적 유산, 식물 컬렉션, 자연경관

특이한 모양의 넓적한 뿌리(판근)가 발달하는 아르구스꿩나무
Argus pheasant tree(*Dracontomelon dao*)

전통 건축양식의 쉼터

과 정원 동식물의 풍부한 다양성에 중점을 둔 프로그램 제공 등을 위해 노력하고 있다.

특히 연구 및 교육 분야에서 페낭식물원은 살아있는 식물 표본을 현장과 다른 기관과의 연계를 통해 학습 및 연구하는 기관이기도 하며, 살아있는 식물 표본에 대한 고등교육기관의 현장교육을 지원한다. 식물학 및 원예 측면에 대한 풍부한 정보와 지식을 습득하기 위해 매년 학생 그룹, 정부 기관과 민간 부문에서 식물원을 방문하며, 이들에게는식물학 및 원예학 측면에 대한 실용적인 교육을 포함하는 단기 과정이 제공된다. 참가자들은 식물 식별, 식물 번식, 조경 및 식물 표본관 기술과 관련된 기본 실습 과정을 받을 수 있다. 페낭식물원은 생물다양성을 보존하려는 말레이시아 정부의 정책을 반영하고 보완하며 학생, 일반인과 관광객에게 주요 메시지를 전파하는 식물원의 역할을 충실히 하고 있다.

Travel tip

주소 Kompleks Pentadbiran, Bangunan Pavilion, Jalan Kebun Bunga, 10350 Pulau Pinang, Malaysia.
홈페이지 https://botanicalgardens.penang.gov.my/
전화 +60 4 2264401
개원시기 및 시간 매일 05:00~20:00까지 개원한다.
면적 29ha

17

세계 최고의 식물테마파크

가든스바이더베이

Gardens By the Bay

수퍼 트리

가든스바이더베이는 싱가포르의 남쪽 마리나만에 조성된 식물테마파크이다. 싱가포르는 1819년 조호르 왕국과 영국 상관商館이 협정을 체결한 뒤, 영국의 동양 무역 거점이 되었다. 1959년 영연방 내의 자치령이 되었고, 1963년 말레이시아연방에 속해 있다가, 인종적·경제적 대립으로 인하여 1965년 8월 9일 말레이시아연방에서 탈퇴하여 독립공화국이 되었다. 부존자원이 없기 때문에 국제무역과 해외투자에 크게 의존하는 개방경제체제를 운영하고 있으며, 아시아에서 손꼽히는 경제부국으로 성장하였고 경제력과 기술력에 기반하여 세계적인 식물테마파크를 조성하였다.

마리나만 간척지 위에 세워진 가든스바이더베이는 '정원 속의 도시'를 지향하는 싱가포르의 국가적 비전을 보여주는 식물테마파크로 2012년 개원한 이래 여러 차례 국제적인 상을 받았고 여행자들이 뽑는 가장 좋은 여행지에 선정될 정도로 명성이 높다. 가든스바이더베이에서는 다양한 기후대에 자생하는 수많은 종의 식물들이 각기 적절한 서식 환경 속에서 싱싱하게 자라는 모습을 볼 수 있다.

싱가포르에는 오랜 역사를 가지고 있고 국제적인 명성을 얻고 있는 국립싱가포르식물원도 있다. 가든스바이더베이가 원예 및 정원 조경에 공학적 기술을 접목하여 인공적 조형미가 뛰어난 방대한 규모의 종합적 식물 테마파크라면, 국립싱가포르식물원은 육종과 식물 보존, 원예와 교육을 우선시하는 식물원 본연의 기능에 충실한 식물원이다. 어디를 방문하든 다른 쪽 식물원도 함께 관람한다면 즐거움이 배가될 것이다. 국립싱가포르식물원은 『세계의 식물원 산책』 1권 아시아편 (162쪽~)에 이미 소개되어 있다.

가든스바이더베이의 역사

2006년 1월에 마리나만 식물원 설립을 위해 디자인 아이디어를 찾기 위한 국제 마스터 플랜 디자인 대회가 열렸고, 9월에 24개국 이상에서 170개 기업이 제출한 출품작 중 8개의 우수 디자인과 2개의 최우수 디자인이 선정되었다. 이어 우수 디자인의 공개 전시회를 열어 식물원 설계에 대한 방문객들의 호의적 반응을 확인하고, 이를 토대로 2007년 11월 공사가 착수되었다. 2011년 11월 세계난학회World Orchid Conference 개최를 계기로 플라워 돔에서 특별전시회가 열리면서 개원의 초석을 마련하고 2012년 마침내 문을 열었다.

2022년에 10주년을 맞은 가든스바이더베이는 '정원 속의 도시'를 꾸미고자 했던 원래의 비전이 충실히 구현된 정원으로서 열대정원 도시인 싱가포르의 특색을 압축적으로 보여주고 있다고 하겠다. 가든스바이더베이가 싱가포르를 21세기 선도적인 글로벌 도시로 발전시켜 나가는데 하나의 모델을 제공하고 있다고 해도 과언이 아니다.

가든스바이더베이는 설립된 해인 2012년 세계 건축 페스티벌에서 올해의 건축물상을 수상한 것을 시작으로 매년 국제적으로 지명도가 높은 협회와 기관으로부터 건축, 디자인, 마케팅 이벤트, 지속가능한 관광, 녹색 정원, 난 전시, 정원 관광 등 다양한 분야에서 상을 받으면서 정원의 빼어남을 전 세계에 과시하며 오늘에 이르고 있다.

가든스바이더베이의 구성

가든스바이더베이는 마리나만의 연안에 남쪽정원Bay South Garden, 중앙정원Bay Central Garden, 동쪽정원Bay East Garden의 세 구역으로 구성된 독특한 해안정원이다. 이 중에서도 특히 남쪽정원에 중요 정원과 시설들이 집중되어 있다. 중앙정원과 동쪽정원은 널찍한 잔디밭과 더불어 야자수와 열대수림이 들어서 있는 녹지 공간이 큰 비중을 차지한다. 마리나만의 멋진 경관을 즐기며 해안선을 따라 산책하기에 좋고 번잡한 도시를 떠나 조용히 휴식을 즐길 수 있는, 그야말로 도시 속의 녹색 안식처로 연중 누구나 이용할 수 있는 접근성이 좋은 곳이다. 또한 드넓은 녹지 공간이 풍부하여 새로운 아이디어로 더 개발될 수 있는 여지가 열려 있기도 하다.

남쪽정원은 식물원의 핵심적인 정원과 기발한 아이디어로 구축된 볼거리들이 들어찬 곳이다. 예거하면 수퍼 트리Super Tree, 플라워 돔Flower Dome, 운무림Cloud Forest, 플로랄 판타지Floral Fantasy, 호수와 연못, 문화유산정원Heritage Garden, 식물 세계World of Plant, 어린이정원 등이 그것으로 모두 가든스바이더베이가 자랑하는 시설들이다. 이 가운데 수퍼 트리, 플라워 돔, 운무림, 프로랄 판타지, 수족관은 입장료를 받지만 나머지 시설들은 무료로 개방하여 지역사회의 공공자산으로서 정원의 활용도를 높이고 있다.

가든스바이더베이 어디서나 눈에 띄는 것은 높이가 최대 50m나 되는 수퍼 트리이다. 모두 12그루로 장엄한 광경을 연출하는 수퍼 트리는 건축공학적 기술로 만든 거대하고 아름다운 인공나무군이다. 두 수퍼 트리 사이에 매달려 있는 지상 22m 높이, 128m 길이의 공중산책로 또한 눈길을 끄는데, 이곳에서는 마리나만과 싱가포르 시내를 한눈으로 조망할 수 있다. 또 수퍼 트리는 화려한 브로멜리아드, 양치류, 난초 등 200종 이상, 16만여 주의 식물을 전시하는 수직정원이기도 하다. 수퍼 트리는 낮에는 그늘을 만들어주고 밤에는 수퍼 트리에서 나오는 불빛과 소리를 이용한 가든 랩소디 수퍼 트리 쇼가 진행되면서 화려하고 경이로운 광경을 연출한다.

바오밥나무정원

거대한 플라워 돔 정원 풍경

마리나 해안가에 자리잡은 플라워 돔은 2015년 기네스북에 세계에서 가장 큰 유리온실로 등재되었을뿐만 아니라 획기적인 건축 및 엔지니어링으로 수상 경력이 화려한 온실이다. 이곳에서는 오스트레일리아정원, 남아프리카정원, 칠레정원, 지중해정원, 캘리포니아정원, 올리브 그로브, 바오밥나무정원, 다육식물정원에서 기후대별 특성을 지닌 다양한 식물들을 만날 수 있다. 특히 이곳처럼 크고 실한 바오밥나무가 줄지어 서 있는 광경은 어느 식물원에서도 보기 힘들 것이다. 캘리포니아정원 옆 올리브 그로브에는 수령 1000년이 넘은 올리브나무도 있다. 플라워 돔에는 또한 계절, 축제 및 테마 별로 다채롭게 꾸며 놓은 꽃밭도 있어서 사진을 찍으려는 관람객으로 항상 붐빈다.

운무림은 플라워 돔과 연결된 크고 높은 나무의 수관을 형상화한 온실The Canopy 안에 있다. 이곳에서 식물로 무성하게 덮인 35m 높이에 달하는 거대한 산과 이 산에서 시원하게 쏟아져 내리는 세계에서 가장 높은 실내 폭포를 볼 수 있다. 식물들로 빽빽하게 덮인 높은 산과 폭포의 규모가 어마어마하여 관람객들은 놀라움을 금치 못한다. 엘리베이터를 타고 올라가 그 안에 조성된 서늘한 건조지역에서 자라는 식물로 이루어진 9개의 아름다운 정원(그래서 이곳이 냉각온실이라고 소개되어 있기도 하다) 그리고 독특한 공중산책로를 보게 되면 다시

운무림 폭포

높이 공중산책로가 보이는 운무림 전경

한번 놀라게 된다. 이러한 거대 구조물에 대한 아이디어와 이를 실현해 낸 기술을 통해 작은 도시국가 싱가포르의 국력을 실감하게 된다.

플로랄 판타지는 지하철역과 가까워 접근이 용이하다. 나뭇가지와 나뭇잎, 생화, 그리고 드라이 플라워와 열매로 거대한 꽃다발과 꽃꽂이 같은 독창적인 장식물을 만들어 전시하고 있는 이곳은 인공적인 조화미가 환상적이다. 식물을 이용해 예술품을 만든 식물원이 더러 있지만(예컨대 미국의 피닉스사막식물원, 『세계의 식물원 산책』 1권, 311쪽) 이렇게 대대적으로 작품을 만들어 전시하는 곳은 드물다.

남쪽정원 부지 서쪽에는 잠자리호수Dragonfly Lake, 동쪽에는 물총새호수Kingfisher Lake, 그리고 최근에 조성된 물총새습지Kingfisher Wetlands가 자리잡고 있으며 그 옆에 수련 연못도 있다. 수련 연못 가까이에는 거대한 물고기 수족관도 있다. 호수 주변에는 맹그로브나무를 비롯한 여러 습지식물로 숲을 조성하여 조류, 물고기, 잠자리 등에게 서식처를 제공하고 있다. 이를 통해 생물다양성을 도모하는 한편 정원의 물이 호수로 흘러 들어가 수생식물에 의해 여과되는 자연 정화 시스템으로 작동시켜 정원의 지속가능성을 높이고 있다.

잠자리호숫가에는 문화유산정원Heritage Garden이 조성되어 있다. 이 정원은 식물을 통해 싱가포르의 다양한 종족과 그 역사적 뿌리를 조명하는 곳이다. 싱가포르는 중국계 76%, 말레이계 14%, 인도계 8% 등으로 구성된 다민족사회이다. 이를 반영하여 여기에는 중국정원, 말레이정원, 인도정원, 식민지정원이 마련되어 있다. 이 중에서 특히 식민지정원이 눈길을 끈다. 식민지정원은 동남아의 향신료 루트에 있는 싱가포르의 지리적 위치로 인하여 일찍이 열강의 식민지로 향신료 및 환금 작물 무역의 중심지가 되었던 싱가포르의 역사가 담긴 정원이다. 이곳에는 식민지 시대에 주 재배작물인 정향, 육두구, 커피 및 코코아 나무, 고무, 오일팜 등을 볼 수 있다.

잠자리호수 풍경

식물세계World of Plant는 수많은 열대식물과 그들이 지원하는 생태계에 대해 배울 수 있는 야외식물정원으로 다채로운 열대 야자수를 볼 수 있는 야자수정원과 과일나무와 색색의 꽃나무들을 수집해 놓은 과일과 꽃 정원, 나무의 구조를 보여주는 나무의 비밀정원, 숲과 나무 아래 그늘진 곳에 서식하는 하층식물을 보여주는 하층식물정원이 있다. 또한 여러 동식물을 실물 크기로 재현한 토피어리가 들어차 있는 생명의 그물망정원Web of Life, 식물의 역사와 진화과정을 보여주는 발견의 정원도 있다. 이 6개의 주제정원에 24,500주 이상의 식물이 식재되어 있다. 특히 세계에서 가장 오래된 진화 식물인 아프리카 고사리 나무와 자이언트 콰고소철*Kwango Giant Cycad*, 소철*Hope's Cycad* 등이 볼 만하다.

운무림 옆에 위치한 어린이정원도 짜임새 있게 조성되어 있다. 특히 연령별로 놀이구역을 구별하여(1~5세, 6~12세) 운영함으로써 연령에 맞는 놀이와 체험을 통해 어린이들이 적절하고 안전하게 즐길 수 있도록 구성해

문화유산정원 내 중국정원

어린이정원 물놀이터

놓았다. 6~12세 어린이가 이용하는 물놀이 공간은 어린이들이 자유를 만끽하며 즐길 수 있는 공간이다. 물놀이 공간에는 아이들의 움직임을 실시간으로 감지하여 스릴 넘치는 물 분수를 뿜어내는 설비가 마련되어 있어서 어린이들에게 인기가 높은 시설이다.

야외에도 아름다운 정원과 식물들이 여기저기 산재해 있어 둘러볼 곳이 많다. 먼저 사막 같은 풍경이 펼쳐지는 야외 주제정원인 태양의 정자Sun Pavilion가 있다. 이곳에는 약 100종의 다양한 품종으로 구성된 1,000주 이상의 사막식물이 있다. 이 정도의 사막식물 정원을 가지고 있는 식물원도 드물다.

이 밖에도 일본의 선정원에서 영감을 받아 조성한 '고요한 정원'과 울창한 해안가 환경에서 여러 세대의 사람들이 휴식을 취하고 유대감을 가질 수 있는 공용 공간인 활동정원Active Garden이 있다. 활동정원 내에는 허브와 야채에서 과일나무에 이르기까지 약 50종의 식용식물이 자원 봉사자에 의해 재배되고 관리되는 야외 커뮤니티정원도 포함되어 있다.

마리나 해안가에 설치된 조각품

뿐만 아니라 가든스바이더베이에는 전 세계에서 수집한 200개 이상의 조각 작품이 실내외에 전시되어 있다. 특히 남쪽정원의 잠자리 늪지 주변에 1.4km에 걸쳐 전 세계 예술가들이 창작한 40개 이상의 조각품이 식물들과 어울려 있다. 독특한 조각, 흥미로운 공예품 및 석조 작품을 특징으로 하는 이 조각품들은 식물 전시의 아름다움을 빛내주고 풍경에 새로운 차원을 더해 준다.

가든스바이더베이의 운영 특성

가든스바이더베이 운영의 으뜸가는 근본 원칙은 정원의 지속가능성이다. 예를 들어 남쪽정원 전체에 에너지와 물의 지속 가능한 순환 시스템을 도입하여 운영하고 있다. 그 일환으로 플라워 돔과 운무림 온실은 효율적인 에너지 솔루션을 통해 첨단 냉각 시스템으로 제어되고 있다. 이러한 기술로 기존 냉각 기술을 사용하는 건물에 비해 에너지 소비를 약 20% 줄일 수 있다고 한다. 두 개의 온실 또한 식물에 최적의 채광을 제공하는 특수 코팅된 유리가 장착되어 있다. 지붕에는 센서로 작동되는 개폐식 그늘막이 장착되어 있어 실내가 너무 뜨거워지면 자동적으로 식물에 그늘을 제공한다. 친환경적이고 에너지 절약적인 이 모든 시설들은 가든스바이더베이가 21세기를 선도하는 식물원으로 자리매김하게 만드는 요인이 되고 있다.

가든스바이더베이는 교육도 중시하고 있다. 취학 전 어린이부터 중등학교 학생에 이르기까지 이들을 위한 환경친화적 활동에 참여하거나 학습활동을 할 수 있는 다양한 교육 프로그램이 마련되어 있다. 식물원은 또한 관람객을 위한 오디오 안내도 제공하고 식물원 내에 운전자가 없는 자율 운행 버스도 운영하고 있다.

가든스바이더베이는 관람객의 편의를 위한 서비스 시설들을 지속적으로 확장해 가고 있다. 최근에는 마리나만의 신시가지에서 불과 몇 분 거리에 있는 정원형 숙박 시설도 건설하여 한층 편리한 관람 환경을 제공하고 있다. 지역사회에 봉사하는 식물원을 표방하고 있는 가든스바이더베이는 야외정원과 여러 시설들을 무료로 개방하여 도시 주민들의 휴식처로서의 기능을 소홀히 하지 않고 있다.

Travel tip

주소 Gardens by the Bay, 18 Marina Gardens Drive,
Bayfront Plaza 018953 Singapore

홈페이지 http://www.gardensbythebay.com.sg/en/home.html

전화 +65 6420 6848

개원시기 및 시간 매일 개원하며 기본적으로 09:00~21:00까지 개원하나 실내시설에 따라 운영시간이 다르다.

18 식물 도입 연구의 표본 북해도대학식물원

Botanic Garden, Hokkaido University

대표 정원 중의 하나인 장미원

북해도대학식물원은 삿포로역에서 도보로 10분 거리에 있으며, 면적은 13.3ha로 원내에는 느릅나무 거목과 함께 일부에는 울창한 삼림이 남아 있어 메이지 시대 이전의 오래된 삿포로의 모습도 느낄 수 있다. 또한 북해도의 자생식물을 중심으로 약 4,000종류의 식물이 육성되고 있으며 봄에는 화려한 꽃들을, 가을에는 색색의 단풍을 즐길 수 있다. 또한, 박물관법상의 박물관에 따르는 시설로 식물원 내 박물관과 북방민족자료실에는 북해도의 개척과 원주민의 생활과 문화에 관한 귀중한 자료를 볼 수 있다. 식물학 교육 및 연구를 목적으로 설립된 북해도대학의 시설이지만, 일반에 공개되어 '녹綠의 오아시스'로써 많은 시민에게 친숙하게 다가가고 있다.

식물원의 역사

북해도대학식물원은 북해도대학에서 연구를 목적으로 운영하는 곳으로 120년의 역사를 지니며, 북해도대학의 전신인 삿포로농업학교의 교장이었던 콜라크 W. S. Clark의 주도로 1877년 식물학 교육을 위해 설립되었다. 설립 이후 만들어진 박물관과 함께 식물원 부지가 삿포로농업학교에 이관되었으며 초대 원장인 나야베킨고宮部金吾가 계획·설계하고, 1886년에 정식 개원하였다.

개원 전 1876년 국내외의 식물원과의 종자교환 및 수집을 시행하였으며, 특히 수목의 생육에 시간이 걸리기 때문에 도입 및 육성을 우선으로 시행하고 그 결과 현재 오래된 외국수목을 관찰할 수 있다. 개원 이후 식물원 주위의 토지를 매입하고, 분과원을 정비하였다.

개원 초기의 식물원은 삿포로농업학교가 북해도 개척의 거점으로서 임업과 원예업에 몰두하며, 외

식물원 온실의 외부 모습

소박한 식물원 정문

국산 식물의 북해도 적응을 위한 시험장의 역할과 함께 묘의 보급도 시행하였다.

1938년, 고산식물을 육성하는 암석원(약 5,000m^2)이 만들어졌는데 북해도의 대설산 중앙부 화산의 풍경을 설계 및 조성에 반영한 것으로 전해진다. 모래 수백 제곱미터를 쌓았으며 오타루하리우스小樽張碓 산의 화산암석 3,000개를 쌓아 폭포, 계류 등을 배치해서 고산식물 각종의 자생지 모습을 재현하였다. 태평양전쟁 후 관목원, 장미원, 연령초원을 만들어 연구 장소로 재정비되었다.

2001년에는 북해도대학의 농학부 부속식물원과 농학부 박물관이 북해도대학 북방생물권 필드과학센터FSC의 발족과 함께 통합되었다. 북해도대학 북방생물권 필드과학센터 내에는 생물생산연구농장, 시즈나이 연구 목장과 함께 경지권역을 형성하여, 삼림권, 수권역을 구성하는 각 시설과 연계한 활동을 하고 있다. 같은 해 브리티시컬럼비아대학교와 자매결연을 기념으로 식물원 내의 캐나디안 암석원을 정비하였다. 또한 2011년에는 연구자원의 보존관리, 활용을 목적으로 새로운 수장고를 설치하였다. 현재의 식물원은 개원 이래의 활동을 지속하고 있으며, 자연환경 변화의 대응, 멸종위기식물의 보호·증식, 유전자자원의 수집·관리 등 생물다양성 보전과 사회 요구에 대응한 새로운 시도가 지속해서 이루어지고 있다.

식물원의 구성

식물원은 북해도의 서부 이시카리만石狩湾에서 태평양에 접하는 동쪽의 토마코마이苫小牧까지 펼쳐진 이시카리 저지대 일부로 이시카리강의 지류인 토요히라가와豊平川의 충적 지대에 있다. 그로 인해 식물원 내에는 선상지 특유의 온화한 기후와 함께 지하수를 펌프로 끌어올려 식물원 내의 강에 흘려보내 수위를 조절하고 있다. 기후는 겨울에 눈이 많이 내리며, 과거 10년간 최고기온은 34.4도, 평균최저기온은 −11.8도, 평균 최고적설량은 103.2cm를 기록하였다.

화려한 원예식물 중심의 정원은 아니지만, 명치시대 초부터 주변이 울창한 숲이었으며 현재도 활엽수의 숲이 남아 있는 귀중한 장소이다.

식물원 내에는 고산식물원, 캐나디안 암석원, 장미원, 관목원, 온실, 자연림, 초본분과원, 북방민족식물표본원, 라일락 가로수길과 삿포로 최고의 라일락으로 구성되어 있으며, 그 외에 자연사와 역사를 알 수 있는 박물관, 아이누를 중심으로 한 북방 민족의 자료를 볼 수 있는 북방 민족 자료실 등이 있다.

폭설 피해로 부러진 가지를 깨끗하게 전정한 소나무

고산식물원은 북해도의 대설산과 아포이 바위산에 생육하는 식물을 중심으로 일본의 고산식물 약 600종이 심겨 있으며 분화 식재의 전시와 함께 봄부터 여름에 걸쳐 아름다운 꽃들을 감상할 수 있다. 동아시아 북방 민족 아이누족, 윌타족, 니브흐족이 이용한 식물 약 200종이 북방민족표본원에 전시되어 있다. 캐나디언암석원에는 캐나다의 브리티시컬럼비아대학식물원으로부터 도입한 것들을 중심으로 북아메리카산의 고산식물 약 150종을 식재 및 전시하고 있다. 라일락 가로수길에는 5월에서 6월에 걸쳐 개화가 절정에 이르며, 스미스여학교 창시자인 사라 클라라 스미스Sarah Clara Smith 여사가 미국에서 들여온 삿포로 최고의 라

북해도 지역의 고산식물을 수집한 고산식물원

일락을 볼 수 있다.

식물원의 운영 특성

북해도식물원은 북방지역을 대상으로 하는 식물분류학, 식물생태학의 연구와 교육, 육종 식물의 도입과 관리, 자연사, 역사, 민족, 고고학 등의 발굴표본의 체계적 수집과 관리, 연구자원으로써의 관리 식물, 표본의 활용 및 지원, 교육의 장으로서 관리와 활용지원, 사회교육을 목적으로 한 전시·공개를 중심으로 운영하고 있다.

동아시아에서 가장 북쪽에 위치하는 연구 중심의 식물원으로 북해도와 그 주변 지역을 대상으로 식물분류학, 식물생태학의 연구가 이루어지고 있다. 냉온대를 중심으로 하는 식물의 분류, 기록, 표본, 유전자원의 수집, 북해도의 식물경관을 특징짓는 습원 등 식물군락의 구조와 성립요인의 해명 등이 주요 연구 내용이다. 최근에는 멸종위기종의 유전자원 보존, 멸종위기종의 번식 특성과 생활사를 해명하는 연구도 수행하고 있다.

일본의 야생 유관속식물의 약 4분의 1이 멸종위기에 처해 있다. 북해도식물원은 멸종위기식물과 일본 고유종, 북해도 고유종 등의 희귀식물의 생육지 보전 식물을 관리하고 있다. 일본식물원협회에서 지정하는 '식물다양성보전거점원'으로 북해도와 고산지대의 멸종위기식물 재배·증식 기술을 확립하고 타 기관으로의 기술 제공도 이루어지고 있다.

연구자원관리 식물은 일부 오래전에 식재된 식물을 제외하고 도입기록이 이루어지고 있으며, 개화, 수고, 흉고직경 등의 정기적인 조사·기록도 이루어지고 있다. 생체와 유전자뿐만 아니라 다른 기타의 정보도 제공하고 있다.

식물표본관에는 유관속식물을 중심으로 약 5만 점 이상의 건조 표본, 종자 표본, 목재 표본이 소장되어 있다. 종자의 경우 종자교환목록Index Seminum을 격년으로 발행하여, 국내외 약 100기관으로부터 교환의뢰를 받아 1,000종류 이상의 종자를 교류하고 있다.

일본 최북단에 있는 지리적 특성 및 선상지 지형적 특성을 확인하기 위하여 기상·환경데이터를 정기적으로 기록하며, 조류와 곤충류 등의 야생동물 일부도 정기적인 관찰기록과 함께 정보 제공도 함께하고 있다. 장시간의 연구 기간에 걸쳐 수집·축적해 온 표본의 육종 식물·계통 보존주를 가진 북해도대학식물원은 특히 북방지역, 냉온대 식물 다양성 보존에 관한 연구와

초본식물을 분류체계에 따라 배치한 초본분과원

실천의 중핵적 시설로서 증식뿐만 아니라 생물다양성 보전이라는 인류 공통의 과제에 해결에 있어서 국제적인 활약이 가능한 차세대 연구자, 전문가의 교육·육성에 적극적으로 대처하고 있다.

또한, 교육의 장으로서 타 대학의 강의·실습, 초중고생의 학습과 연수 등도 이루어지며, 개원시간 외, 공개 부분 여부, 식물채집 여부에 따라 이용 형태가 달라진다. 정기간행물로써 북해도대학식물연구기요, 북해도대학식물원기술보고, 연차보고를 간행하고 있으며, 북해도대학식물원자료목록, 영문지Miyabea를 부정기적으로 간행하고 있다. 또한 식물원 소식지를 배포하고 있다.

보존 중인 자연림 모습

북해도대학시설로서 연구지원이 주요한 역할이며, 지원의 대상은 북해도대학에 소속하는 연구자와 학생뿐만 아니라 사회에 개방된 연구의 장으로 활용되고 있다. 관리되고 있는 식물, 표본, 자료, 연구의 장로서의 식물원은 현재의 이용자뿐만 아니라 장래의 이용자를 위해 보존 및 관리업무를 지속해서 수행하고 있다.

Travel tip

주소 Botanic Garden, Hokkaido University, North3, West8, Chuo-ku, Sapporo, 060-0003, Japan

홈페이지 https://www.hokudai.ac.jp/fsc/bg/index.html

전화 +81 011 2210066

개원시기 및 시간 4월 29일부터 9월 30일까지는 09:00~16:30, 10월 1일부터 11월 3일까지는 09:00~16:00까지 관람이 가능하다. 휴원일은 월요일이며, 축일은 개원하며, 다음 날 대체휴원한다.

면적 13.3ha

19

태국 최대의 테마파크

농눗열대정원

Nong Nooch Tropical Garden

대칭적이고 규칙적인 기하학식 프랑스정원과 태국 전통 형식의 미니어처 탑이 보이는 아름다운 경관

농눗열대정원은 태국의 대표 휴양지인 파타야에서도 손꼽히는 관광명소이다. 열대식물이 호수를 끼고 넓은 부지에 울창하게 조성되어 있고, 다양한 주제정원뿐만 아니라 코끼리쇼와 태국 전통문화 공연도 즐길 수 있다. 호숫가의 리조트를 포함해 야자수 그늘 아래 각종 편의시설을 갖추고 있어 온 가족이 함께 하루종일 즐길 수 있는 아시아에서 성공한 테마파크 중 하나로 국내외에서 몰려드는 입장객이 하루 5천 명 이상이라고 한다. 안내 표지판이 태국어, 중국어, 영어, 러시아어, 한국어로 되어 있어 이것만 봐도 국제적 명소라 짐작할 수 있다. 식물에 관한 연구·교육·전시라는 전통적 의미의 식물원과는 다소 거리가 있지만, 다채로운 정원을 통해 세계의 정원문화를 이해할 수 있으며, 식물과 갖가지 동물, 그리고 문화적 조형물을 조화시킨 다양한 정원을 통해 현실을 뛰어넘는 상상력을 자극하고, 세대를 불문하고 식물과 정원을 즐기고 이용할 수 있도록 식물원의 대중성을 확장하고 있다는 의미를 지니고 있다.

정원의 역사

1954년 농눗 탄사차Nong Nooch Tansacha 부인과 남편 피싯 부부는 여기에 약 243ha의 토지를 구입하고 망고, 오렌지, 코코넛나무를 심어 과일농원을 만들었다. 이후 농눗부인은 유럽 여행을 하면서 유명한 정원들을 둘러보고 이에 영감을 받아 과일농장을 정원으로 개발하기 시작하여 1980년에 농눗열대정원으로 일반에게 공개하였다. 이후 지속적으로 부지를 확장하면서 주제정원을 만들어 1998년에 프랑스정원이 추가되었고, 2000년에는 스톤헨지 정원을 완공하였으며, 2005년에는 스톤헨지정원 위쪽에 라오스, 미얀마, 태국 란나, 인도네시아 발리 건축양식의 4개의 탑을 건설하였고, 이후 공룡계곡 공사를 진행하고 있는 등 지속적으로 확장하여 부지가 6,600ha에 이르고 있다.

정원의 구성

농눗열대정원의 특징은 네 가지로 요약해 볼 수 있다. 첫째, 부지 전체가 거의 다양한 식물, 동물 또는 정원디자인을 주제로 한 특징있는 주제정원으로 구성되어 있고, 둘째, 동물이 주제가 되거나 부제로 활용되는 정원이 많으며, 셋째 대부분의 정원은 여러 모양으로 공들여 다듬은 토피어리같은 정원수가 배경이 되고 있으며, 넷째 아름다운 정원을 조망할 수 있도록 계단과 스카이워크를 설치하여 평지에서 보는 경관과 위에서 내려다보는 경관 모두 즐길 수 있는 전망좋은 정원이 많다는 것이다.

브로멜리아드정원

농눗열대정원에서 가장 많이 볼 수 있는 것은 물론 식물을 주제로 한 정원이다. 나비언덕, 꽃전시정원, 브로멜리아드정원, 아데니움정원, 난정원, 소철정원, 허브정원, 분재정원, 희귀식물정원, 토피어리정원 등이 있다. 모

스카이워크에서 내려다본 정원 모습

대표적 관상정원인 나비언덕

든 정원이 다 특색이 있고 아름답지만 관람객들이 오래 머무는 정원은 나비언덕, 프랑스정원, 이탈리아정원이다.

나비언덕은 나비 날개 모양으로 다채롭게 식물을 식재하여 사철 아름다운 꽃이 피어나는 관상용정원이다. 나비언덕 주변으로는 사자, 돼지, 오랑우탄, 호랑이, 당나귀, 산양 등 다양한 동물 조형물이 설치되어 있어 어린이들이 동물의 다리를 잡거나 또는 등에 올라타고 즐거워하며 사진을 찍는 모습을 자주 볼 수 있다.

브로멜리아드정원에서는 350종이 넘는 브로멜리아드의 다양한 잎모양과 화려한 꽃의 향연이 펼쳐지며, 여기에 토기와 조각상이 어우러져 강렬한 색채의 열대풍 정원 모습을 보여준다.

2층 구조로 된 하늘정원Sky Garden에는 양치류, 브로멜리아드, 난초, 선인장, 다육식물, 용설란, 소철류, 크로톤, 분재와 같은 다양한 식물이 전시되어 있다. 이와 함께 여러 가지 동물과 다양한 표정의 두상, 인형, 독특한 모양의 토기, 태국 거리의 유명한 이동수단인 툭툭, 아치 등이 함께 어우러져 있는데 그 형태가 다양하고 기기묘묘해서 마치 다른 세계로 순간 이동한 듯한 느낌을 준다. 하늘정원은 온도를 낮추고 습도를 유지하기 위해 항상 공중 분무를 하기 때문에 다른 정원보다 시원하다. 스카이워크를 이용해 2층으로 갈 수 있으며 노약자는 휠체어를 타고 엘리베이터를 이용하여 갈 수 있다.

농눗열대정원에는 유럽정원을 모델로 만든 프랑스정원과 이탈리아정원이 있다. 프랑스

이탈리아정원

정원은 프랑스 베르사유 궁전의 기하학식 정원에서 아이디어를 얻어 그동안 해바라기밭과 육묘장으로 쓰이던 곳을 1996년부터 2년간 조성하여 1998년 일반에게 공개하였다. 프랑스 정원을 보기 위해 오르는 계단 옆 가로에 줄지어 설치된 영국에서 가져왔다는 빨간 공중전화 박스도 이색적이어서 눈길을 끌지만, 계단을 올라가 내려다보는 프랑스정원 경관은 감탄하지 않을 수 없다. 정원을 거닐 수는 없고 위에서 조망할 수 있는 하경정원으로 만들어 기하학식 형태 정원의 아름다움을 선명하게 감상할 수 있다. 또한 정원을 내려다보게 되는 경사지에 자리잡고 있는 태국 전통 형식의 금테를 두른 백색의 서로 다른 형태의 셀 수 없을 정도로 많은 미니어처 탑이 펼쳐진 경관 역시 탄성을 자아낸다. 정교하게 다듬은 정원수로 선과 형태를 만들어내는 기하학식 정원디자인의 진수를 웬만한 솜씨로는 카메라에 담아내기 어렵다.

이탈리아정원은 농눗부인이 만든 최초의 정원이다. 이탈리아 빌라 정원 디자인을 채용하여 정원 가장자리를 수목으로 둘러싸고 정원 가운데는 위로부터 단차를 두어 계단식으로 물이 흘러가도록 하고, 물이 모이는 작은 연못 중심에는 이탈리아에서 가져왔다는 아름다운 대리석 조각상을 설치하거나 분수를 뿜게 하였다. 곳곳에 서 있는 아름다운 자태의 대리석 조각상과 사진을 찍으려면 차례를 기다려야 한다.

농눗열대정원에는 돌을 주제로 한 독특한 정원도 있다. 하나는 영국의 스톤헨지를 모델로 한 정원이고 또 하나는 석림정원Stone Forest이다. 스톤헨지정원은 영국의 스톤헨지와 비

플라멩고정원

슷하게 사각형 모양의 큰 돌을 원으로 배열하고 그 주변을 꽃으로 둘러싸 고즈넉한 분위기를 연출한 정원이다. 스톤헨지정원 바로 위쪽에는 4개의 탑이 보인다. 이것은 2005년에 건설된 라오스, 미얀마, 태국 란나, 인도네시아 발리 등 주변 4개 국가 건축양식의 탑이다. 석림정원은 프라치부리Prachiburi 지방에서 가져온 거대한 바위를 적절한 크기로 다듬어 정원 주위에 설치하고 자갈로 멋진 이미지를 연출하여 식물과 동물이 섞여 있는 여느 정원과는 다른 색다른 느낌을 준다.

농눗열대정원은 식물 반, 동물 반이라고 해도 될 정도로 다양한 종류의 동물 조형물을 볼 수 있다. 이들은 정원의 주제 또는 부제로 활용되거나 건물을 장식하고 있다. 농눗열대정원에서 눈에 띄는 동물은 맘모스, 플라밍고, 공룡, 기린, 염소, 호랑이, 코알라, 라마, 사슴, 돼지, 개구리, 개미, 무당벌레 등 세계 여러 지역에서 볼 수 있는 동물과 곤충들이다. 동물주제 정원 중 가장 눈길을 끄는 것은 맘모스정원이다. 맘모스정원에는 거대한 몸집의 맘모스

스톤헨지정원과 동남아시아 4개국 전통양식의 탑

부터 아주 작은 맘모스까지 다양한 크기, 다양한 모습의 맘모스가 분재와 토피어리 사이에 서 있다. 정원의 주제가 되던 아니면 부제가 되던 동물이 많이 배치된 정원은 상록수를 이용한 정형식 화단과 토피어리로 정원을 단순화하는 경향을 보인다.

열대정원인만큼 야자수 등 열대식물을 가장 많이 볼 수 있지만 농눗열대정원에서 눈에 자주 띄는 식물은 높은 받침대 위에 얹은 큰 화반에 아름다운 수형과 분홍빛 꽃을 보여주는 분재이다. 이것은 호주와 같은 건조지역 식물원에서 볼 수 있는 사막장미Desert Rose인데 세계 어느 식물원에서도 이렇게 분재로 가꾸어 다량으로 전시한 경우는 찾아보기 어렵다.

식물학자나 식물애호가에게는 농눗열대정원에 이렇게 많은 동물조형물 등 여러 조형물이 자리를 많이 차지하고 있는 것이 불편할 수도 있을 것이다. 그러나 일반인과 특히 어린이들에게는 식물만 보는 것보다 동물을 함께 보는 것이 더 흥미로울 수 있고 자연세계에 대한 관심의 폭을 넓힐 수 있다는 점에서 좋은 면도 있을 것이다. 세계적으로 유수한 식물원 중에도 동물원과 함께 운영하는 경우가 있다. 독일의 빌헬마식물원이 대표적이며, 일본의 히가시야마식물원도 동물원과 함께 운영하고 있다. 조류원을 만들어 지역에 서식하는 조류를 전시하는 식물원은 꽤 많다. 미국의 하와이열대식물원과 애리조나소노라사막박물관, 호주의 앨리스스프링스사막정원이 그 예가 될 것이다.

농눗열대정원에는 등록번호가 있는 식물이 1,600여 종이 있으며 특별수집종은 소철, 헬리코니아, 마란타과, 생강목Zingiberales 등이다. 부지 가장자리에 육묘장을 갖추고 각종 난과 선인장, 코코넛, 망고, 각종 열대식물 등을 직접 키워 정원에 공급하고 있다.

맘모스정원

사막장미 분재

정원의 운영 특성

농눗열대정원은 순수한 식물원이라기보다 테마파크의 특성이 강하다. 따라서 식물 외에 흥미를 끄는 동물 등 여러 가지 조형물을 곳곳에 설치하고 있고, 수익을 내기 위한 비즈니스 시설이 많다. 호숫가에는 조망이 좋은 숙박시설이 운영되고 있고, 태국 전통예술공연, 코끼리, 카바레쇼를 한다. 코끼리를 직접 타보거나 호수에서 아마존강에 서식하는 아라파이마the Arapaima에게 먹이를 주는 체험을 해볼 수 있고 패들보트를 타볼 수도 있다. 정원에 대규모 식당과 카페가 있으며, 곳곳에 음료를 판매하거나 기념품을 판매하는 시설들이 많아 이용에 편리하다. 한편 다양한 목적의 훈련과 교육이 이루어지는 농눗캠프가 있는데 식물보호를 배우고 실습하는 프로그램도 운영되고 있다.

Travel tip

주소 Nong Nooch Tropical Garden
34/1 Sukhumvit Highway, Pattaya, Chonburi province 20250 Thaila

홈페이지 www.nongnoochtropicalgarden.com

전화 +66 3870 9358~62,

개원시기 및 시간 연중무휴로 08:00~18:00까지 개원한다.(쇼는 09:45~15:45 4회)

면적 6,600ha

20 태국 식물의 보고 퀸시리킷식물원

Queen Siriguit Botanic Garden

화려한 꽃시계와 분수가 있는 관상정원

퀸시리킷식물원은 태국 북부 치앙마이Chiang Mai 주의 도이 수텝푸이Doi Suthep-Pui 국립공원 산자락에 자리잡고 있으며 치앙마이 시내에서 차로 20분 정도 걸린다. 치앙마이는 태국 제2의 도시이며, 태국 북부의 문화 중심지로 란나Lanna 왕국의 성곽과 해자 등 오래된 유적과 천여 개의 크고 작은 사원들이 있고, 해발 300m 이상의 고산지대로 동남아의 다른 도시보다 서늘한 날씨여서 매년 100만여 명의 많은 관광객이 몰리는 곳이다. 퀸시리킷식물원은 태국에서 가장 오래되고 중요한 식물원으로 태국의 귀중한 식물자원을 수집·보존하는 과학연구센터 역할을 하고 있으며, 사철 아름다운 정원과 다양한 식물들을 볼 수 있어 연간 45만 명이 이곳을 찾는다고 한다.

식물원의 역사

푸미폰(라마 9세) 국왕은 1969년 태국 북부 산지에서 아편을 재배하고 화전농업을 하던 고산족을 위해 새로운 일자리를 제공하고 경제를 활성화하여 자급자족할 수 있도록 '태국 북부지역에서 재배할 수 있는 식물 등을 연구, 개발, 생산·유통'하는 로얄프로젝트를 시작하였다. 태국 정부는 로얄프로젝트의 일환으로 식물에 관한 연구를 지원하기 위해 1992년 식물원기구를 설립하고 식물원 조성을 지원하였다. 식물원기구의 지원을 받아 식물 다양성과 환경 보전, 태국 식물의 아름다움과 가치를 보존하기 위해 1992년 매산 식물원이라는 이름으로 태국 최초의 식물원이 설립되었다. 2년 후인 1994년 식물 보존과 생물다양성에 관심을 가지고 헌신한 시리킷왕비를 기리기 위해 식물원 명을 퀸시리킷식물원으로 개명하였다. 시리킷 왕비는 생일이 태국의 국경일이자 어머니의 날로 지정되어 있을 정도로 푸미폰국왕과 더불어 태국 국민들의 절대적 신뢰와 존경을 받았다.

태국은 동남아의 여느 나라보다 식물 보존에 많은 관심을 가지고 자연자원 및 환경부산하의 식물원기구를 통해 퀸시리킷식물원 외에도 태국 전역에 5개 식물원(피사눌록Phitsanulok의 롬클라오식물원Romklao Botanic Garden, 라용Rayong의 라용식물원Rayong Botanic Garden, 팡가Phangnga의 코아라식물원Koa Ra Botanic Garden, 콘캔Khon Kaen의 명폰식물원Meaung Pon Botanic Garden 및 수코타이Sukhothai의 파라매야식물원Phra Mae Ya Botanic Garden)을 지원하고 있다.

식물원의 구성

퀸시리킷식물원은 입구에서 메사강 계류를 건너 식물원 정상에 이르는 여러 개의 트레일을 만들고 곳곳에 정원을 배치하였다. 식물원 왼쪽으로 길을 잡으면 식물원의 중심 정원과 시설을 볼 수 있고, 오른쪽으로 길을 잡으면 자연 트래킹을 할 수 있는 여러 개의 트레일, 작은 폭포를 볼 수 있는 폭포 트레일, 원시림에 가까운 울창한 열대 숲을 거닐어 볼 수 있는 자연생태관람 트레일, 그리고 도이수텝산을 맛볼 수 있는 등산 트레일이 있다. 식물원 가운데는 메사강으로 흘러내리는 계류가 있는데 그 주변으로는 수목원 트레일과 양치식물정원이 있다.

입구에서 왼쪽 길로 접어들면 경사로를 따라 조성된 둔덕 위에 소철과 바나나, 유칼립투스, 크로톤 등이 무리지어 자리잡고 있는 것을 볼 수 있고, 이어 흰꽃을 피우는 화목과 화

온실군 전경

건조지역식물 온실

훼류를 모아 놓은 화이트정원이 있다. 화이트정원의 단아함과 순백함을 감상하고 위쪽으로 걸음을 옮기면 화이트정원과는 다른 형형색색의 화려한 꽃을 피우는 관상정원이 이어지고 퀸시리킷식물원 경관의 하이라이트라 할 수 있는 꽃시계와 여러 갈래로 시원하게 물을 뿜어 올리는 분수에 다다르게 된다.

야외에 수련을 분류하여 전시한 원반

관상정원 오른쪽에는 열대우림숲 위로 걸어가 볼 수 있는 지상에서 20m 높이에 약 400m 길이의 공중산책로Canopy Walkway가 있다. 열대우림숲에는 태국과 동남아시아의 야자수와 바나나나무 등이 1,000m^{2}의 면적을 차지하고 울창하게 자라고 있다. 이곳은 일명 날도마뱀 트레일Flying Dragon(*Draco maculatus*)

수련온실

난과 양치식물 온실

Trail이라고도 하는데, 날도마뱀은 남아시아의 멸종위기동물로 이곳 도이수텝Doi Suthep에만 서식하는 도마뱀이다. 운이 좋으면 날도마뱀이 마치 나는 것처럼 미끄러지며 나무와 나무 사이를 비행하는 것을 볼 수도 있다.

왼쪽 길 정상에는 2002년 9월부터 개방한 온실군이 있다. 여기에는 4개의 전시용 온실과 식물종별로 구분하여 키우는 8개의 온실이 모여 있다. 열대우림온실은 온실군에서 가장 큰 전시온실로 높이가 33m, 면적이 1,000m^{2}에 이르고 여기에는 야자수와 바나나, 생강 등 태국과 남아시아지역에서 수집한 식물들이 전시되어 있다. 건조지역식물온실에는 아프리카와 아메리카, 멕시코, 페루 등의 사막과 건조지역에서 서식하는 선인장, 다육식물, 아가베 등이 있다. 또 태국 자생종 난과 양치식물 중심으로 수집하여 전시하는 난과 양치식물 온실이 있으며, 수생식물온실에는 100여 종의 수생식물과 강, 호수, 연못, 습지 가장자리에서 자라는 식물을 수집해 전시하고 있다. 어느 식물원에서라도 관람객의 눈길을 끄는 거대한 둥근잎을 펼치고 있는 빅토리아수련도 볼 수 있다. 그 밖에 석회암에서 서식하는 식물을 모아 놓은 석회암온실, 식충식물온실, 천남성과 온실, 약용식물온실, 수련온실, 브로멜리아드온실, 안시리움온실이 있으며 다양한 색과 패턴의 잎을 가진 식물을 수집해 전시하고 있는 온실도 있다. 이외에도 폭포트레일 가까이에는 태국 자생난만을 수집해 놓은 별도의 온

선인장과 목기린선인장 속 Cactaceae, *Pereskia bleo* (Kunth) DC.

자연과학박물관의 쌀에 관한 교육자료

실도 있다. 많은 식물원을 다녀보았지만 이처럼 여러 종류의 온실을 가진 식물원은 흔치 않다. 이는 이 식물원이 식물연구에 많은 노력을 기울이고 있다는 것을 보여주는 것이다.

퀸시리킷식물원에서 그동안 다녔던 많은 식물원에서 한 번도 본 적이 없는, 2m가 넘는 큰 키에 줄기에는 가시가 있고 마치 노란 물감을 들인 반죽으로 작은 종지를 빚어 매달은 듯한 열매를 달고 있는 나무를 보았다. 학명을 보면 선인장과의 목기린선인장 속*Cactaceae*, *Pereskia bleo* (Kunth) DC. 인데 우리 말로는 이름이 없다고 한다. 키가 크고 줄기도 굵고 잎이 그리 두툼하지도 않아 선인장과 식물이라기보다 관목으로 보여 신기한데다 노란 열매가 연시처럼 말랑해 보여 만져보고 싶은 유혹을 받게 된다.

식물원의 운영 특성

퀸시리킷식물원에는 식물과 동물에 대한 지식과 정보를 제공하는 훌륭한 자연과학박물관이 있다. 어린이부터 어른까지 흥미를 가지고 편안하게 관람할 수 있도록 넓고 쾌적하게 설계되어 있고, 여러 가지 기법을 활용한 다양한 교육자료가 전시되어 있다. 여기에서 특별강의도 개최되고 초등학생과 성인을 위한 교육도 이루어지고 있다.

박물관 옆에는 연구개발센터가 있는데 여기에서는 생명공학, 식물 육종, 보존생물학, 보존유전학, 데이터 관리 시스템 및 정보 기술, 생태학, 민속식물학, 화훼학, 원예체계 및 분류 등 다양한 연구가 진행되고 있다.

Travel tip

주소 Queen Sirikit Botanic Garden, Box 7, Mae Rim Chiang Mai, Chiang Mai province 50180 Thailand

홈페이지 www.qsbg.org

전화 +66 053 84 1234

개원시기 및 시간 연중무휴로 08:30~17:00까지 개원한다.

면적 1,000ha(자연식생면적 850ha, 조성면적 150ha)

21

힌두문화 속의 산소같은

카트만두국립식물원

Kathmandu National Botanical Garden

대관식 연못과 온실

네팔의 수도 카트만두 도심으로부터 16km 떨어진 고다와리계곡에 자리잡은 카트만두국립식물원은 늘 푸른 자연림으로 둘러싸인 식물원이다. 최고봉의 높이가 2,715m인 풀초키산Mount Phulchoki 기슭에 위치한 식물원은 해발 고도 1,520m의 고산 지대에 걸쳐 있다. 식물원을 가로질러 고다와리강 지류가 흐르고 있어 경관이 뛰어나다. 카트만두국립식물원은 여름에는 기온이 20℃~30℃, 겨울에는 -5℃~20℃의 편차를 보이는 아열대성 기후 지역에 속하고 있어서 다채로운 식물상을 자랑한다. 식물원 전체 부지 규모는 약 82ha인데, 이 중 절반가량에 각종 식물 정원이 조성되어 있다. 카트만두에서 차로 1시간 정도의 거리에 위치하고 있는 카트만두국립식물원은 식물연구중심센터이면서 동시에 도시 생활에 지친 사람들에게 여가활동, 산책, 치유의 공간역할을 하고 있다. 갠지스강 지류에 자리잡고 있는 네팔 힌두교의 성지이며, 유네스코 세계문화유산으로 등록된 파슈파티넛 힌두사원의 화장터를 둘러보고 온 우리 일행에게 카트만두국립식물원은 그야말로 산소 그 자체였다.

식물원의 역사

카트만두국립식물원은 1962년 당시의 국왕 마헨드라Mahendra Bir Bikram Shah Dev(1920~1972; 재위 1955~1972)의 주도로 설립되었다. 식물원은 영국인 정원설계자 허클롯츠G.A.C. Herklots와 쉴링Tony Schilling의 노력으로 조성되었다. 초창기에는 주로 네팔의 토착식물 수집에 주력했으나 최근에는 수집 범위를 넓혀 전 세계의 다양한 식물을 수집하기 위해 노력하고 있다. 또한 이들을 과학적으로 연구하며 교육하고 전시하는 여러 가지 프로그램도 운영하고 있다. 매년 40만 명 이상의

식물원 입구

관람객이 식물원을 방문하고, 7만여 명의 학생들이 각종 교육 프로그램에 참여하고 있는 카트만두국립식물원은 이제 유수한 식물원으로 성장하였고 국제식물원보존연맹Botanic Gardens Conservation International의 회원 식물원이기도 하다.

식물원의 구성

식물원의 출입구 인근에 안내센터와 전시실 건물이 있고 이곳을 중심으로 왼쪽의 남쪽 경사면에 여러 가지 주제정원이 조성되어 있다. 중요 주제정원으로는 약 180종의 약초와 방향식물Aromatic Plants이 수집되어 있는 약용식물원, 40여 종의 양치식물이 식재되어 있는 양치식물원, 70여 종의 각종 난초류가 보존되어 있는 난정원과 선인장류와 다육식물이 전시되어 있는 선인장정원, 백합정원, 장미정원 등이 있다.

이들 주제정원 사이사이에 아름다운 자연경관을 활용한 암석정원, 일본정원, 네팔 고

배롱나무꽃이 핀 관리사 주변 풍경

유의 정원 양식을 보여주는 테라스정원이 들어서 있다. 뿐만 아니라 멸종위기의 희귀종 식물을 보존하고 있는 정원, 40종 이상의 서로 다른 변이종이 있는 식물들만을 특별히 모아서 전시하고 있는 식물분류원, 각종 민속식물을 수집해 놓은 민속식물원Ethnobotanical Garden, 그리고 열대식물원도 갖추어져 있다.

난온실

이에 더하여 수생식물을 모아 놓은 습지원, 숲길을 걸으면서 자연스럽게 네팔의 토착식물을 관람할 수 있는 토착식물원도 조성되어 있다.

카트만두국립식물원에서 가장 아름다운 풍경은 식물원의 설립자인 마헨드라 국왕의 뒤를 이은 비렌드라 국왕Birendra Bikram Shah Dev(1945~2001; 재위 1972~2001)의 대관식이 열린 아름다운 건물과 즉위를 기념하여 조성된 대관식 연못가이다. 또한 네팔을 방문한 각국의 정상들이 기념식수를 한 식물들이 한 자리에 있는 귀빈식수원VVIP Plantation Area 또한 눈길을 끈다. 이는 카트만두국립식물원이 네팔이 국가적으로 자랑하는 중요한 곳이라는 것을 의미한다.

이 밖에도 식물원에는 생물다양성 교육을 위한 정원Biodiversity Education Garden, 식물보존과 교육 목적의 특별 정원도 있고, 방문객이 휴식을 취할 수 있도록 곳곳에 작은 쉼터도 마련되어 있다.

식물원을 흐르는 고다와리강 지류

선인장정원

백합연못

식물원의 운영 특성

카트만두국립식물원은 식물 보존과 정원 개발이라는 두 가지 목표를 운영의 큰 지침으로 삼아 여러 가지 연구와 프로그램을 진행하고 있다. 식물 보존을 위한 프로그램을 운영하

아마릴리스 화단

고 있고, 각종 관상용 식물 묘목 생산, 토착 관상식물과 약용식물의 연구, 기술공학의 발전을 통한 식물 증식에도 관심을 기울이고 있다. 또한 화초 전시회와 각종 식물 전시회를 개최하고, 식물 보존과 정원 개발과 연관된 교육 및 훈련 프로그램도 운영하고 있다.

수작업에 의존한 전통적인 정원관리

Travel tip

주소 National Botanical Garden, Nepal Department of Plant Resources Government of Nepal Ministry of Forests and Soil Conservation Kathmandu Lalitpur District Nepal

홈페이지 www.dpr.gov.np

전화 +977 1 290546

면적 82ha

22 아시아 최고의 열대식물원
페라데니아왕립식물원
Peradenia Royal Botanical Garden

대왕야자나무 길

페라데니아왕립식물원은 스리랑카 중부 내륙 분지에 위치한 캔디에 있다. 캔디는 스리랑카 싱할라왕조의 마지막 수도였던 곳으로 왕궁 등 왕국시대 유적들이 남아 있으며, 석가모니의 치아 사리가 안치된 불교의 주요 성지인 불치사Temple of the Tooth, Dalada Maligawa가 있어 스리랑카에서 가장 많은 관광객이 찾는 곳이다.

스리랑카는 인도양의 진주라고 불리울 만큼 경치가 아름답고, 세계 최대의 홍차(실론티) 수출국이자 블루 사파이어와 에메랄드, 가넷과 같은 보석 산출국이다. 그러나 스리랑카의 역사는 순탄치 않다. 1505년 포르투갈의 침략으로 시작되어 1602년부터는 네덜란드가 포르투갈을 제압하고 들어왔으며, 1795년에는 영국이 네덜란드를 굴복시키고 스리랑카를 식민지로 만들었다. 1948년에 영국연방 자치령으로 독립하였고, 1972년에서야 영국연방에서 완전 독립하였다. 독립 이후에는 정치적으로 좌우의 대립, 싱할라족과 타밀족의 종족 분쟁 등으로 26년간 내전이 일어나 2009년 5월에야 종식되었으나 지금까지도 족벌정치에 따른 폐단, 경제정책 실패, 코로나로 인한 관광산업 몰락 등으로 2022년 경제위기가 발생하는 어려움을 겪고 있다.

이러한 역사적 배경과 스리랑카의 경제수준에 대한 상식 수준에서 별 기대없이 식물원에 발을 들여놓게 되면 우거진 열대수림과 거대한 수목들, 형형색색의 꽃들이 펼쳐지는 화려한 정원에 화들짝 놀랄 것이다. 동남아시아나 서아시아, 남미, 아프리카 등 열대지역의 여러 식물원을 다녀봤지만 그중에서 페라데니아왕립식물원이 가장 아름답고, 연구와 교육 그리고 전시라는 식물원의 본질적 기능 측면에서도 매우 우수해 보인다.

열대식물 화단으로 이어지는 화려한 길

게다가 식물원이나 어느 곳에서라도 만나게 되는 스리랑카 사람들은 둥글둥글한 그들의 글자처럼 타국의 방문객을 편안하게 맞아준다. 심지어 두런거리는 우리 일행의 소리를 듣고 빠른 걸음으로 따라와 수줍게 한국인인가 묻고 반가워하는 소녀도 있었다.

식물원의 역사

페라데니아왕립식물원은 14세기에 싱할라왕조의 왕실정원으로 조성되어 1815년 영국이 캔디전쟁에서 승리하여 이곳을 점령하기 전까지 왕실정원으로 사용되던 곳이다.

스리랑카에 식물원이 조성된 것은 영국인들이 경제적 수익을 얻을 수 있는 작물을 재배하고자 한데서 출발한다. 영국은 1810년 처음으로 슬레이브섬에 큐정원을 만들었고, 경제적 작물을 더 큰 규모로 재배하기 위해 1813년 칼루타라Kalutara로 이전하였다. 칼루타라정원 관리자인 영국인 알렉산더 문Alexander Moon은 1821년 식물원 조성 계획을 수립하고 이에 더 적합한 곳을 찾아 식물원을 페라데니아로 이전하였다. 이후 1843년까지 큐정원과 슬레이브섬, 칼루타라정원, 콜롬보 등에서 식물학적 가치가 큰 자생식물과 경제적 가치가 큰 외래종 열대식물을 옮겨와 식물원을 조성하고 계피와 커피를 심은 남서쪽부터 먼저 개방하면서 공식적으로 식물원을 열었다. 개원 이후 페라데니아왕립식물원도 식민시대 다른 식물원과 마찬가지로 차, 커피, 계피, 고무, 코코아, 키나, 바닐라, 과일, 목재와 같이 경제적으로 유용한 식물을 들여와 현지에 적응시키는 한편 스리랑카 자생식물 수집에 노력을 기울이면서 식물원은 더 확장되고 개선되었다.

영국 식민정부는 페라데니아왕립식물원 외에 경제적 식물을 재배하기 위해 스리랑카에 2개의 식물원을 더 조성하였다. 1861년 나무껍질에서 말라리아의 특효약인 키니네를 제조하는 키나Cinchona를 도입하기 위해 해발 1,706m 고지에 학갈라식물원Hakgala Botanical Gardens을 조성하였고, 1876년에는 고무나무 도입을 위해 감파하Gampaha에 헤나랏고다식물원Henarathgoda Botanical Gardens을 조성하였다.

한편 식물원의 초대 원장인 알렉산더 문은 식물 수집과 연구에도 노력을 기울여 1824년 실론에 자생하는 1,127개 식물에 식물명과 고유명을 부여한 '실론식물목록Catalog of Celon Plants'을 발간하였다. 또한 식물표본의 수집과 보존에도 관심을 갖고 식물표본관 운영 기능을 수행하고, 그의 뒤를 이은 여러 명의 의욕적인 식물원 원장들을 통해 국립식물표본관이 설립될 수 있는 기반을 다졌다. 1912년에는 식물원 내에 농무부를 두고 여기에서 식물원에 관한 정책을 수립하고 이들을 체계적으로 관리하도록 하였다.

그러나 1948년 영국으로부터 독립 이후 내전으로 국가가 혼란스럽고 경제가 피폐해짐에 따라 식물원에 대한 지원이 어려워졌고, 또 세계적인 산업과 기술 발전 등 경제상황이 달라지면서 식물 재배에서 얻을 수 있는 수익이 낮아지게 되어 식물원은 유지관리도 벅찬 상황이 될 수밖에 없었다. 스리랑카 제2의 식물원이라는 학갈라식물원만 하더라도 기본적인 규모나 식물원의 구성 등 식물원으로서의 골격은 유지되고 있으나 더 발전하기 위해서는 추가적인 지원이 필요해 보인다.

여러 가지 어려움 속에서도 스리랑카 정부는 2006년 건조지역 식물의 보존을 위해

다양한 열대식물이 어우러진 식물원 풍경

학생정원의 식물분류포

121ha 규모의 미리자윌라Mirijjawila 건조식물원을 새로 조성하였고, 2008년 습지대 식물의 서식지 외 보존을 위해 아비사웰라Avissawella에 세타와카습지식물원을 개원하였다. 이어 가네와테Ganewatte에 23ha 규모의 약용식물원Medicinal Plants Gardens을 조성하여 국립식물원을 총 6개로 확대하였다.

스리랑카 식물원 발전사에서 페라데니아왕립식물원은 스리랑카에서 최초로 만들어진 가장 큰 식물원이기도 하거니와 국립식물표본관과 같은 체계적인 식물연구 기반을 갖추었고, 또한 스리랑카 사람들의 마음의 고향이자 제1의 관광도시인 캔디에 위치한 덕분에 연간 내국인 120만여 명, 외국인 40만여 명이 방문하는 스리랑카의 대표적인 식물원이자 아시아의 최고의 열대식물원이라는 위상에 걸맞게 발전하였다.

과거 영국 식민정부가 경제적 이득을 얻기 위한 수단으로 식물원을 운영하였다는 것은 자국의 이익을 위해 식민지의 자원을 탈취한 것으로 좋은 평가를 받을 수는 없는 일이다. 그러나 영국이 150여 년 동안 지배하면서 스리랑카 자생식물을 수집하고, 외래종을 적응시키며 식물을 연구하고, 식물원 운영 체계를 관리해 온 결과를 지우기보다 오히려 잘 다듬어 페라데니아왕립식물원을 아시아에서 가장 아름답고 연구와 교육에도 충실한 식물원으로 키워 놓은 것은 스리랑카의 자랑이 아닐 수 없다.

식물원의 구성

스리랑카는 열대성 몬순 기후로 고온다습하고 연간 기온 차가 거의 없어 이 식물원에서는 59ha의 넓은 면적에서 4천여 종의 열대식물이 사계절 내내 싱싱하게 자라고 있다.

식물원은 전체적으로 키가 큰 수목들이 식물원 가장자리를 둘러싸고, 가운데에 넓은 잔디광장과 화려한 꽃으로 단장한 여러 갈래 길과 연결된 5개의 정원과 2개의 온실이 있다. 식물원의 서쪽 가장자리에는 집중수집하는 4개의 수목군락지가 있으며, 흑단나무군락지는 좀 떨어져 스리랑카 호수 근처에 있다. 또 키가 큰 야자나무와 쿡소나무로 조성한 4개의 긴 길이 있고 곳곳에 거대한 고목들이 자리잡고 있다.

페라데니아왕립식물원의 약용식물원, 꽃정원, 향신료정원, 고사리원, 학생정원은 각각 기능적으로 다른 식물들이 모여 있는 정원이지만 교육을 위해 만든 학생정원을 제외하고 모두 강렬한 열대식물의 색 조화가 화려하고 다양한 초록빛의 발산으로 어디에 카메라 초점을 맞추어도 우수작품이 나올 듯하다. 학생정원은 교육을 위한 실습포의 특성이 있어 화려하지는 않으나 식물분류체계에 따라 그리고 학생들이 실습하기 좋은 높이와 간격을 갖도록 식재한 다양한 식물들을 볼 수 있다.

식물원에는 800여 종의 선인장과 다육식물이 있는 선인장온실과 300여 종 이상의 열대난과 최대 길이 2.5m에 이르는 거대 난초를 수집해 놓은 난온실이 유명하다. 특히 난들이 한 그루 한 그루 서로 다른 오묘한 색과 형태의 꽃을 피워 화사하고 청초하면서도 요염한 자태를 보여주는 종의 다양함에 놀라지 않을 수 없다.

식물원은 웨딩촬영으로 애용되는 곳인 듯, 정원의 꽃들 못지않게 화려한 문양과 색의 전통혼례복을 입은 신랑신부들을 자주 볼 수 있다. 어떤 신랑신부는 성장을 하고 여러 명의

난온실

스리랑카 호수 풍경

박쥐가 나뭇잎처럼 앉아 있는 나무

남녀 들러리와 화동까지 대동하고 다니고, 어떤 신랑신부는 단출하게 둘이 정원을 거니는데 화려한 혼례복과 신랑신부의 수줍은 설렘이 곁들여져 식물원 관람의 흥취를 돋운다. 게다가 머뭇머뭇 사진찍기를 청하면 모두 흔쾌히 응해 주어 기분이 고조된다.

리우데자네이루식물원에서 멀리 코루코바두산 위에 두 팔을 벌린 예수상이 보이는 방향으로 쭉 뻗은 야자나무길에 감탄한 적이 있지만, 페라데니아식물원의 하늘 높이 자란 야자나무들이 줄지어 쭉 뻗은 시원한 길이 더 웅장한 길로 기억된다. 군더더기 없이 기둥같이 쭉 뻗어 20m 이상 자라는 대왕야자나무길Royal Palm Avenue, 나무줄기와 뿌리를 식용과 약용으로 쓰는 양배추야자나무길Cabbage Palm Avenue, 가지 없이 30m 높이까지 자라는 팔미라야자나무길Palmyra Palm Avenue 모두 남국의 이국적 풍경을 멋지게 보여준다.

한편 국립표본식물관 옆에는 원주형 모양으로 자라는 쿡소나무로 조성한 길Cook's Pine Avenue이 있다. 어렸을 때는 크리스마스 트리로 사랑받았음직한데 높이 자라면서 가지와 잎이 많아서인지 야자나무처럼 곧게 자라지 못하고 이리저리 굽은 상태로 서 있지만 높은 하늘에 잎을 펼치고 있는 야자나무길과는 다른 우묵하고 깊은 맛이 있다.

페라데니아왕립식물원에서 집중수집하는 나무군락지는 대나무 군락지, 소철 군락지, 야자나무 군락지, 고무나무 군락지, 흑단나무 군락지가 있다. 소철 군락지에서 볼 수 있는 우람한 모습의 소철이 경탄을 자아내며, 대나무가 빽빽하게 들어차 있는 대나무 군락지는 발을 들여놓을 수 없는 밀림처럼 느껴진다. 집중수집 군락지는 아니지만 스리랑카 호수 옆에는 높이 30~40m, 지름 20~30cm까지 자라는 세계에서 가장 큰 대나무종의 하나인 버마산 왕대나무*Dendrocalamus giganteus* Munro 숲이 있다. 왕대나무 숲에는 하나만 있어도 여러 사람이 함께 나누어 먹을 수 있을 정도로 실하게 자라고 있는 죽순이 탐스럽다.

나무군락지 외에 수령이 200살이 넘은 거대한 나무, 박쥐들이 대낮에도 날아올라 시끄러운 소리를 내며 높은 하늘을 빙빙 돌다가 마치 나뭇잎처럼 나뭇가지에 앉는 나무, 1901년 조지5세와 메리왕비가 기념식수를 했다는 열매가 포탄을 닮은 대포알나무Cannonball Tree, 1948년 2월 4일 독립을 기념하기 위해 스리랑카 최초의 수상이 심은 타마린드Tamalind 등 기념비적인 나무들이 곳곳에 있다.

수없이 많은 나무가 있지만 대다수 관람객에게 가장 인상 깊은 나무는 이 식물원의 랜드마크이기도 한 벤자민고무나무Jaba Fig Tree(*Ficus benjamina* L.)일 것이다. 넓은 잔디광장 한가운데 자리잡은 이 나무는 멀리서도 눈에 띌 정도로 수형이 남다르다. 다른 나무들과 달리 가지가 옆으로 넓게 퍼져 있어 마치 큰 그늘막을 친 것 같다. 나무 아래 그늘만 해도 500평에 가깝다고 하니 한뿌리에서 이렇게 긴 가지들이 퍼지는 것이 신기하기만 하다.

이 식물원에서 또 눈길을 끄는 것은 여러 쌍의 청춘남녀가 다소곳이 데이트를 즐기는 모습이다. 이 식물원에 오기 바로 전에 들렀던 네팔의 카트만두국립식물원의 풍경도 이와 비슷해서 남아시아쪽 문화의 특성일 수도 있겠다는 생각이 들었다. 또 식물원 녹지에서는 염소도 태연하게 풀을 뜯고 있고, 순해 보이는 누렁이들도 어슬렁거리거나 태연하게 아무데나 드러누워 있곤 하는데, 이들이 의도치 않게 사진에 종종 등장하여 즐거운 추억과 웃음을 선사할 것이다.

넓은 그늘을 만들어주는 벤자민고무나무

식물원의 운영 특성

식물원의 역사에서 언급했듯, 스리랑카는 국가 기관인 국립식물원부가 식물원을 개발하고 관리하고 있어 페라데니아왕립식물원도 국립식물원부의 정책과 관리하에 운영되고 있다. 현재 국립식물원부가 관리하는 식물원은 페라데니아왕립식물원을 포함하여 6개인데 이 중 페라데니아왕립식물원이 가장 오래되었을 뿐만 아니라 식물학 연구와 교육에 핵심적인 역할을 하고 있으며, 가네와테에 있는 약용식물원도 페라데니아왕립식물원이 운영하고 있다.

페라데니아왕립식물원의 쿡소나무길 오른쪽에는 국립식물표본관이 있다. 여기서는 스리랑카의 식물표본 수집 및 식물 인증과 분류, 표본 보존, 스리랑카 식물의 목록화 및 문서화 등을 담당한다. 페라데니아왕립식물원 개원 초기부터 식물원 원장들은 대대로 식물수집과 분류 및 표본 제작과 분석 연구에 열중하였고 그 결과로 식물 관련 중요한 책들을 발간하였다. 전술한 바와 같이 초대 원장이었던 알렉산더 문이 실론에서 자생하는 1,127개 식물에 식물명과 고유명을 부여한 '실론식물목록 Catalog of Celon Plants'을 1824년에 발간하였고, 이어 트리만DR. Henry Triuman 원장이 1876년 '실론의 식물 The Flora of Ceylon'이라는 책을 발간하였다. 1912년 식물원장이 된 HF 맥밀란은 '열대식물 식재 및 원예 핸드북A Handbook of Tropicak Planting and Gardening' 이라는 책을 출간하여 그 가치를 크게 인정받았다.

각고의 노력으로 1853년에는 표본 수가 6,000개 이상이 되었으나 식민시대 보유하던 식물표본의 상당수가 영국의 대영박물관과 큐가든으로 옮겨져 현재는 그곳에 가야만 볼 수

잔디광장에서 뛰노는 어린이들

원예조경학교 전경

있다는 것이 애석하다. 현재 국립식물표본관은 약 160,000개 이상의 식물표본을 보유하여 스리랑카 식물 연구의 본거지 역할을 하고 있다. 식물표본관에서는 식물식별, 식물표본 제작 기술, 생물다양성과 보전 등에 관한 강의, 워크숍 및 현장탐방 등의 교육 프로그램도 운영하고 있다. 페라데니아왕립식물원에는 원예조경학교도 있다. 여기에서는 학생, 일반인, 소상공인, 중소기업을 대상으로 화초 재배, 정원조경, 환경교육, 생물다양성 및 식물보전 방법, 화훼산업 등에 관련된 교육과 훈련을 한다. 1일 과정, 2일 과정, 3개월 과정, 1년 과정까지 내용과 심화 정도에 따라 다양한 교육과정을 운영하며 연간 15,000명 이상을 교육훈련하여 관련 산업에서 필요로 하는 인력을 양성하며 고용을 촉진하고 있다.

이처럼 페라데니아왕립식물원은 스리랑카의 식물 연구와 교육의 중심지이며 스리랑카의 식물문화의 발전과 원예 및 관광산업에 발전에 기여하고 있는 중요한 국가자산이다.

Travel tip

주소 Royal Botanic Gardens PO Box 14 Peradeniya 20400 Sri Lanka
홈페이지 http://botanicgardens.gov.lk
전화 +94 81 2388088 & +94 81 2388238
개원시기 및 시간 연중무휴로 07:30~18:00까지 개원한다.
면적 59ha

23

불의 나라, 바람의 도시의 식물원

아제르바이잔중앙식물원

Centeral Botanical Garden of National Academy of Science of Azerbijan

건조지역에 물 공급원을 겸하는 반원형 수련원

꺼지지 않는 불의 나라인 아제르바이잔의 수도 바쿠는 카스피해를 바로 접하며 석유와 천연가스 생산량이 많아 여기저기서 석유 시추현장을 볼 수 있다. '산바람이 심하게 부는 곳'이라는 의미를 갖고 있는 바쿠시 고지대에 위치한 아제르바이잔중앙식물원은 크지는 않지만 카스피해가 내려다보이고 석유 시추선들이 보이는 이색적이면서 역사가 묻어나는 식물원이다. 미카일 무시빅Mikayil Mushvig 거리의 애국자 기념묘지Shehidler Xiyabani 근처에 위치해 있어 도심에서 쉽게 방문할 수 있다. 바쿠의 과학 연구기관으로 출발하여 현재는 도시 주민들의 문화 레저 중심으로 이용되고 있다.

식물원의 역사

아제르바이잔중앙식물원에 대한 기본 구상은 수도 바쿠에 정치와 경제의 수도에 부응하는 시설 요소의 필요에 따라 1930년에 처음으로 수립되었다. 식물원은 자연과학과 관련된 시설기관으로 여겨졌기에 1932년 당시 소련 과학아카데미 아제르바이잔 지부에 원예 분야를 담당하는 부서가 설치되었고, 1934년 바쿠의 산악 지역 내 80~100ha 면적을 식물원 특별 할당 지역으로 지정하였다. 1935년부터 1938년까지 본격적으로 식물원을 조성하던 중 1936년 공식적으로 식물원이 개원하였다. 그러나 이 당시에는 식물학 연구소의 부서로 운영되었으며 주로 아제르바이잔 식물의 수집과 함께 외국식물, 자원식물 및 약용식물에 대한 연구가 수행되었다.

아제르바이잔중앙식물원은 산업발전과 전쟁의 영향을 받을 수밖에 없어 1937년에서 1940년 사이에 석유 시추를 위해 면적이 16ha로 제한되었고, 2차 세계대전 기간(1941~1945)에는 새로운 자원의 투입보다는 자생식물 연구 중심으로 운영되었다. 고지대에 위치한 지형적인 영향에 따른 관개용수의 부족을 1960년 저수지 건설로 해결하며 25ha에 달하는 부지가 추가되어 전체 면적이 41ha로 확대될 수 있었다.

소박하고 고풍스러운 정문

1960년부터 1978년까지는 식물원의 전성기로 평가된다. 이 기간 동안 인근 자치공화국과 도시에서 식물 도입이 활발하게 이루어지고 식물지리학적 전시와 연구영역이 확대되었다. 그러나 1980년에서 1990년대 기간에는 정치적 불안정과 아르메니아와의 분쟁 등을 거치며 식물원 운영이 다소 침체기를 겪게 되어 주요 시설의 확충과 식물수집이

주사무실 건물

저수조 기능의 수련원

나무가 도열해 있는 중앙로

중단되고 보유 식물 종이 감소하게 된다.

2000년 6월에 아제르바이잔 국립과학원 상임위원회의의 식물원 활동 개선에 대한 결정에 따라 식물원은 독립 기관이 되고 같은 해 11월 22일, 아제르바이잔 국립과학원NAS중앙식물원으로 이름이 변경되어 현재까지 유지되고 있으며 나무와 관목, 희귀 및 멸종위기식물, 식물 모니터링 및 보존 등 식물 분야 연구를 수행하면서, 시민들의 휴식공간으로 온실과 야외정원을 운영하고 있다.

식물원의 구성

이슬람문화가 느껴지는 아담한 정문을 통과하면 계획도시와 같이 129개의 작은 구획으로 일정하게 정리되어 있는 식물원이 나타난다. 중앙이동로 좌우로 큰 나무가 도열해 있고 규칙적인 공간배열은 조성 당시 정치체제의 흔적이 묻어 있다는 느낌을 받게 한다. 중간에 만나는 수련이 꽃을 피우고 있는 수영장 형태의 저수조는 고지대에 위치해 건조하고 관수가 부족한 식물원 내에 물을 공급하는 시설이자 수생식물 전시공간으로 매우 유용하게 이용되어, 불리한 환경을 극복하고자 하는 노력이 엿보인다.

아제르바이잔중앙식물원은 다양한 식물지리적 지역에서 도입한 125종의 희귀 멸종위기종을 포함하여 2,000여 종의 식물을 보유하고 있으며, 주요 식물분류학과 지리학적 구분에 따른 수집 주제원을 구성하여 운영하고 있다. 두드러지는 주제원은 장미원으로 주제에 따라 품종별 장미, 관목장미, 차로 음용할 수 있는 장미 등이 수집되어 있고, 양파, 붓꽃

랜드마크인 손조형물과 소나무

의 컬렉션과 허브와 약용식물 수집원이 두드러진다. 지역별로는 인도, 중국, 아프리카, 호주, 아라비아 등에서 수집된 식물들이 있는 수집식물원Sarmasan bitkiler이 있다. 다소 황량한 느낌을 주는 전시원들과 달리 아기자기한 파티오미니어처Patio-miniatur는 방문자로 하여금 미소짓게 하며 반원형 철제구조의 온실에서 열대식물과 사막기후 식물들을 관람할 수 있는데 꾸준히 보완해 가는 중으로 앞으로의 모습이 기대된다.

바람을 맞으며 이동하다 보면 지구를 받치고 있는 손 모양의 조형물이 눈에 들어온다. 손 위의 지구조형물을 발아하여 벌

반원형 온실 내부

어진 씨앗을 떠올리게 하며 그 가운데로 살아있는 나무가 자라고 있는 모양은 우리가 살고 있는 지구와 식물의 소중함을 시각적으로 전해 준다.

숲길을 걷는 듯한 탐방로

식물원의 운영 특성

교육 프로그램으로는 어린이들을 대상으로 운영하는 작은 정원사Small Gardeners 프로그램이 있어 어린이들이 식물 심기와 관리를 체험하여 식물을 존중하는 태도를 키울 수 있다.

학생을 대상으로는 아제르바이잔의 식물에 대해 교육하는 특별교육 프로그램을 운영하여 아제르바이잔 식물의 이름을 배우고, 시각적으로 보며, 식물에 대해 알아가도록 교육한다. 예를 들어 나무의 나이테를 주제로 하는 말하는 나무고리Speaking wooden rings 프로그램은 나무의 역사와 과거의 사건을 추론할 수 있는 기회를 제공하는데, 나무를 활용하여 나이테를 조사하고 나무의 나이를 계산하며 나무에서 일어난 자연 현상을 이해하도록 한다. 또한 숨겨져 있는 식물 건축가Invisible architects of plant 프로그램은 다양한 식물 크기에 대한 관심을 유발하고 식물 해부학적인 체험을 통해 세포에서부터 높이 약 100m, 지름 약 20m에 이르는 큰 나무까지 자라나는 자연 현상을 이해하도록 하고 있다.

Travel tip

주소 Baku, Badamdar high way, 40, Azerbaijan
홈페이지 http://bakubotanicalgarden.az/en/
전화 +994 12502 4903(daxili 33)
개원시기 및 시간 연중무휴로 매일 09:00~18:00까지 개원한다.
면적 41.3ha

24

흑해가 내려다보이는 바닷가 식물원

바투미식물원

Batumi Botanical Garden

십자가와 조화로운 정형적인 화단

흑해 연안 도시인 바투미시는 조지아가 자랑하는 아름다운 도시 중 하나이다. 시 중심에서 9km 떨어진 곳에 위치한 바투미식물원은 차크비츠칼리Chakvistskali강 하구와 그린케이프Green Cape 사이의 남서부 해안선을 따라 해발고도 0~220m의 긴 지역에 108.7ha의 면적을 차지하는, 코카서스 지역에서 가장 큰 식물원이다. 원내 전망대에서 내려다보이는 흑해의 전경과 함께 100년의 역사를 지닌 정원과 장미, 감귤류, 동백나무 컬렉션 및 자연의 일부처럼 느껴지는 야자수, 대나무 등의 식물들을 관람할 수 있다. 순응재배를 통해 보유하게 된 감귤류와 과수 컬렉션은 식물원 초기의 산업적인 목적을 보여준다면, 9월에 개화를 시작하고 이듬해 5월 말까지 지속되는 54종의 동백나무 컬렉션은 식물원의 현재 운영 가치를 상징적으로 나타내고 있다. 대외적으로는 2016년부터 국제동백협회International Organization of Camellias(ICS)에 가입하여 활동하고 있다. 공간 구성은 20개 주제원과 공원으로 되어 있으며 90종의 코카서스 원산종Caucasian origin을 포함한 최대 1,800개의 분류군Taxonomic units으로 구성되는 2,000여 종류의 식물을 보유하고 있다. 여름이 방문에 가장 적합한 계절이지만 사계절 모두 꽃을 피우는 식물을 감상할 수 있는 식물원으로, 넓은 면적 전체를 관람하느라 지친다면 원내를 운행하는 전기버스를 이용하여 관람할 수 있다.

식물원의 역사

바투미식물원의 역사는 1880년대에 시작된다. 1892년 해안 휴양지와 경작지로 이용되던 10ha가량의 부지를 지리학자이자 여행자인 파벨 타타리노프Pavel Tatarinov가 별장 거주지로 구입하여 여기에 오렌지와 감귤을 도입하여 재배하고자 하

식물원에서 내려다보이는 흑해

한적하고 고풍스러운 관람로

는 목적으로 순응정원Acclimatization Garden을 조성하였다. 현재 식물원의 상부공원Upper Park이 자리하고 있는 구역이 초기 정원부지에 해당한다. 이 정원에 심어진 이국적인 식물들은 당시 식물애호가들에게 큰 인기를 끌었다고 하며 정원 내 1902년에 지어진 여름별장Summer Cottage은 당시 건축의 표본을 보여주고 있다. 식물원으로는 러시아의 식물학자, 지리학자인 안드레이 크라스노프Andrey Krasnov에 의해 1912년 11월 3일에 정식 개원하며, 식물원의 모습을 갖추는데 조지아의 농경학자이자 장식가인 이아손 고르지안Iason Gordezian이 크게 기여하였다. 현재 식물원 북서쪽 해안에 위치한 해변공원Seaside Park 구역은 원래 아메리카 식생을 수집한 장소로 아메리카대로American Boulevard라 불리었고 해안가와 가까이 접해 있어 과거 바다, 철도로 연결되는 식물원의 정문 역할을 했으나 제2차 세계대전 동안 크게 손상된 후 농업경제학자이자 조경가인 조르지 가브리치제Giorgi Gabrichidze에 의해 재건되었다. 1950년대에 10ha 면적의 하부공원Lower Park을 포함시켜 식물원이 확장되었고 1981년부터 프랑스인 알폰스D'Alfons가 프랑스 정형French-Regular 양식을 도입하여 작은 리비에라라고도 불리는 정원으로 발전시켰다. 1998년에 국제식물원보전연맹BGCI에 가입하였다.

식물원의 랜드마크인 분수정원

식물원의 구성

바투미 시내에서 출발하면 식물원의 그린 케이프Green Cape 정문으로 입장하게 되는데 제일 먼저 약 10ha의 면적의 하부공원을 만나게 된다. 동백나무가 특징인 공원으로 겨울에도 다양한 형태와 색채로 그림 같은 경치를 볼 수 있다. 이 구역을 재건한 알폰소 저택D'Alfons Cottage Residence 인근에 있는 장식용 분수가 눈에 띄며 이 주변으로 유럽박태기*Cercis siliquastrum* L.와 영산홍*Rhododendron indicum* (L.) Sweet이 식재되어 봄철에 아름다운 색으로 수놓아진 장면을 상상할 수 있다.

돌고래 분수

약 11ha의 면적으로 구성된 상부공원은 식물원의 관광 명소 중 하나로 여름철에는 아름다운

여름에도 피어 있는 자목련*Magnolia campbelii* Hook. f. et Thomson

수국과 꽃댕강나무로 유명하여 긴 개화 기간과 기분 좋은 향기를 즐길 수 있다. 정원 내부에는 조지아 대주교들의 기념물과 돌고래가 물을 뿜어내는 장식용 분수가 배치되어 조형미가 강조되고, 동선 사이에 장식용 꽃이 만발한 화단Parterre에서 연중 다양한 꽃과 초본류를 즐길 수 있다. 특별히, 겨울철 기간에는 목련의 일종인 자목련*Magnolia campbelii*을 즐길 수 있다. 상부공원은 식물원 초기에 도입된 식물을 재배하던 순응정원의 역사가 있고 여기에서부터 남미원South American Department, 유실수원Fruit&Berries Department, 감귤산업존Citrus Industrial Zone을 지나면서 실생활과 밀접한 식물들을 만날 수 있으며, 친근한 장미원Rosarium에는 107품종의 장미가 다양한 형태로 아름다움을 드러내고 있다. 이어지는 뉴질랜드원New Zealand Department을 지나면 해안에 접하여 30m 높이에 지름이 12cm에 달하는 큰 대나무 숲인 대나무원Bamboo Plantation이 있어

식물원 전경과 어우러지는 헤베 안드로소니*Hebe × andersonii* (Lindl. et Paxton) Cockayne

수국과 함께하는 상부공원 관람로

바다와 어우러지는 경관을 즐길 수 있다. 이외 지리원으로 호주원Australian Department, 히말라야원Himalayan Department, 멕시코원Mexican Department, 동아시아원East Asian Department이 있고 가장 북쪽에는 해변공원이 위치하여 해변으로 연결되며, 차크비Chakvi 마을로 연결되는 출입구가 있어 식물원을 관통하는 직선상의 동선을 마칠 수 있다.

관람을 위한 전기버스

식물원의 운영 특성

식물원의 운영 목표 중 연구 부문에서는 식물의 다양성을 보존하기 위해 베리 등의 과일나무와 동백나무에 대한 연구를 강화하고 있으며 관련 이벤트 전시회를 꾸준히 개최하고 있다.

시민 등 방문객들을 위한 교육 서비스로 가이드에 의한 안내프로그램이 제공된다. 워킹가이드 시비스는 1.5시간 진행되고 전기버스 안내서비스는 5인 이하의 인원으로 1시간 진행된다. 이동만을 위해서는 정문인 그린 케이프에서 북쪽 차크비문까지 정기적으로 운행하는 전기버스를 이용할 수도 있다.

해변공원에서는 결혼식과 피크닉, 캠핑 장소를 제공하는데, 캠핑은 지정된 장소에서 18시부터 다음 날 10시까지 가능하다.

Travel tip

주소 'Mtsvane Kontskhi' (Green Cape) Settlement, Batumi, Ajara, Georgia
홈페이지 http://bbg.ge/en/home
전화 +995 422 270033
개원시기 및 시간 연중무휴로 매일 10:00~18:00까지 개원한다.
면적 108.7 ha

25 계곡과 폭포, 역사유적을 담은 관광중심의 식물원

조지아국립식물원

National Botanical Garden of Georgia

주변의 높이와 너비가 조화로운 원형 수조

조지아국립식물원은 아름다운 계곡과 폭포, 큰 연결 교량 등 천혜의 자연경관을 바탕으로 많은 식물 컬렉션과 조지아 왕국시대의 역사적 가치를 지닌, 트빌리시시민이 가장 사랑하는 공간이다. 트빌리시 중심부의 남쪽 부분에 위치한 차프키시스-츠칼리Tsavkisis-Tskali 강의 협곡에 위치하는데 협곡 주위로는 가파른 경사를 이루어 다양한 유형의 식물이 서식하며, 최저 해발 417m에서 최고 714m에 이르는 지형에 따라 800분류군Taxa, 4,500종의 식물종 및 품종을 보유하고 있다. 전체 면적은 98ha로 이 중 식물원 조성 구역이 약 40ha이고 자연 구역이 58ha이다. 식물원 내 특별한 자연 경관은 타보리 능선의 수직 절벽과 나리카라 요새 유적의 남쪽 바위, 4개의 폭포이며, 그중 가장 큰 폭포는 24m 높이에서 아치형 다리 밑으로 펼쳐져 방문객들의 기분을 시원하게 해 준다.

식물원은 크게 북서쪽 구역과 남동쪽 구역으로 나눌 수 있다. 북서쪽 구역은 나리카라 요새 유적과 함께 초기 역사수목원Historical Arboretum이 강 계곡 위편으로 자리잡고 있고, 남동쪽 구역은 트빌리시 고대 지구가 포함되어 왕국시대의 성과 왕실 정원을 포함하는 유적들과 함께 동부 및 서부 조지아의 식물, 히말라야와 동아시아 식물, 북아메리카 식물들을 전시하는 주제원이 위치한다. 과거에는 왕궁 정원으로서의 긴 역사와 코카서스 3국의 다양한 식물을 보유한 식물학 연구의 중심이었고 현재는 역사적 유적과 지형적인 매력을 살려 식물문화의 장이면서 지역 축제와 행사의 장으로도 활용되고 있다. 특히 나리카라 요새에서 집라인Zip-Line으로 입장할 수 있는 등 시민과 방문객에게 익스트림 스포츠로 시작하는 역동성과 함께 태양과 폭포, 식물을 즐기는 즐

식물원에서 함께 관람할 수 있는 조지아왕국시대의 역사유적

거움, 조용한 사색의 공간을 제공하는 복합적인 식물원으로 자리매김하고 있다.

식물원의 역사

프랑스의 여행가이자 보석상인 장 샤르댕Jean Chardin이 1636년 왕실 정원으로 왕실이 소유하였다고 기록한 것을 기원으로 할 수 있는데, 이후 18세기에 제작된 지도에서도 왕의 정원으로 표시되어 있음을 확인할 수 있다. 1795년 페르시아의 침공으로 파괴된 정원은 1801년 조지아와 러시아가 병합된 후 트빌리시 보물 정원으로 이름이 변경되어 복원되었고, 1845년 5월 코카서스 왕세자 미하일 보론초프 백작의 명령에 따라 정원은 트빌리시식물원으로 이름이 변경되어 정식 식물원으로 개원하였다. 당시 코카서스의 유일한 과학 센터의 역할을 하여 재배 온실이 건설되고, 과일 묘목과 채소 묘종을 시민에게 제공하는 역할도 수행하였다. 1888년에는 식물센터가 설립되었고 식물생리학을 포함하는 식물학에 대한 연구가 활발히 수행되었다.

19세기 후반과 20세기 초, 식물원에 정원사 양성 학교가 설치되고 정원은 정원사 학교의 정원으로 불리기도 하였다. 1872년에 프랑스에서 온실 자재를 도입하여 1873년에 두 개의 아치형 온실이 조성되었다. 1875년 말까지 정원은 134종의 장미와 1,238종의 유실수를 포함한 식물을 보유하였고 식물원 박물관이 설립되어 식물 표본 수집을 위한 토대가 마련되었다.

1914년에 건축가 데니센코에 의해 조지아 초기 형태를 보여주는 철근 콘크리트 구조의 아치 다리가 폭포에 설치되어 폭포와 함께 랜드마크가 되었다. 1932년과 1958년 식물원 부지는 무슬림 묘역을 포함시키면서 확대되었다. 1956년에 유명 조경 건축가 기요르기 마나가드제Giorgi Managadze에 의해 9년의 공사 기간을 거쳐 파르테르Parterre 정원이 완공되었다. 2011년부터 조지아국립식물원은 영국 래포드재단과 큐왕립식물원의 지원을 받아 식물 보존 시설 복원과 중앙 다리, 탑, 타마르 다리, 중앙 입구의 역사적인 건물 등이 수리되어 현재에 이르고 있다. 2019년에는 우리나라 국립백두대간수목원과 업무협약을 체결하고 조지아 자생식물을 기증하였다.

식물원의 구성

정문을 통과하여 동쪽에서 식물원에 들어서면 넓은 공원공간Parkland을 만난다. 식물원 내 여러 공원공간 중 하나로, 축제 장소로도 활용되는 관상용 초본 광장의 개방적인 공간이라 중앙 이동로 주변에 있는 올리브나무와 떡갈나무의 컬렉션이 시원한

건조한 산악지역을 표현한 화단

둥근 형태가 돋보이는 화단

침엽수림을 통과하는 관람로

느낌을 준다. 이 공간은 열대식물온실Orangery of Tropical Plants까지 연결된다. 지나가는 도중에 작은 규모이지만 일본정원이 있는데 행운을 상징하는 조형물과 후지산을 형상화한 원추형 조형물이 있으며 벚나무, 단풍나무, 진달래 등 약 200종의 식물이 식재되어 있어 코카서스 지역의 분위기와 다른 이색적인 모습이 연출된다.

식물원의 중심부에 위치하고 주요 랜드마크 중 하나인 열대온실은 식물원 관람의 중심축이 되며 약 900종류의 열대식물과 아열대식물을 전시하고 있다. 이어서 조지아 서부식물

수련 수조

원과 동부식물원에서는 조지아의 자생 식물들을 만날 수 있고 동쪽 내부로 이동하여 해발 506m에 위치한 센트럴 파크에 도착하면 기증 또는 수집을 통해 도입된 다양한 목본식물을 관리하며 전시하는 재배품종정원Garden of Cultivars을 볼 수 있다. 주로 소나무속*Pinus* 품종과 노간주나무속*Juniperus*, 자작나무속*Betula* 등의 종과 품종이 식재되어 있으며 식물원 내 식재가 필요한 경우 수목 공급을 위한 배후 공간으로도 이용된다.

아래로 연결되는 동선을 따라 내려오면 주제정원 중에 가장 돋보이는 공간인 파르테르parterre를 볼 수 있는데 3개의 중심을 갖는 트랙과 같은 구조로 노송나무, 가문비나무, 히말라야삼나무, 너도밤나무 등과 같은 목본식물관찰원과 일년생 및 다년생 식물을 전시한 계절정원이 위치하여 아름다운 정원을 감상할 수 있다.

남쪽에 위치한 판테온은 부지 내에 있었던 오래된 이슬람 묘지 구역에 위치하는데 유명 작가 르자 파탈리 아군도후Mirza Fatali Akhundov, 시인이자 작가인 미르자 샤휘 봐제Mirza Shafi Vazeh 등 유명 인사들의 무덤이 있고 역사적 가치뿐 아니라 예술적 가치도 높다. 바로 근처에서는 화사한 장미의 컬렉션과 희귀멸종위기식물의 컬렉션을 볼 수 있다.

가장 북쪽에 위치한 초기 역사수목

조지아 초기 형태를 보여주는 아치 다리

식물원의 랜드마크인 폭포

이동하면서 조지아의 자연식생을 접할 수 있는 구내 도로

원Historical Arboretum은 솔로라키Sololaki 산맥의 남쪽 경사면에 위치하며 길이는 600m이고 면적은 6.5ha에 달한다. 2017년 식물 인벤토리에 52과 112속 192종의 식물이 기록되어 있으며, 코카서스와 조지아의 희귀하고 멸종위기에 처한 종들이 보존되어 있다. 여기서는 초기 식물원의 모습과 함께 나리칼라 요새Narikala Fortress의 유적을 함께 감상할 수 있으며 남쪽으로는 차프키시스-츠칼리강이 접하고 있어 계곡을 끼고 폭포까지 이어진 시원하고 아름다운 경치를 덤으로 즐길 수 있다.

식물원의 운영 특성

교육 프로그램으로 2006년부터 생태교육 프로그램을 개발하였고, 2018년에는 생태 교육 부서가 설립되어 주제별, 연령별 교육 프로그램을 운영한다. 학생을 대상으로 하는 스터디투어가 봄과 가을에 주 2회 운영되며 식물원의 역사, 식물 수집 소개, 식물 보존, 파르테르의 정원예술, 희귀 및 멸종위기에 처한 식물에 대한 정보를 포함하여 정원의 주요 부분을 둘러 보며 체험한다. 식물 다양성, 식물 보존, 생태학, 원예 및 생물학 전문가를 초청하여 공개 강연을 진행하며, 우리나라의 바이오블리츠Bioblitz와 유사한 성격의 행사로 티빌리시 주민들에게 도시 주변의 다양한 식물을 탐사하여 기록하게 하는 트빌리시 자연주의자iNaturalist-Tbilisi Eco-Hunter 행사를 참가자 경쟁방식으로 개최한다.

주말에는 노인을 위한 교육 프로그램으로 식물의 다양성, 형태, 생태계에서 식물의 역할에 대해 이론과 실습을 포함하는 2일간의 과정이 운영되어 실제 작업을 통한 이론적 지식의 활용을 경험할 수 있다.

시민 참여 커뮤니티로는 아마추어 정원사 클럽Amateur Gardeners Club이 운영되는데 식물 관리에 관심이 있는 회원들은 식물원을 매개로 자신의 정원, 마당 또는 농장을 관리한 경험을 공유하고 아이디어를 교환한다.

식물원을 공중에서 관람할 수 있는 집라인

관람객들에게 식물관람과 함께 휴식, 레저 공간으로 활용되는 식물원은 다양한 편의와 재미를 제공하고 있다. 그중 인기 있는 것은 2017년 6월부터 운영되는 로프 길이 270m, 활강 시간 30초의 집라인으로 나리카라 로프웨이 입구에서 정원의 센트럴 파크까지 활강할 수 있다. 이용 시간은 매일 오전 10시부터 오후 5시 30분까지이다. 방문자의 편의를 위한 전기 자동차 투어도 가능하다. 메클데르Mekldeur 바위는 트빌리시에서 유일하게 자연 바위 등반이나 암벽 등반을 연습할 수 있는 공간으로 정기적으로 체육 대회가 개최되고 있고, 중앙공원에 위치한 이벤트 스퀘어는 축제와 결혼식 등 다양한 행사장소로 이용되어 시민들의 공간으로 제공된다.

Travel tip

주소 1 Botaniukuri St., 0105, Tbilisi, Georgia
홈페이지 www.nbgg.ge
전화 +995 322 724306
개원시기 및 시간 연중무휴로 매일 09:00~18:30까지 개원한다.
면적 97ha

26

실크로드에 펼쳐진 녹색 탈출구

타슈켄트식물원

Tashkent Botanical Garden

식물원 중심에 위치한 계절화원의 초여름 모습

타슈켄트식물원은 타슈켄트의 남동부에 위치하며 제2차 세계 대전이 한창이던 1943년에 설립되었고, 면적은 65ha이다. 중앙아시아에서 가장 큰 식물원이며, 우즈베키스탄 공화국 국유이자 우즈베키스탄 고유의 자연 유산으로 등록되어 있다. 현재, 동부 및 중앙아시아, 북미, 유럽, 극동 및 크리미아반도에서 수집한 4,500여 종의 식물을 보유하고 있다. 또한 살아있는 식물의 집합체(유전자풀)를 갖고 있어 우즈베키스탄 국내에서도 독특한 수집으로 평가받고 있으며, 이 식물원에 있는 68종의 식물은 레드북(멸종위기식물목록집)에 포함되어 있다.

식물원의 구성

식물원에는 현재 43ha의 수목원, 5ha의 관상용 수목의 묘목원, 1ha의 열대 및 아열대식물을 위한 온실, 16ha의 보호구역이 있다. 연구실 건물과 함께 6개 블록으로 구성된 $1,200m^2$ 면적의 온실은 열대 및 아열대식물이 식재되어 있어 파파야, 뮤렌베키아, 빵나무, 커피나무 등을 관람할 수 있고 겨울에도 녹색과 화려함을 유지한다. 식물원은 중앙아시아뿐만 아니라 동아시아, 북미, 유럽, 극동의 다른 지역의 이국적인 식물을 들여와 재배하는데 많은 노력을 기울이고 있어 식물원 내에서는 6,000여 종류 이상의 식물을 볼 수 있다. 검은 자작나무, 튤립나무, 큰 사이프러스와 같은 독특한 식물을 볼 수 있으며, 희귀식물인 화이트오크 *Quercus alba* L., 블루애쉬 *Fraxinus quadrangulata* Michx., 스위트버치 *Betula lenta* L., 상록목련, 설탕단풍나무 등도 볼 수 있다. 또한 희귀종 허브를 재배하여 우즈베키스탄의 제

초화류를 이용한 기념일 장식

중국과 협력하여 조성한 국제 부추속*Allium* 보존원

약 산업 발전에 기여하고 있다.

식물원 내에는 산책로가 둘러싸고 수련이 자라는 연못이 있으며, 각각의 관람로는 정원의 중앙으로 연결된다. 수련이 있는 연못은 식물원에서 가장 먼저 만나게 되는 곳으로 연못 주변을 산책하며 다양한 조류 관찰도 가능하다.

우즈베키스탄의 독특한 기후로 인해 정원은 일 년 내내 열려 있다. 계절적으로 다양한 모습을 감상할 수 있으며, 봄이 되면 정원은 꽃과 허브의 향기로 가득차고 여름의 정원은 더위와 먼지로부터의 탈출구 역할을 한다. 가을에는 노란색, 오렌지색, 붉은색의 아름다운 단풍색으로 요란하며, 겨울에도 정원은 매혹적인 숲의 분위기를 연출한다.

식물원의 운영 특성

현재 식물원에는 20명의 과학자가 근무하는 3개의 과학 실험실이 운영되고 있으며, 지속적인 연구를 위해 지원을 아끼지 않고 있다. 의료 및 제약 산업에 원료를 제공하기 위한 천연 약용식물 연구가 수행 중이며 보건체계 구축에도 긍정적인 영향을 미치고 있다. 또한, 도시의 정원, 도시 기반 시설 및 환경 조건을 개선하기 위한 관상용 식물에 관한 연구도 이루어지고 있다.

입구로부터 이어진 시원한 가로수길

식물원에서 재배된 국내·외 식물은 교육 시스템을 통해 젊은 세대들의 생태 교육에 활용되

산책로에 둘러싸인 수련이 자라는 연못

며, 자연에 대한 태도를 긍정적으로 바꾸는 데 특별한 역할을 한다. 하샤르 주간Hashar Week 사회 프로젝트 및 타슈켄트식물원 공동 교육 프로젝트 "정렬 및 학습Sort and Learn" 등 학생들을 위한 프로그램이 운영되고 있다.

식물원에서 이루어지는 다양한 활동과 연구는 과학 아카데미와 혁신 개발부에 의해 체계적으로 운영되고 있다.

계절화원에 새로 식물을 심은 모습

Travel tip

주소 Toshkent shahri, Yashnabod tumani, Yahyo G'ulomov ko'chasi-70
홈페이지 http://tashkentgarden.uz/en
전화 +998 71 2000036
개원시기 및 시간 연중무휴 개원한다.
면적 65ha

27

중앙아시아 식물 자원화 연구의 중심

알마티식물연구소식물원

Institute of Botany and Phytointroduction, Almaty

천산산맥의 만년설을 배경으로 한 식물원

알마티식물연구소는 카자흐스탄의 자연 식물 세계의 연구를 위한 과학기관이다. 연구소는 현대 식물학에 해당하는 식물 분류학, 지구 식물학, 고생물학, 생태학 등의 많은 세부 분야의 연구를 다루며 고등식물과 하등식물(버섯과 조류)의 연구를 위한 식물 센터이다. 식물 세계의 보존 및 효율적 사용 전략을 개발하기 위해 포괄적인 식물 연구를 수행하고 있다.

식물원의 역사

카자흐스탄은 소비에트 시대가 시작된 이래 경제 및 사회 분야에서 급속한 발전과 함께 식물학 연구를 위한 독립적인 기관을 만들 필요성을 느끼게 되었다. 1926년에는 공화국의 옛 수도인 키질로르다Kyzylorda에 있는 토지인민위원회Narkomzem의 토양 연구소 산하에 식물학부가 설립되었다. 소련 과학원 상임위원회는 소련 과학원의 카자흐스탄 기지를 설립하기로 결정했으며, 그 기지는 동물 및 식물 두 가지 부문의 내용으로 구성되었다. 그 후 카자흐스탄 기지의 식물 부문은 식물 연구의 중심지가 되었으며, 이를 기반으로 1930년대부터는 카자흐스탄에서 식물 연구가 본격적으로 시작하게 되었다. 1943년 토양 과학 및 식물학 분야를 기반으로 소련 과학 아카데미 카자흐 지부의 토양 과학 및 식물학 연구소가 만들어졌다.

이 연구소는 1946년 알마티에 정식으로 설립되었으며, 1995년에는 기존의 식물연구소(1945)와 식물원 본원(1932)등 이 지역에 위치한 4개의 정원을 합병하여 식물학 및 식물 도입 연구소로 개편되었다.

식물원의 구성

이 연구소는 포자식물, 고등식물, 자원식물, 식물 형태, 과수 유전자원 보전, 식물 생리, 열대식물, 산업 식물 등의 연구 내용을 바탕으로 한 주제원 6개와 실험소 2곳을 포함하고 있다. 또한 표본관도 운영하고 있는데, 약 409,000개의 관속식물, 곰팡이 및 이끼 표본이 표본관에 저장되어 있으며, 카자흐스탄의 전 종 다양성이 대표되는 유일한 표본 저장소로 여

알마티식물연구소 본관

열대 및 아열대식물 연구와 전시를 위한 온실

알마티식물연구소 본관 주변의 초화류원

겨진다. 중앙아시아 영토, 소련 및 유럽 지역, 크림 반도와 코카서스, 시베리아와 극동 등에서 채취된 표본들도 다수를 차지하며, 표본의 문서화된 자료를 바탕으로 식물 및 생태 모니터링 연구도 수행하고 있다.

식물원의 운영 특성

카자흐스탄의 식물상 형성의 역사, 식물종(6,000종 이상) 및 식생(약 2,000종)의 체계적 구성, 번식 및 분포 특성, 침식지 복원, 약용식물 및 산업식물의 효과적인 사용을 위한 생리학 및 유전학 등의 과학적인 연구가 수행되고 있다.

현재 이 연구소의 유전자 풀에는 약 4,000여 그루의 화목류 및 관상수, 약 2,000여 그루의 나무, 약 1,000여 그루의 열대 및 아열대성식물, 약 800여 그루의 과수, 약 600여 종의 산업식물, 약 500여 종의 약용식물, 약 300여 종의 사료식물 등이 있으며, 카자흐스탄의 지질도를 바탕으로 식물을 자원화하고 있다. 이러한 현황을 바탕으로 식물육종학, 농업작물의 생리학, 식물유전학 분야의 연구가 더욱 발전하고 있다.

연구소는 "카자흐스탄 공화국의 사막화 방지를 위한 국가 프로그램"(1997) 및 "생물다양성 보전 및 합리적 이용을 위한 국가 전략 및 실행 계획"(1999) 개발에 참여했으며, 카자흐스탄에서 처음으로 "카자흐스탄 야생 사과",

식물원 어디에서나 볼 수 있는 만년설이 쌓인 천산산맥

적응실험을 위해 외국에서 도입한 참나무류로 조성된 가로수

적응실험 중인 북미에서 도입한 소나무 숲

"카자흐스탄 야생 황살구", "카자흐스탄 야생 과일 식물" 수집원을 만들었다. 카자흐스탄 국내 최초로 89개의 암석 식물분류군이 생성되었으며 그중 15개가 레드북에 포함되었다. 멸종위기에 처한 3종의 희귀식물의 자연 개체군 복원을 통해 긍정적인 평가를 받기도 하였다. 대부분의 연구 결과는 단행본 15편, 교과서, 주제별 참고서, 논문, 지도로 발간되며 국책 과제 및 보고서에 수록되어 있다. 연구소는 포럼, 세미나 개최를 통해 많은 경험을 교환하고, 약 40개의 외국 기관과 긴밀한 협력을 통해 다양한 연구 활동을 수행하고 있다.

적응실험을 위해 극동러시아에서 도입해 조성된 자작나무 가로수

중앙아시아가 원산인 튤립이 식재된 정원

2019년에는 알마티식물원 재건축프로젝트를 지원하기도 하였다. 현대적인 아름다운 입구, 새롭게 단장한 도로와 보도, 새로운 나무들과 다년생 초원 등으로 방문객들에게 유명해졌으며, 식물원의 방문객들이 이곳이 특별히 보호받는 자연 지역이라는 것을 알리게 되었으며 식물원의 가치를 재인식할 수 있는 계기가 되기도 하였다.

식물원 내 수목원과 멀리 보이는 천산산맥

Travel tip

주소 Botanical Garden, Institute of Botany and Phytointroduction
Kazakhstan Academy of Sciences, Almaty 480070 Kazakhstan

홈페이지 http://www.ibph.kz

전화 +7 3272 476692

개원시기 및 시간 매일 10:00~17:00까지 개원한다.

28 세계의 지붕에 자리잡은 파미르식물원

Pamir Botanical Garden

멀리 보이는 파미르고원의 건조한 산지와 대비되는 식물원의 모습

파미르식물원은 "세계의 지붕" 파미르고원 지대인 고르노 바다크샨 자치주의 행정 중심지 코로그Khorog(해발 2,320m)에서 그리 멀지 않은 곳에 위치한다. 1940년에 조성되었으며, 면적은 12ha이다. 세계에서 두 번째로 높은 곳에 위치한 식물원이며, 히말라야에서는 가장 높은 곳에 있다. 건트강과 샤하다라강 사이의 높은 테라스를 차지하고 있으며, 혹독한 파미르의 기후에 비해 기후가 따뜻하고 습도가 훨씬 높은 히말라야산맥의 남쪽 경사면에 자리 잡고 있다. 도시, 강, 주변 산의 풍경은 숨막힐 정도로 아름답다.

식물원의 역사

파미르식물원은 아나톨리 구르스키 교수A. V. Gursky가 1940년(구, 소련 시절) 산악지대에서 다양한 식물의 생존율을 시험하기 위해 만든 정원이다. 서부 파미르에서 발견되는 모든 종류의 바위, 조약돌, 모래 지대, 강, 언덕, 산악의 경사지가 주변에 펼쳐지며. 정원의 식물은 보호구역 내의 토종 식물과 품종으로 대략 4,000종으로 구성되어 있다. 그중에는 3,000종의 나무와 초본이 포함되어 있다. 이 식물원은 세계식물원 중에서도 특별한 위치에 있으며, 고산지대 식물의 생명력을 연구하기 위한 독특한 자연 실험실이기도 하다.

식물원의 구성

해발 2,700~3,000m의 이 지역은 고산지대에서 식물의 생활사를 비교 연구하기에 좋은 곳이다. 현재 파미르식물원의 면적은 624ha로 이 중 100ha 이상에 관개가 이루어지고 있다. 1970년에는 식물원 보완을 위해 주변의 셰일, 언덕꼭대기 진흙

식물원에서 보이는 파미르고원의 황량한 산지와 오아시스 같은 코로그 마을

북아메리카에서 도입한 포플러로 조성한 식물원 내의 가로수

등이 식물원의 500ha가 넘는 면적에 옮겨지기도 했다.

식물원에서는 다양한 과일과 채소, 관상용 식물에 관한 연구와 외국 식물을 적응시키는 실험이 이루어지고 있다. 고르노바다크샨의 첫 과일나무 묘목장은 이 식물원에서 최초로 만들어졌으며, 고산지대 과일나무의 재배법을 개발하기도 하였다.

뽕나무, 살구나무, 복숭아나무, 체리, 자두나무, 블랙베리, 견과류 나무, 사과나무, 포도나무들이 재배되고 있으며, 양배추, 감자, 오이, 토마토 등도 실험 재배되고 있다. 국제적으로 수집된 감자 수집품 중 일부 종에 관한 연구가 활발히 진행되고 있다.

정원 한쪽에 만들어진 쉼터

알라이계곡과 누라계곡의 전통적인 서식지에서 식물원으로 가져온 천황산 전나무는 이곳의 가파른 경사면에서 자란다. 나무껍질이 붉은 파미르 자작나무도 눈길을 끌며 산기슭을 따라 자연 상태로 파미르강에서 자라며 식물원 내의 특정 구역에서도 볼 수 있다.

실험재배를 위해 북아메리카에서 들여온 포플러

다양한 종류의 향나무가 있으며, 어린 향나무 묘목은 재배에 성공하여 고르노 바다크샨 자치주에서 조경용으로 널리 사용되고 있다. 이 식물원의 수목과 쌍떡잎식물의 35%가 동아시아 식물이며, 파미르식물원에서 중요한 위치를 차지하고 있다. 대부분은 중국, 일본, 만주, 극동, 시베리아에서 들어왔으며, 동아시아 지역의 500여 종이 넘는 나무가 성공적으로 적응 재배되고 있다. 식물원 북쪽에는 북아메리카에서 온 식물들이 식재되어 있다.

식물원의 운영 특성

고산식물의 종자에 대해 많은 식물원이 관심을 보이고 있어 구소련 공화국의 170개 협력 기관, 기타 40개 국가의 200여 협력 기관과 종자를 교류한다. 설립된 이래 타지키스탄과 타지키스탄 농부들에게 수십만 개의 조림용 나무, 관상용 나무와 과일나무가 보급되고 있다.

Travel tip

주소 Khorog, Western Pamir Highway
전화 +992 8 50 111 8056
개원시기 및 시간 매일 09:00~18:00까지 개원한다.
면적 12ha

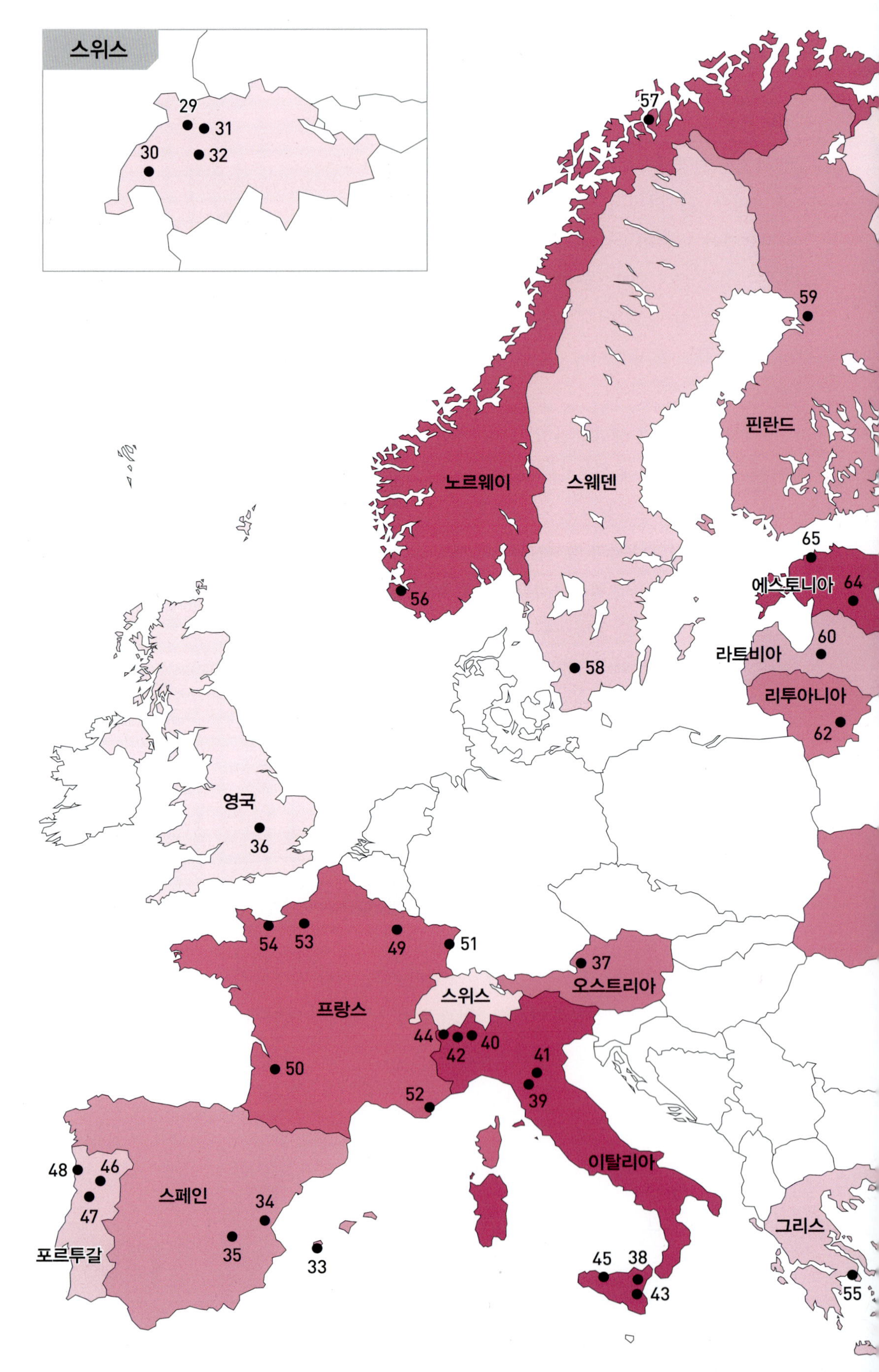

스위스
29
31
30
32
57
59
핀란드
노르웨이
스웨덴
65
에스토니아
64
56
60
라트비아
58
리투아니아
62
영국
36
54
53
49
51
37
오스트리아
스위스
프랑스
44
42
40
41
50
39
52
이탈리아
48
46
스페인
34
47
35
33
포르투갈
45
38
그리스
43
55

유럽

스위스
29 뉴샤텔식물원
30 로잔식물원
31 파필리오라마열대정원
32 프리부르대학식물원

스페인
33 마요르카선인장식물원
34 발렌시아대학식물원
35 카스티야라만차식물원

영국
36 옥스퍼드대학식물원

오스트리아
37 미라벨가든

이탈리아
38 누오바구소네아식물원
39 셈플리치식물원
40 스트레사고산식물원
41 에스페리아고산식물원
42 오로파식물원
43 카타니아대학식물원
44 파라디시아고산식물원
45 팔레르모대학식물원

포르투갈
46 메테우스장원
47 코임브라대학식물원
48 포르토대학식물원

프랑스
49 메스식물원
50 보르도식물원
51 스트라스부르대학식물원
52 에즈가든
53 지베르니모네가든
54 캉식물원

그리스
55 그리스국립정원

노르웨이
56 스타방게르식물원
57 트롬소북극고산식물원

스웨덴
58 룬드대학식물원

핀란드
59 오울루대학식물원

라트비아
60 라트비아국립식물원

러시아
61 모스크바식물원

리투아니아
62 빌니우스대학식물원

우크라이나
63 우크라이나국립식물원

에스토니아
64 타르투대학식물원
65 탈린식물원

29

살아있는 식물 자연사박물관

뉴샤텔식물원

The Neuchâtel Botanical Garden

계곡 내에 위치한 식물원 전경

뉴샤텔시의 중심에 가까이 있으면서도 상트주Pertuis-du-Sault의 자연생태보호구역인 은자계곡Hermitage valley에 있는 뉴샤텔식물원은 8ha 면적의 아기자기한 식물원이다. 고지대에 위치하고 있으며 자동차 이외에는 케이블철도Funicluar를 이용해야 하는데 에클루즈Ecluse역에서 탑승하여 마지막 역인 플랜Plan역에 도착하면 도보로 15분 이내에 정문에 도착할 수 있다. 평시에는 방문자가 많지 않아 조용하고 여유롭게 식물원을 즐길 수 있고 지형적인 특성에 맞추어 경사면을 이용한 정원, 연못과 개울 등이 다채롭다. 스위스 고유식물이 서식하는 국가 주요 건조목초지로 지정되어 있어 생태적으로 가치가 높으며 식물진화에 대한 정보를 얻을 수 있어 살아있는 식물 자연사박물관을 방문하는 느낌을 받는다.

식물원의 역사

뉴샤텔식물원은 뉴샤텔대학과 밀접한 관련을 맺고 있다. 19세기 말에 제2뉴샤텔 아카데미에 의해 조성되었지만 당시에는 대학의 식물학과의 연구공간으로 활용되어 일반인은 출입할 수 없었다. 1990년대에 현 위치인 은자계곡 내로 이동하였고 1998년 6월부터 일반에 공개되었다. 이후 2014년부터 뉴샤텔시에 의해 관리되면서 같은 해에 진화정원Garden of Evolution이 추가되어 살아있는 식물과 함께 화석을 전시하여 식물의 진화 및 다른 생물과의 공진화에 대해 쉽게 알려주는 야외 박물관의 역할을 하고 있다.

식물원의 구성

무료로 자유롭게 출입할 수 있는 입구를 통과하면 은자계곡 내에 자리잡은 식물원 전체 모습이 한눈에 들어오는데 가까운 경사면 위로는 온실이, 경사면 아래로는 진화정

자연생태보호구역임을 알려주는 산양조형물

원의 아름다운 경관이 방문객의 눈을 즐겁게 해 준다. 중앙동선을 따라 식물원 안쪽으로 들어오면 사무실과 전시관, 기념품점, 카페로 운영되는 빌라가 중앙에 있어 이곳을 기점으로 식물원의 각 부분을 감상할 수 있다.

식물원은 식물 수집 및 전시 공간과 자연환경 공간 두 부분으로 구성되어 있다. 빌라 아래쪽에는 암석원Rock garden을 만날 수 있는데 식물원에서 가장 오래된 주제원 중 하나이며 식재된 식물로 알프스의 지리를 독창적으로 보여주고 있다. 식물원 내에 계곡 아래쪽으로 이동하면 가장 인상적인 공간인 원형으로 구성된 진화정원을 만날 수 있다. 식물의 근원을 찾는 여행을 할 수 있도록 배치하여 아라비아 숫자로 표시된 안내 순서를 따라가면 속씨식물Angiosperms로부터 조류Algae, 세균Bacteria에 이르는 15단계의 유연관계속 식물들을 화석과 함께 만날 수 있다. 진화정원 외곽 둘레에는 영문자로 표시된 순서에 따라 인간에 영향을 주는 자연환경에 대한 정보도 얻을 수 있다. 진화정원의 동쪽으로는 연못과 연결되는 곡선형의 수로에 늘 물이 흐르도록 하여 건조한 경사면을 촉촉히 적셔주며 중간중간 우리의 물확과 유

진화의 정원

암석원

사한 석재 수조를 설치하여 연못과 함께 개구리, 두꺼비, 도롱뇽 등 양서류의 서식공간을 제공한다.

은자계곡의 남향 경사면에 위치한 지중해정원Mediterranean garden은 지중해 연안에서 서식하는 야자나무, 협죽도, 올리브나무, 자귀나무 등을 전시하여 해당 지역을 방문한 여행

양서류의 서식처이자 계곡에 물을 대주는 수로

자들로 하여금 추억을 떠올리게 한다. 이러한 식물 중 일부는 오랑제리 온실로 옮겨져 월동하게 된다. 온실은 건조기후온실Arid Greenhouse로 경사면을 이용하여 남향쪽 한 방향으로 설치되어 있고 선인장과 협죽도 등이 식재되어 있다. 빌라의 동쪽으로는 프랑스 정형정원 양식의 작은 주제가든이 있어 기획에 따라 다양한 주제의 전시가 이루어진다.

건조기후온실

다양한 연출이 가능한 프랑스 정형정원

식물원의 운영 특성

민족식물학과 고식물학을 기반으로 한 식물 종자 수집이 꾸준히 진행되고 있으며, 식물원 공개 20주년인 2018년을 기점으로 이 지역에 서식하는 식물을 주제로 한 시민참여형 박람회를 개최해 오고 있다.

또한 장 자크 루소와 식물학(2012), 열대우림(2019), 약용식물(2020) 등과 같은 다양한 주제의 전시회를 개최한다. 눈길을 끄는 것은 식물과 곤충의 공생관계의 중요성을 강조하기 위해 2013년 개최한 벌의 꽃Bee Flowers 전시회를 기점으로 80개국에서 수집한 400종류 벌꿀 컬렉션을 보유하고 있으면서 양봉행사를 진행하여 방문객들이 꿀 샘플을 구입할 수 있도록 운영한다는 것이다.

자연과의 조화로움이 돋보이는 테이블

식물원 내 벌의 서식처를 제공하는 곤충호텔

Travel tip

주소 Chemin du Pertuis-du-Sault 58, 2000 Neuchâtel, Swiss
홈페이지 www.jbneuchatel.ch
전화 +41 0 32 718 23 50
개원시기 및 시간 연중무휴로 4월~10월은 10:00~18:00, 11월~3월은 12:00~16:00까지 개원한다.
면적 8ha

30 도심형 고산식물원

로잔식물원

Musee et Jardins Botaniques Cantonaux Lausanne

시원한 폭포연못과 대비되는 온실

초승달 모양의 서울 크기만한 레만호Leman lake는 알프스 산지 최대의 호수로 빙하와 어우러진 산지를 배경으로 수려한 경관을 자랑한다. 레만호 주변에는 아름다운 휴양도시들이 많은데, 호수 북부 중앙에 있는 로잔Lausanne은 해발 495m에 자리잡은 프랑스어권 도시이다. 로잔은 로마제국 시절 라우소니움이라는 이름으로 건설된 유서 깊은 도시로 국제올림픽위원회IOC의 본부를 비롯하여 각종 스포츠 종목의 국제 연맹 본부가 자리한 올림픽의 도시이다. 이런 이유로 많은 국제회의를 비롯하여 전 세계인들이 즐겨 찾는 유명한 관광 도시로서, 로잔에 있는 식물원 역시 많은 세계인의 관심을 받을 만하다. 입구 앞에 있는 평탄하고 한적한 밀령공원Parc de Milan과 대비되게 경사지에 만들어진 고산식물원의 모습을 지닌 로잔식물원은 도시의 소란을 잊게 하는 고요함 속에서 식물 감상의 기회를 제공한다. 연못과 폭포로 장식된 입구를 지나면 4,000여 종에 달하는 고산식물들을 전시한 암석원과 약용식물, 식충식물, 열대식물, 오렌지농장 등이 화려한 색상으로 전시되어 도심형 고산식물원으로서 자연의 아름다운 풍경을 전달해 준다.

식물원의 역사

로잔의 식물원 조성 역사는 약용식물 재배에서 출발하였다고 해도 과언이 아니다. 17세기 말에 제이콥 콘스탄트Jacob Constant라는 의사가 로잔 마을 중심에 있는 자기 집 동쪽에 식물재배지를 조성하였다. 천연 재료로 환자를 다루는 전통적 처방을 고수하던 그는, 질병 치료에 적합한 식물들을 재배하여 더 저렴한 비용으로 환자들을 치료할 수 있도록 했다. 또한 자연과학과 신화 등 다양한 분야에 정통했던 약사, 장 랑

밀렁공원과 접한 화려한 입구 화단

장소마다 설치된 식물원 조성과정을 보여주는 전시 사진

떼르Jean Lanteires 교수는 자신의 식물학 수업 중 라 바레La Barre의 라 티올레렛La Thiollerette에 있는 자신의 시골집에 약용식물에 대한 교육 정원을 만들어 학생 교육에 활용하였다. 1873년 알베르 드 뷔렌Albert de Büren 남작은 자신이 수집한 1,700여 개의 식물 종을 국가에 기증하며, 로잔식물원 조성을 위한 토지 확보 등 기초 작업을 시작하게 하였다. 이후 프랑스 태생의 건축가 알폰스 라베리에르Alphonse Laverrière(1872~1954)와 식물학자인 플로리안 코산디Florian Cosandey(1897~1982)가 현재의 위치에 터전을 잡고, 수년간의 설계 끝에 1946년 6월 1일 로잔식물원이라는 이름으로 정식 개원해 현재까지 꾸준히 운영되고 있다. 조성 당시 조경가였던 찰스 라데트Charles Lardet는 식물원이 전체적으로 경사지에 자리잡고 있으므로 암석원의 형태로 조성되길 희망했으며, 암석으로 구성된 자연스러운 인상을 주기 위해 노력하였다. 특히 암석을 전문적으로 다루는 조각가 알프레드 조던Alfred Jordan에게 의뢰하여 바위에 자국이나 충격으로 인한 파편 자국이 남지 않도록 요청하는 등 최대한 자연스러운 경관을 유지하는 데 노력을 기울였으며, 조심스럽게 배치된 암석 사이로 적절한 토양 혼합을 통해 바위틈에서 생장하는 다양한 종을 재배할 수 있게 하였다. 이렇게 만들어진 로잔식물원은 다양한 입구와 경사면을 활용한 산책로, 램프, 계단으로 구성되어 있으며, 스위스의 역사적 정원 목록에 등록되어 국가 중요 문화재로 관리되고 있다.

식물원의 구성

식물원이 조성된 부지의 특성상 식물원은 경사면을 활용하여 고산식물원의 형태로 조성되었다. 밀렁공원과 인접한 정문 입구를 지나면 바로 계단이 등장하고 이곳을 지나면 계단 옆 폭포와 정면의 온실이 나타난다. 온실과 접해 있는 보 주립 박물관Musées Cantonaux

식물원의 랜드마크인 벽천

Vaud은 로잔식물원이 단순히 식물원으로서 이곳에 있는 것이 아님을 시사한다. 박물관은 식물원 조성 당시의 역사적 도면과 현장 사진 등을 전시하고 있으며, 독특한 식물 표본들을 살펴볼 수 있는 전시가 상설로 운영되고 있다. 특히 기후변화나 지구 온난화, 재생에너지 등과 관련된 교육 목적의 기획 전시는 미래 식물원의 나아갈 방향에 대해서 깊이 있는 고찰의 기회를 제공한다. 박물관 관람을 마치면, 본격적인 식물원 여행이 시작된다. 우선 박물관 옆에 있는 온실에는 400여 종의 식물을 수집하여 전시하고 있다. 2019년 개장한 온실은 열대 및 식충식물을 전시하고 있는데, 덥고 습한 대기

'star of siam'이라 불리는 열대수련*Nymphaea*

바위틈 사이에서 자라고 있는 패랭이꽃

곤충 아파트

와 기후에 서식하는 100종 이상의 난초를 비롯하여 열대, 아열대 또는 사막의 다육식물들을 함께 보여주기 때문에 이국적인 공간으로 매력을 더하고 있다. 특히 기후적 제한이 있는 식물들을 다수 보유하고 있는데, 식욕을 돋우거나 소화 작용을 하는 생강, 후추, 계피 등의 향신료 식물들이 곳곳에 전시되어 있고, 커피나무나 차나무, 코코아나무 등을 온실에 전시하여 지리적 특성을 고려한 식물 교육에 도움을 주고 있다.

박물관과 온실을 나오면 마치 조적식으로 쌓아 올린 듯한 지그재그로 난 산책로와 계단이 나타난다. 이곳을 따라가면서 쐐기풀, 애기똥풀, 카모마일 등 약용식물들과 함께 다양한 고산식물들을 살펴볼 수 있다. 식물원의 역사에서 살펴본 바와 같이, 로잔식물원은 의사와 약사들이 약용식물을 더 잘 이해하고 학생들에게 교육할 수 있도록 조성되었다. 한편 세련되게 배치된 일련의 암석들 사이로 알프스 지역의 고산식물뿐만 아니라, 히말라야 지역이나 동아시아 고산지역의 식물들과 다년생 식물이지만 바위가 많은 평원이나 해변 지역에서도 자생하는 아름답고 다양한 식물 군집들을 살펴볼 수 있다.

지형에 맞게 경사면을 따라 조성된 고산식물원

식물원은 전체적으로 그늘이 부족한 편이다. 이유는 경사면에 지어진 식물원이기 때문에 조성 당시 키 큰 교목들을 식재하기가 어려웠기 때문이다. 이러한 이유로 키 작은 관목류와 초화류 들이 산책로의 갓길을 장식하고 있다.

휴식 정자 옆의 수련 연못

식물원의 운영 특성

연중 무료로 운영되는 식물원은 박물관과 함께 로잔시민들에게 훌륭한 공원의 임무를 수행해 내고 있다. 특히 식물원 내 위치한 식물박물관에는 100만 개의 표본이 있는 식물 표본관, 채색된 표본을 포함한 식물 일러스트레이션 아카이브, 식물 생물학 전문 도서관(35,000점) 등 다양한 컬렉션이 있다. 박물관과 식물원은 식물학 관련, 과학 및 예술 전시회와 대중 및 학교를 위한 다양한 활동 프로그램을 운영한다. 희귀하고 멸종위기에 처한 식물 중 일부를 재배하여 과학적 연구를 수행하고 보전하는 프로그램도 수행 중이다.

식물원에서는 월별 특징 있는 식물을 소개하고 있다. 5월의 층층나무Le cornouiller, 6월의 라벤더La lavande vraie, 7월의 카둔과 아티초크Cardon cultivé et artichaut와 9월의 히비스커스*Hibiscus coccineus* 등 월별 식물을 자세히 소개하며 그 용도나 기능을 설명함으로써, 방문객들의 흥미와 발길을 끌고 있다.

식물원이나 박물관 등은 모두 무료로 운영되나, 식물원 내 도서관이나 식물표본관을 이용할 경우에는 사전 예약을 해두는 것이 좋으며, 회원으로서 각종 전시 안내나 출판물을 정기적으로 받아보고 싶은 경우, 개인회원은 20 스위스 프랑, 단체 회원은 100 스위스 프랑을 연회비로 내면 된다.

Travel tip

주소 Avenue de Cour 14bis, 1007 Lausanne, Switzerland

홈페이지 http://www.botanique.vd.ch/jardin-de-lausanne/jardin-botanique-de-lausanne/

전화 +41 21 316 99 88

개원시기 및 시간 하절기(5월~10월)는 10:00~18:30, 동절기(11월~4월)는 10:00~17:00까지 개원한다.(휴원일: 겨울방학 휴관)

면적 1.7ha

31

재미와 모험, 생생한 열대기후 생태계를 재현한 열대정원

파필리오라마열대정원

Papiliorama Nocturama Tropical Gardens

나비주제온실인 파필리오라마 내부전경

스위스 케르제르Kerzers 지역에 자리한 열대정원은 3ha 면적에 조성되어 열대지방에서 온 식물과 동물들의 생태계를 재현한 보금자리로 방문객들에게 실내외 공간에서 식물관람은 물론, 나비를 중심으로 하는 곤충, 야행성동물의 생생한 서식 생태를 느끼며 즐길 수 있게 해 준다. 파필리오라마Papiliorama라는 명칭은 나비의 대표적인 그룹인 호랑나비속Papilio을 상징하며, 녹투라마Nocturama는 밤에 활동하는 생물을 쉽게 연상하게 하여 정원의 특성을 알 수 있게 해 준다. 실내 공간은 3개의 돔으로 이루어져 있는데, 나비를 주제로 한 파필리오라마와 박쥐로 대표되는 야행성동물을 전시하는 녹투라마, 풍부한 열대 서식처를 재현하여 방문객들에게 열대우림을 하이킹할 수 있도록 구성된 정글 트렉Jungle Trek이 대표적인 시설이다. 외부 공간에는 야생초원과 벌과 나비의 비오톱 공간이 다채롭게 구성되어 있다. 그중 곤충비오톱Bug Biotop에는 최대 10종의 스위스 토종 나비를 포함하여 총 220여 종의 곤충들과 2,000여 마리의 개체를 유지하고 있어 생물다양성과 중요성을 서식환경 체험으로 느끼게 해 준다. 이 이색적인 열대정원은 관람객들로 하여금 실내외 공간을 관람하는 동안 마치 열대기후대의 지역을 모험하는 것 같은 체험을 할 수 있게 해 주는 동시에 자연에 대한 통찰력을 키우는 기회를 제공한다.

정원의 역사

파필리오라마는 자선 비영리 단체로, 자연 전시의 중심부에 방문객들을 초대함으로써 전 세계의 열대숲과 자연의 운명에 대한 인식을 높이는 것을 목표로 하고 있다. 네덜란드 출신의 생물학자인 마르텡 비제벨 반 렉스몽Marten Bijleveld van Lexmond은 그의 아내 캐서린과 함께

진입동선에서 바라본 파필리오라마돔 전경

관람객을 반겨주는 입구

1988년 스위스 뉴샤텔주에 최초의 파필리오라마를 설립했는데, 1995년 1월 1일 큰 화재로 소실되는 일이 있었고 같은 해에 재건되었으나 이후 공간 제한 등의 이유로 2003년에 현재 위치인 케르제르로 이전하였다. 현재의 파필리오라마와 녹투라마는 2003년에 대중에게 공개되었고, 세 번째 열대 돔인 정글 트렉은 2008년에 완공되었는데 1989년부터 보호활동을 하고 있는 중앙 아메리카 벨리즈 자연보호구역의 열대 서식지를 재현한 것이다. 현재에도 파필리오라마의 자매 재단인 ITCF를 통해 중앙 아메리카 벨리즈에 있는 235km^2(23,500ha) 이상의 청정 열대 자연을 보호하는 벨리즈 프로젝트를 진행하고 있다.

정원의 구성

파필리오라마열대정원의 정문은 케지르 파필리오라마Kerzers Papiliorama 기차역에서 80m 떨어진 곳에 위치하고 주변에 넓은 밀과 옥수수 밭이 있는 완만한 구릉지대에 조성되어 있다. 친환경적인 요소를 가미한 현대적인 느낌의 입구를 지나면 식당과 휴게시설, 기념품점이 있는 쾌적한 방문자센터와 업무시설에 들릴 수 있고 여기에서 내부 공간인 3개의 돔에

야행성동물을 관람할 수 있는 녹투라마

들어갈 수 있다. 돔 내부에는 평균 온도가 25℃이고 습도가 80%로 방문객들은 재킷과 외투를 외투실에 맡겨두는 것이 좋다.

나비 돔 파필리오라마는 1,200m² 크기의 돔으로 약 120여 종의 울창한 열대식물 사이로 1,000마리 이상의 눈부신 색상과, 다양한 모양과 크기의 이국적인 나비들이 방문객들 주위를 자유롭게 날아다닌다. 곳곳에는 테라리움Terrarium 을 설치하여 그 안에서 나비가 애벌레에서 번데기로 그리고 어른 나비로 우화하는 모습 등 나비의 발육과 성장을 볼 수 있도록 전시하고 있다. 식물은 나비를 위한 식초식물과 흡밀식물과 함께 야자수들과 열대식물들로 구성되어 있다.

파필리오라마 내부의 나비먹이 공급대

흡밀대에서 꿀을 먹는 나비

녹투라마는 독특한 전시공간으로 돔의 반투명 지붕이 자연

일광을 여과하여 내부를 보름달 밤 분위기로 만들어 낸다. 낮과 밤의 광조건 리듬이 반전되어 한낮에 야간산책을 경험할 수 있는데 처음에 어두움에 순응하는 시간을 거치면 보름달 밤의 어둠에 적응되어 열대우림의 신비로운 야행성 동물들을 관찰할 수 있다. 내부는 가까운 거리에서 관찰될 수 있도록 한 개방 구조라 길을 따라 박쥐, 나무늘보, 고슴도치, 야행성 원숭이, 아르마딜로 등을 생생하게 접할 수 있다.

나비관 내 수서생태원

정글 트렉의 공중관람로

정글 트렉은 중앙 아메리카의 열대 서식지를 체험할 수 있도록 재현하여 1,200m^{2}의 면적에 약 150종의 식물과 30종의 동물이 서식하고 있는데 다채로운 색상의 레인보우 투칸이 인상적이다. 7m 높이의 공중전망 육교에서 내려다보는 열대우림의 모습은 보호해야 하는 열대서식지에 대해 생각해 보는 기회를 제공한다.

정원의 외부 공간에 있는 작은 어린이동물원에서 친근한 가축들을 볼 수 있고, 연못에서는 스위스 토착 거북이인 유럽연못거북Emys orbicularis을 복원하기 위해 관리하고 있다. 또한 초원을 주제로 한 와일드 시랜드Wild Seeland와 그물로 지어진 곤충비오톱Bug Biotop에서는 자연상태의 다양한 곤충을 만날 수 있는데 특별히 뒤영벌Bumble Bee 군락지를 포함한 스위스 야생벌을 종류별로 전시하고 있어 계속 개체군 수가 감소하고 있는 화분매개자인 벌 개체군 보호에 대한 높은 관심을 느낄 수 있다.

야외 곤충비오톱

정원의 운영 특성

가이드 투어는 정원의 4개 구성 요소인 파필리오라마, 녹투라마, 정글 트렉, 와일드 시랜드 중 2개를 선택하여 신청할 수 있는데 가이드당 최대 20명의 참가자 또는 1개의 학생반으로 운영되며 소요시간은 1시긴 30분가량이고 독일어, 프랑스어, 영어 안내가 가능하다. 5월 중순부터 7월 초까지 화요일과 목요일 오전은 학생 프로그램으로 할당되어 있어 그 외의 시간에 신청이 가능하고 비용은 입장료와 별도로 지불해야 한다. 식당인 열대정글 레스토랑과 별채 테라스에선 200명까지 식사가 가능하며 지정된 구역과 외부 구내에서의 피크닉이 허용된다. 시설 내에는 안내견을 포함하여 애완동물은 출입할 수 없어 무료로 도그호텔 Dog Hotel을 운영한다.

Travel tip

주소 Moosmatte 1, 3210 Kerzers, Swiss
홈페이지 http://papiliorama.ch/en/
전화 +41 31 756 04 61
개원시기 및 시간 12월 25일과 1월 1일을 제외하고 연중 운영한다. 여름은 09:00~18:00, 겨울은 10:00~17:00까지 개원한다.
면적 3ha

32

대학식물원의 전형

프리부르대학식물원

Jardin Botanique de l'Universite de Fribourg

다양한 수생식물이 공존하는 수조

프리부르대학식물원이 있는 프리부르는 스위스 고원지대를 흐르는 사린(Sarine 또는 독일어로 Saane)강의 양안에 자리잡고 있는 도시로 수도 베른에서 서남쪽 28km에 위치해 있는 스위스의 전형적인 고원 도시의 하나로 해발 고도가 평균 620m이다. 중세 시대에 건립된 성벽과 성당이 아직 남아 있으며 특히 고딕 양식의 성 니콜라스 성당은 도시의 명소이다. 12세기에 설립된 이 도시는 당시에는 독일어가 공용어였으나 18세기 이후 프랑스어를 사용하는 이민자의 유입이 늘면서 현재는 프랑스어를 공용어로 사용하고 있다.

1889년에 설립된 프리부르대학은 프랑스어와 독일어로 된 커리큘럼을 제공하는 스위스의 유일한 이중언어 사용 대학이다. 스위스의 다른 지역에 비해 생활비가 저렴해 학생들이 선호하는 대학으로 도시 전체 인구의 1/4 정도를 학생이 차지한다. 프리부르대학은 특히 기독교 유물을 많이 소장하고 있는 것으로 유명한데, 소장 규모에서 대영박물관과 카이로박물관에 이어 세계에서 세 번째라고 한다.

프리브르대학식물원은 1937년에 설립되었다. 설립 목적은 의학과 약학 분야 학생들의 교육을 지원하기 위한 것이었다. 식물원이 의학관과 자연사박물관과 인접해 있는 것도 이런 이유에서다. 부지가 약 1.8ha인 식물원은 교육과 연구 이외에 스위스와 인근 지역의 멸종위기식물의 보전을 위해서도 많은 노력을 기울이고 있다. 약 5천 종이 넘는 식물이 종별로 분류되어 식재되어 있다. 식물원을 찾는 관람객도 적지 않아 연간 19만여 명에 이른다고 한다. 연구와 교육을 위한 식물 관리와 보전은 물론 일반 대중을 위한 전시와 교육 프로그램이 활성화되어 있기 때문으로 생각된다.

식물원의 역사

식물원은 1937년에 설립되었으나 프리부르크대학의 의학 및 약학 전공 학생들의 교육과 연구 목적으로 설립되었으므로 처음에는 일반에게 공개되지 않았다. 1939년 열대식물을 위한 대형온실이 건립되고 이를 계기로 식물 수집이 지속적으로 확장되었고, 식물 종을 전시할 만한 규모에 이른 1948년에 이르러 비로소 일반에게 공개되었다.

1963년 소규모 열대온실과 건조지역 식물 연구를 위한 온실이 건립되고, 이어 지역식물을 위한 공간과 장미원이 조성되고, 습지식물을 위한 장소가 마련되는 등 식물원 규모가 지속적으로 확장되었다. 1988년에는 발레 대초원이 조성되고 1998년에 오렌지나무 농장이 건설되었다. 2003년에 양치류 정원의 확장, 2004년 습지 지역의 개조, 2007년 열대 유용식물을 위한 온실 건설, 2008년 새로운 약용정원 조성, 2016년 식물분류원의 확장 등, 21세기 들어서서도 식물원은 꾸준히 규모를 확대해왔다.

식물원을 돌다보면 특이한 캐리커처 형태의 동상이 눈에 띈다. 그는 여느 식물원에 서 있는 동상처럼 식물원 발전에 기여한 인물이 아니라 흥미롭게도 벨기에 만화가 에르제 Herge(1907~1983)의 만화 시리즈 『탱탱의 모험 Les aventures de Tintin』에 등장하는 프리부르크대학의 폴 칸토노 교수이다. 『탱탱의 모험』은 1929년에 발간된 이래 지금까지 100개 이상의 언어로 번역된 세계 역사문화 백과사전이라고 불릴 만큼 내용이 풍부한 걸작 만화이다. 이 동상은 『탱탱의 모험』 발간 90주년을 기념하여 2019년 프리부르크시와 에르제박물관이 프리부르크대학에 기증한 것이라고 한다. 이는 프리부르크대학식물원이 연구와 교육뿐만 아니라 일반 대중을 위한 공공 서비스에도 소홀하지 않고 있음을 보여주는 사례일 것이다.

탱탱의 모험에 등장하는 프리브르크대학의 폴 칸토노 교수 동상

식물원의 구성

식물원에는 현재 등록번호가 있는 식물 5,400여 종이 23개

열대온실

구역으로 나뉘어 야외와 온실에서 관리 보존되고 있다. 야외 식물 구역은 20개인데 스위스 보호식물, 습지, 암석원, 고산식물원, 장미원, 지중식물Geophytes, 발레초원, 약용식물, 수생식물, 지중해식물, 지역과일 품종 수집원, 아열대 유용식물, 수목원, 양치류, 세이지 컬렉션, 범의귀 컬렉션, 향기나는 펠라고늄 컬렉션 등으로 구분되어 있다. 식물원 면적이 그리 넓은 편이 아닌데도 식물들을 체계적이면서도 시각적으로 시원하게 잘 배치해서 꽤 큰 식물원 같은 느낌이 든다. 온실은 열대온실, 열대유용식물온실, 건조지역식물온실이 있다. 이 중 눈길을 끄는 곳으로 식물원을 둘러싸고 있는 대학 건물 벽을 식물로 채운 벽식물wall bar 구역이 있다. 여기에는 추위에 민감한 식물들이 벽을 통해 보호받을 수 있도록 식물 가지를 벽에 고정시켜 벽을 타고 자라도록 하는 일종의 원예기법이 적용된 것이라 하겠다.

수조에는 여러 종의 수련뿐만 아니라 다양한 수생식물이 공존하고 있다. 공원이나 일반 식물원에 있는 연못과 달리 여러 칸으로 구분하여 수생식물을 다채롭게 제시하면서 설명 표찰을 부착하여 관람객의 이해를 돕고 배치도 잘해서 조형미도 있다.

가독성이 좋은 식물 안내 판넬

또 고산 꽃식물 중 하나인

스위스 알프스 석회암석원

범의귀saxifrage를 전시해 놓은 구역도 인상적이다. 바위파괴자stone breaker라는 어원적 의미 그대로 작은 바위틈을 뚫고 흰색, 노란색, 주황색, 분홍색 등 다양한 색과 모양의 꽃을 피운 범의귀가 눈길을 모은다. 프리부르대학식물원은 범의귀를 집중적으로 수집하여 범위귀과 450종 중 스위스 기후에 적응한 약 60종의 범위귀를 보존하고 있다. 범의귀는 특히 온난한 북부 기후의 산악 지역을 좋아해서 알프스, 북아메리카, 안데스 코르디예라, 북아프리카 및 에티오피아에서 아북극과 극지방에서 발견되고 있다. 스위스에서는 한 식물학자가 알프스 해발 4,500m 이상에서 보라색 범의귀를 발견하여 알프스에서 가장 높은 곳에서 꽃을 피우는 식물이라는 기록을 가지고 있다.

오렌지향이 나는 펠라고늄

관람로의 끝에는 다양한 분홍색 꽃잎과 향기가 독특한 펠라고늄 컬렉션이 있다. 오렌지향, 장미향, 레몬향, 헤이즐넛향, 초콜릿민트향, 심지어는 코카콜라 향까지 다양한 향을 가진 펠라고늄이 줄지어 서 있는데 이들은 모두 재배하여 식재한 것들이다.

야외 구역마다 특색있고 아

유연한 곡선으로 연결되는 식물분류원 동선

름답지만 프리부르대학식물원의 백미는 식물분류원에 있다. 식물원의 중앙부를 차지하고 있는 식물분류원은 0.5ha 규모인데, 현대의 식물분류법에 따라 140과, 1,100종 이상의 식물들이 방사상의 형태로 영역이 구분되어 전시되고 있다. 외관미에 치중하는 일반 식물원과 달리 대학식물원은 식물분류를 더 중시하는데 프리부르대학식물원 역시 이 점에서 전형적이다. 관람객 입장에서 이런 분류 중심의 식물 배치는 지루한 느낌을 주어 스치듯 지나치기 십상이어서 딜레마라 아니할 수 없다.

그러나 프리부르대학식물원의 식물분류원은 체계적이면서도 식물 배치에 다양성을 주려는 노력이 엿보인다. 예컨대 관람로를 유연하게 곡선으로 조성하고, 귀여운 수련못과 그늘막으로 식물을 보호하는 모습 등을 보여줄뿐만 아니라 곳곳에 상세한 설명판을 세워놓아 관람객의 발길을 붙잡는다.

관람객에게 무료로 제공하는 소책자와 리플렛도 체계적이면서도 간단명료한 설명으로 관람객의 궁금증을 해소해 주고 식물 이해에 큰 도움이 되고 있다. 이 점도 프리부르대학식물원의 수준을 말해 주는 한 지표이다. 프리부르대학식물원을 방문하게 된다면 식물원지도가 포함된 식물분류원 안내 책자와 단풍나무 소개 책자를 꼭 챙기길 바란다.

식물원의 운영 특성

대학식물원으로서 프리부르대학식물원은 연구와 교육을 중시하면서도 국가 및 주 차원

식물보호 그늘막

에서 희귀종 및 멸종위기에 처한 식물의 보전을 위해 이들의 개체수를 보호하고 모니터링하며 이들을 재도입하는 것도 중요한 임무로 수행하고 있다. 현재 식물원에는 멸종위기에 처한 보호종이 30종 이상이 있다. 이들을 포함하여 잔존식물relict plant을 보전하기 위한 학문적 노력이 진행 중인데 약 15개국에서 30명 이상의 연구원이 국제 및 학제간 네트워크 활동

작은 수련 시험못

피백합(Blood Lily) 또는 페인트솔백합(Paint Brush Lily)이라 불리는 수선화과 화훼식물
Haemanthus pubescens L. f.(왼쪽)과 *Scadoxus puniceus* (L.) Friis & Nordal(오른쪽)

을 통해 잔존 수목 연구에 참여하고 있다. 또한 느릅나무, 호두나무, 참나무 등과 같은 목본 식물에 대해서도 다양한 시각에서 연구가 진행되고 있고, 이와 함께 알프스의 춥고 가파른 비탈에서 하얀 꽃을 피우는 서부양귀비 *Papaver occidentale* (Markgr.) H. E. Hess, Landole & R. Hirzel 에 관한 연구 등 지구 온난화로 인해 멸종위기에 처한 식물들이 사라지기 전에 종의 기원과 관계를 규명하기 위해 노력하고 있다.

또 나무에 기생하는 미생물, 균류, 착생식물, 무척추동물 및 척추동물의 생태에 관한 연구도 진행 중이다. 이 프로젝트는 잔존나무 종에 서식하는 지의류, 이끼류, 곤충 및 진드기와 같은 특정 유기체 그룹의 다양성과 이러한 유기체가 잔존나무 숲에서 수행하는 생태학적 역할을 규명하는 것을 목적으로 한다.

프리부르대학의 재학생 교육도 식물원에서 이루어지지만, 상설전시와 특별전시, 가이드 투어, 답사, 어린이를 위한 코스, 대학생과 일반인을 위한 교육코스도 진행되며 매우 짜임새있는 교육용 소책자와 리플렛도 발행하여 폭넓게 교육을 지원하고 있다.

Travel tip

주소 Jardin botanique de l'Université de Fribourg chemin du Musee 10 Fribourg 1700 Switzerland

홈페이지 http://www3.unifr.ch/jardin-botanique/fr/

전화 +41 26300 8886

개원시기 및 시간 연중 매일 무료입장, 정원은 월요일~일요일 08:00~18:00, 온실은 월요일~금요일 08:00~12:00 및 13:00~16:45, 토요일~일요일 10:00~16:45까지 개원한다.

면적 1.8ha

33

유럽 유명 휴양지의 숨은 보석

마요르카선인장식물원

Jardín Botánico de Cactus, Mallorca

유카꽃이 만발한 선인장정원

마요르카선인장식물원은 바르셀로나에서 비행기로 50분거리(210㎞)에 있는 스페인에서 가장 큰 섬인 마요르카 남쪽에 있다. 지중해성 기후대에 속하는 마요르카는 연중 25℃ 내외의 따스한 기온과 천혜의 자연환경으로 유럽인들이 즐겨 찾는 유명한 휴양지이다.

1989년에 개원한 마요르카선인장식물원은 사립식물원으로 설립자인 원장이 거의 혼자 힘으로 조성하고 관리하고 있다. 선인장식물원이 4ha, 호수와 주변 야자수와 소철정원이 5ha, 마요르카섬의 자생식물과 관상식물정원 2.5ha, 총 11.5ha의 꽤 넓은 면적의 식물원이다. 식물원에 들어서자마자 굵고 키 큰 선인장이 빽빽하게 들어찬 풍경이 멕시코의 헬리오브라보홀리스식물원에 와 있는 것 같은 환상을 불러일으킨다(『세계의 식물원 산책 2』 536쪽~).

제주도 2배 크기의 마요르카에는 선인장식물원 외에 소예식물원Jardi Botanic de Soller과 룩식물원Jardi Botanic de Lluc이 더 있지만 단연코 선인장식물원이 규모로나 구성면에서 가장 뛰어나다고 생각된다. 안타깝게도 『세계의 식물원 산책 2』(480쪽~)에 소개된 유명한 모나코의 선인장정원과 견줄만하지만 명성은 이에 못미치고 있다. 마요르카섬 곳곳에 아름다운 비경이 많기에 선인장식물원은 지나치기 쉽지만 그러기엔 너무 아까운 곳이다.

마요르카를 방문하는 한국 사람은 파세오 마르티모 팔마 해안가에 있는 애국가의 작곡자 안익태 선생의 집을 둘러보고 싶을 것 같다. 안익태 선생은 1946년 이곳에 와서 1965년 돌아가실 때까지 20년간 살았다. 해안가에서 주택가로 들어서면서 연미색꽃이 활짝 핀 회화나무 아래 담벽에서 익태 안 길CARRER D'EAKTAI AHN이라는 표식을 찾았다. 조용한 주택가 사이로 난 길이

팔마 안익태 거리CARRER D'EAKTAI AHN의 회화나무

었는데 우리 일행은 익태 안 길을 몇 번씩 돌며 찾아보고 물어도 보았지만 그 집을 확인하지는 못했다. 그 당시는 여기저기 검색을 해봐도 정확한 주소를 알 수 없었는데 지금은 안익태 선생의 손자가 기념관으로 관리하고 있고 집 주소가 쉽게 검색이 되기 때문에 찾지 못할 염려는 없다.

식물원의 역사

설립자이자 원장은 프랑스인인데 마요르카를 방문했다가 선인장식물원 조성의 꿈을 갖게 되었다 한다. 1987년부터 식물원을 조성하기 시작하여 1989년에 개원하였다. 이후 두 차례의 홍수로 식물과 시설들이 대부분 쓸려나가 새로 70~80cm 높이로 흙을 돋우어 재건하였다.

식물원은 사립이라서 원장이 현지에 거주하며 사비를 들여 최소한의 인원으로 운영하고 있다. 건기인 7~8월에는 물도 부족하고 관람객도 적어 연중 가장 어려운 시기라고 한다. 마요르카 곳곳에 풍광이 뛰어난 볼거리가 많아서 식물원을 찾는 사람이 많지 않기도 하겠지만 마요르카 당국에서도 식물원에 관한 정보 제공이나 홍보에 적극적이지 않은 것도 식물원 운영을 어렵게 만드는 요인일 것이다. 이런 관광 명승의 휴양지에서는 식물원에 대한 열정과 끈기가 없이는 식물원을 지키기가 어려워 보인다.

부겐벨리아와 석류꽃으로 장식된 입구 정원

식물원의 구성

마요르카 토착종 올리브나무

입구에 들어서서 맨 먼저 보게 되는 것은 마요르카를 포함한 발레아레스제도의 자생식물과 주변을 아름답게 장식해 주는 식물로 구성된 정원이다. 이 정원은 화려한 부겐빌리아꽃과 석류꽃이 어우러진 입구정원으로 시작되는데, 올리브, 석류, 아몬드, 소나무, 사이프러스, 오렌지 및 유칼립투스와 같은 마요르카 및 발레아레스제도의 토착종 나무들을 볼 수 있다.

이어 펼쳐지는 선인장정원은 마치 사막지대에 들어와 있는 듯 환상적인 풍경을 연출한다. 약 400여 종의 선인장이 붉은 빛이 도는 건조한 토양 위에서 위용을 자랑하고 있다. 여기에는 하늘로 뻗은 기둥선인장Ferocactus, 새들이 집을 짓는 사구아로선인장, 두텁고 예리한 바늘로 둘러싸인 두툼한 골든배럴선인장*Echinocactus grussonii* Hildom., 꽃을 피우는 대극과Euphorbia, 알로에, 유카와 같은 선인장들과 다육식물이 무리지

골든배럴선인장이 보이는 풍경

머리에 흰꽃을 이고 있는 선인장

어 자라고 있다. 가시 돋친 선인장에서 피어난 아름다운 꽃은 외관과 대비되어 볼 때마다 경이롭기 그지없다. 마침 유카가 연미색 꽃을 피우고 있었는데 이렇게 다수의 키가 큰 유카들이 꽃을 피우고 있는 모습은 어디에서도 본 적이 없다.

선인장정원이 끝나는 지점부터는 시원한 그늘을 만들어주는 야자수와 소철이 나타나고 이어 파란 하늘이 비치는 호수가 나타난다. 이 지역은 호수를 포함하여 5ha 넓이로 식물원에서 가장 넓은 면적을 차지하고 있다. 넓이가 1ha이고 깊이가 4m인 이 인공호수는 목가적인 풍경을 만드는데 한몫을 하지만 식물에 물을 공급하는 중요한 담수 탱크 역할도 한다.

식물원의 운영 특성

앞에서도 언급했지만 이 식물원은 불굴의 투지를 가진 원장이 자비로 운영하고 있어서 정원 자체의 유지 관리만으로도 벅찬 것 같다. 그래서 제대로 된 서비스 시설도 거의 없다.

화려한 선인장꽃

입장권을 파는 작은 건물에서 물과 탄산음료 정도만 판매하므로 필요한 것은 가지고 가야 한다. 식물원으로서 가장 아쉬웠던 것은 식물을 소개하는 표식도 없고, 3개의 정원을 총괄적으로 설명해 주는 안내판도 없다는 것이다.

또 한 가지 안타까운 점은 SNS가 일상이 되어버린 요즘 시대에 식물원의 홈페이지가 있기는 하지만 첫 화면이 전부이고, 마요르카를 홍보하는 웹사이트 Everything Mallorca에도 식물원에 대한 단편적인 소개만 되어 있어서 더 자세한 정보를 얻기 어렵다는 점이다. 요즘은 인터넷을 이용해 발 없이도 전 세계 방방곡곡을 누빌 수 있음에도 이렇게 멋진 선인장식물원이 아날로그 시대에 머물러 있는 것이다. 이런 모든 어려움에도 불구하고 마요르카선인장식물원은 찾아볼 가치가 넘치는 식물원이다.

담수 탱크 역할을 하는 잔잔한 호수

워싱톤야자숲

Travel tip

주소 Carretera, 07640 Ses Salines, Islas Baleares, Spain
홈페이지 www.botanicactus.com
전화 +34 971 649 494
개원시기 및 시간 매일 09:00~17:30(여름에는 19:00)까지 개원하며, 11월~12월은 10:30~16:30까지 개원한다.
면적 11.5ha

34

살아있는 식물박물관

발렌시아대학식물원

Jardi Botanic de la Universitat de València

수조와 조화를 이룬 화단과 화분

발렌시아는 마드리드, 바로셀로나에 이어 스페인에서 세 번째로 큰 도시다. 빠에야의 본고장이며 오렌지의 도시로 불리는 발렌시아의 매력 포인트 중 하나가 발렌시아대학식물원이다. 오랜 역사를 보여주듯 식물원 내의 나무들은 하나같이 그 규모가 크고, 키도 커서 대부분의 보행로를 잠식할 정도이지만, 용도나 분포지역 등에 따라 체계적으로 배치된 식물 분류 형태는 잘 정돈된 공원처럼 다가온다. 특히 배치평면도를 살펴보면 그 특성은 더욱 잘 드러난다. 마치 바둑판 모양으로 구획을 지어 블록마다 원, 사각형, 빗금, 사분원 등 다양한 기하학식 패턴으로 정리된 식물들의 분류체계는 식물원의 체계적인 분류 노력을 시사한다.

발렌시아대학식물원은 도심 한복판 역사지구에 위치하여 누구에게나 개방되어 있으며 식물 연구, 교육, 보급 및 보존과 이들의 지속 가능한 사용을 통해 시민들이 좀 더 가깝게 식물의 세계와 연결될 수 있도록 하는 것을 목표로 삼고 있다. 식물원에는 오래전 식재된 다수의 기념비적인 나무들이 있으며, 이들 주위로 역사적 의미가 있는 건축물들이 있어 도심 내 역사 유산으로 관리되고 있다. 특히 16세기경 의학 교육을 목적으로 조성했던 약용정원은 식물원의 오랜 역사성을 대변해 준다.

발렌시아대학식물원은 식물의 보존과 연구에 전념하는 살아있는 박물관으로 5,000종 이상의 식물이, 온실과 야외정원에서 살아서 보존되거나, 종자 및 포자의 형태로 유전자은행Germplasm Bank에서 보존되거나, 건조 표본의 형태로 식물표본관에서 보존되는 3가지 유형으로 전시·보존되고 있다.

식물원의 역사

1567년 설립된 발렌시아대학식

입구 아트리움 사이로 자라는 나무

물원은 200년 이상 여러 차례 이전해 가며 흩어진 채로 의학 연구를 위한 약용식물원의 임무를 수행해 왔다. 이후 1802년 새로운 농작물을 비롯하여 수집된 식물의 적응 및 번식 등을 실험하는 농작물 재배지로 토레스 드 콰르트Torres de Quart 인근 성벽 외부의 호르트 드 트라무아에르Hort de Tramoieres로 이전하게 된다. 이곳에서 대학은 과학 및 교육 목적의 식물

산업작물과 식용식물전시원

수집을 위해 철과 벽돌 세공으로 이루어진 온실을 지었으며, 1862년에는 열대온실Tropical greenhouse, 1888년에는 연못온실Pond greenhouse, 1900년에는 쉐이드 하우스Shade-house 등을 지어 식물원 발전을 도모하게 된다. 그러나 이후로 투자가 이뤄지지 않아 20세기 내내 방치된 채로 지내다가, 1987년에 이르러 역사적 의미가 있는 건축물 복원과 함께 식물원 개조 사업을 시작하게 되어 2000년 5월에 현재의 모습을 갖추게 된다. 특히 2000년에 개관한 연구동은 정원 입구 위로 우뚝 솟아 있어 과거와 현대를 이어주는 관문이자 통로 구실을 한다. 오늘날 식물원은 식물 다양성과 그들의 보존 및 보급에 관한 연구를 수행하고 있으며, 희귀, 고유 또는 멸종위기에 처한 지중해 식물을 비롯한 발렌시아 고유종과 자연 서식지의 보전을 위해 노력하고 있다.

식물원의 구성

식물원에서는 전 세계에서 수집한 4,500종 이상의 다양한 종이 재배되고 있으며, 지리적 분포를 알려주는 27개의 주제원으로 구성되어 있다. 일부 식물은 작고 아담한 온실과 쉐이드 하우스 등 실내 공간에 자리잡고

대형온실 내부 조형물

대형온실 내부 화단

있지만, 식물 대부분은 야외정원에 적응하여 분포되어 있다.

입구와 연결된 연구동은 도서관을 비롯하여 유전자은행, 식물표본관 등 식물 연구와 보존을 위한 학술적 활동을 진행하고 있다. 특히 식물 표본관은 식물 표본을 수집하고 건조·방부처리를 진행하여 영구적으로 식물을 보존하기 위한 활동을 수행하고 있으며, 관련 식물들의 지리적, 유전적, 기능적 연구를 병행하고 있다. 건조된 식물들은 약 350,000장의 표본을 수용할 수 있는 캐비닛에 보관되고 있으며, 이베리아반도 특히 발렌시아 지역을 중심으로 하는 식물상이 잘 보관되어 있다.

입구를 지나 식물원에 진입하게 되면 전체 식물원 면적의 절반가량을 차지하고 있는 식물학교Botanical School가 펼쳐져 있다. 이곳에는 세계 각국에서 수집한 식물들이 원, 정사각형, 사분원 등 기하학식 패턴의 화단에 잘 분류되어 전시되고 있다.

식물학교 배후에 해당하는 안쪽에는 다양한 유용식물Useful plants들이 기능에 따라 분류되어 있다. 예컨대 와인 제조에 사용되는 포도덩굴이나 약용식물, 관상용 원예 식물들을 비롯하여, 산업적으로 이용되는 해바라기나 토마토, 감귤 등의 유실수 등도 있다. 특히 염색을 위한 염료나 양념 재료로 사용되는 후추 등의 재배식물들은 방문객들에게 색다른 교육적 효과를 제공한다.

식물원의 중앙에는 난초류orchids, 양치식물류ferns, 브로멜리아류bromeliads, 식충식물

흑선인장*Mammillaria*의 분홍꽃

대봉룡선인장*Neobuxbaumia*에 활짝핀 붉은 꽃

류carnivorous를 주제로 하는 작고 아담한 4개의 하경온실이 있고, 뒤편에는 열대식물tropical과 다양한 음지식물을 전시하는 거대한 철제구조의 쉐이드 하우스가 벽돌 기둥과 함께 연못 온실을 품은 채 자리잡고 있다.

새부리 모양의 브릴란타이시아 *Brillantaisia*

발렌시아대학식물원은 도심에 있는 식물원답게 같은 면적의 블록별로 분류된 식물들이 학생들과 방문객 교육에 안성맞춤의 교보재 역할을 수행하고 있다.

식물원의 운영 특성

도심 내 4ha가 넘는 지역에, 잘 자란 나무 그늘로 산책하다 보면 지중해 인근 시골구석의 식물들뿐만 아니라, 이국적인 각 대륙의 식물들도 관찰할 수 있다. 마치 세계 여행을 하듯 다양한 식물 군집을 살펴보면 식물원 구성을 위해 노력하는 정원 관계자들의 노고에 다시 한번 감사하게 된다.

다양한 다육식물들을 전시하고 있는 사막식물원

회교식 정원 양식을 보여주는 사분정원

주제별로 조성된 아담한 온실 전경

식물원은 1991년부터 발렌시아 식물상과 생물지리학적인 체계하에서 분류군과 희귀종, 고유종 또는 멸종위기에 처한 종을 보존하는 것을 기본 목표로 하는 종자 은행 프로젝트를 시작했다. 이 프로젝트의 핵심 기관은 유전자은행Germplasm Bank으로 발렌시아 식물의 생물다양성 보전 전략의 기본 장소이다. 살아있는 식물 중 주로 종자와 포자를 중심으로 수집 활동이 진행되고 있으며, 오랜 기간 생존할 수 있도록 유지·보관되고 있다. 특히 발렌시아 지역의 야생 식물 발아 및 보존을 위해 발렌시아 정부와 여러 협력 계약을 체결하여 지원도 받고 있다. 이처럼 멸종위기의 지중해 희귀식물을 비롯하여 고유 식물 종의 보전, 자연 서식지 보전, 식물 다양성에 대한 지식 증진 등을 위한 다양한 프로젝트들도 함께 진행하고 있다.

녹음으로 우거진 오랜 역사의 식물원 진입부

이외에도 방문객들이 식물원 곳곳을 골고루 경험할 수 있도록 과학, 문화 및 자연 등 다방면에 걸쳐 일 년 내내 다양한 프로그램을 운영하고 있다. 예컨대 교육부와 문화행사를 함께 기획하여 운영하고 있으며, 언론사와도 지속적인 교육문화 활동을 펼치며 지역사회의 역량을 키워가는 데 일조하고 있다.

토요일에는 일반 대중을 대상으로, 일요일에는 가족을 대상으로 식물원 가이드 투어가 진행되고 있으며, 단체를 위한 여름학교, 어린이 워크숍, 식물학 학교, 크리스마스 워크숍 등을 통해 식물에 대한 지역사회 교육활동을 연중 꾸준히 수행하고 있다.

도로를 헤집고 나온 느티나무 *Zelkova*

Travel tip

주소 Calle Quart, 80 E-46008, València, Spain
홈페이지 http://www.jardibotanic.org/
전화 +34 96 315 6800~96 315 6817
개원시기 및 시간 11월~2월은 10:00~18:00, 3월~10월은 10:00~19:00(4월~9월 10:00~20:00, 5월~8월 10:00~21:00)까지 개원한다.(1월 1일, 12월 25일, 우천이나 바람 등 기상 상태에 따라 휴원)
면적 4ha

35

지역 멸종위기식물의 피난처

카스티야라만차식물원

Jardin Botanico de Castilla-La Mancha

식물원 입구 반구형 장식정원

카스티야라만차식물원은 마드리드 남부 카스티야 라만차Castilla-La Mancha 지방의 알바세테에 있다. 카스티야 라만차는 메세타 중앙고원의 남부를 차지하는 자치 지방으로 알바세테를 포함해 5개 주로 구성되어 있다. 해발고도 500~700m에 위치한 이 지역은 겨울 평균기온이 −15℃, 여름은 42℃ 까지 치솟아 연교차가 심하고, 연간 강우량은 300~400mm에 불과하다.

이런 지중해 대륙성 기후 지대라 식생이 빈약하지만 포도, 곡물(밀, 귀리, 보리) 및 올리브를 많이 재배하는 농업지역이다. 특히 포도를 많이 재배해서 포도주 산지로서 유명하다. 세르반테스가 창조해 낸 모험심 가득한 기사 돈키호테가 활약한 무대가 라만차지방이다. 아라비아어로 '건조한 땅'을 의미하는 이 지역은 소설에 나오는 것처럼 황량한 자연환경은 지금도 거의 그대로이다.

카스티야라만차식물원은 알바세테시 외곽에 위치해 있는데 총면적이 7ha에 이르는 시립식물원이다. 건조한 지역이니만큼 선인장과 다육식물 등 건조지대 식물과 더불어 전통작물, 약용식물, 방향식물, 관상용식물 등을 수집·전시하고 있다. 이들을 통해 지역의 식물상, 더 나아가 이베리아 전 지역의 식생 상황을 엿볼 수 있다. 특히 이 지역의 토착종과 멸종위기에 처한 식물의 보존을 위해 식물원 부지의 반 정도를 할애할 정도로 토착 식물종 보전을 위해 노력하고 있다.

마드리드에서 출발해 식물원에 도착했을 때는 오후 2시가 다 되었는데, 시에스타 시간이라고 문을 닫고 6시에 다시 연다면서 입장을 막았다. 멀리 한국에서 일부러 찾아왔다고 통사정을 하니 1시간 여유를 주며 관람하라고 한다. 그들이 시에스타를 즐기는 동안 우리 일행은 찬찬히 7ha를 돌아보고 쪽문으로 살그머니 나왔다.

식물원의 역사

카스티야라만차식물원은 카스티야 라만차 지역의 자연 식생을 탐구하고 생물다양성의 보존과 관리를 위해 알바세테 시의회, 카스티야 라만차 지방의회 및 카스티야 라만차 대학교가 협력하여 조성계획을 수립하였다. 카스티야라만차식물원은 첫째, 이베리아반도와 카스티야 라만차지역의 토착종을 수집하여 보존하고, 둘째, 이를 위해 식물생태학, 지역의 식물 유전자원 보전, 분자생물학, 민족생물학 등 다양한 분야를 연구하며, 셋째, 시민들이 토종 식물의 가치를 인식하고, 생물다양성 보전 노력에 동참할 수 있도록 식물 생태 교육을 제공하는 것을 목표로 추진되었다.

햇빛이 강하게 내리쬐는 식물원 관람로

2003년부터 식물원을 조성하기 시작하여 2010년에 개원했다. 식물원에는 대략 2,100종의 28,000주 이상의 식물이 식재

물레방아가 있는 풍경

되어 있다. 식물원의 조성 목표대로 식물원 생태계 구역의 경우 토착종이 우세한데, 이 중 카스티야 라만차의 멸종위기에 처한 식물종의 15%가 포함되어 있다.

카스티야 라만차 지역 토착종 보존구역

식물원의 구성

식물원은 남북으로 긴 장방형 형태이다. 입구 쪽에 반구형 장식정원이 자리잡고 그 위로 오른쪽은 카스티야 라만차의 토착종 식물 컬렉션 위주의 생태계구역이고 왼쪽은 수목원과 각종 주제정원이 있는 정원구역이다.

3.5ha에 이르는 넓은 생태계구역에는 수집된 식물들을 44개 자연서식지에 세분하여 식재하였다. 이 중에는 멸종위기식물을 보존하기 위한 석회암지대 대초원, 모래지대, 가시가 많은 낙엽 관목부지와 같은 특별 보호 서식지도 있고, 라만차 지역의 습지, 관목지 그리고 소나무 및 참나무 숲과 같이 카스티야 라만차 경관에서 볼 수 있는 토착 식물종을 위한 서식지들도 있다. 라만차 습지는 고인 물이 마치 녹조가 낀 것처럼 짙푸른 색이고 습지 둘레를 갈

녹조가 낀 것 같은 짙푸른 색을 띤 라만차 습지

대, 덤불, 버드나무들이 둘러싸고 있다.

여름철의 고온 건조한 날씨 탓인지 식물들의 모습이 전체적으로 푸석해 보인다. 곳곳에 보이는 검은색 관수호스로 미루어 보아 규칙적인 관수가 없이는 식물 관리가 어렵다는 것을 짐작할 수 있다. 건조지역 식물원 운영은 그만큼 어려운 것이다. 세분된 분류원마다 설명판이 세워져 있고 나무에도 표식을 잘 해놓아 관람자들의 식물 이해를 돕고 있으며 이와 같은 자세한 배려로 관람 자체가 곧 교육이 되고 있다.

식물원으로서는 카스티야 라만차 토착종을 보존하기 위한 생태계구역이 더 중요하고 노력을 많이 기울이는 곳이겠지만, 일반 관람객이라면 왼쪽의 주제정원 영역에 들어서서야 식물원에 온 듯한 기분이 들 것 같다. 여기는 다른 식물원에서 흔히 볼 수 있는 여러 가지 주제정원이 펼쳐진다. 장미원, 선인장정원, 다육식물정원, 야자수원, 약용식물원, 유독성 식물정원, 과수원, 이베리아 및 북아프리카 지중해 고유종 수집원, 역사정원, 암석원, 세계의 정원, 식물분류원 등이 관람객을 기다린다. 식물들이 다양하고 그중에 꽃이 핀 것도 있고 향기가 짙은 것도 있고 열매가 달린 것도 있다. 여러 주제정원 중 역시 건조지대에서 잘 자라는 선인장과 다육식물정원이 가장 볼 만하고 나머지는 메마른 환경에서 가까스로 버티고 있다는 느낌마저 든다.

메마른 땅위의 다육식물정원

예쁜 꽃을 피운 선인장*Selenicereus validus*

입구 가까이에 선인장, 유카, 아가베 등과 같은 건조지역 식물과 야자수나 고사리나무와 같은 친수성 식물을 전시하는 온실이 있다.

식물원의 운영 특성

식물원에서는 1만여 개의 표본을 보관하고 있는 표본관과 종자은행The Plant Germplasm Bank을 운영하고 있다. 특히 희귀식물과 고유종 그리고 멸종위기에 처한 야생식물의 종자를 장기 저장하는 종자은행 운영을 중시하고 있다. 종자은행은 멸종위기에 처한 카스티야 라만차 식물종 중에서 생존 가능한 정통의 종자를 4~5%의 낮은 습도와 -10℃ 정도의 저온 상태에서 장기 보존한다는 아이디어로 설계되었다.

친수성 식물 전시온실

2007년부터 시작된 종자은행 프로젝트는 그동안 가시적 성과를 거두어 2020년 초 수집한 백만여 종의 종자 중에서 처리된 보존 종자 수가 1,000개를 돌파했다. 종자들 대부분은 야생에서 수집되었지만 자연 서식지에서 거의 수집되지 않는 극히 일부 종자는 식물원에 있는 식물에서도 수집하여 분류군의 대표성을 보완하였다. 이렇게 수집 저장된 종자를 활용하여 식물원의 생태계 구역의 자연서식지에 일부를 재현하기도 하였다.

카스티야 라만차 지역 건조서식처 토착종 보존구역

카스티야라만차식물원은 국내외의 다양한 학문적, 과학적, 사회적 단체와의 협업을 통해 식물원을 운영하고 있다. 이들의 협조로 식물원이 설정한 본래의 목표를 지속적으로 추구하면서 운영의 어려움을 극복해 나가고 있다. 또한 일반 대중 및 학생을 대상으로 공개 강의, 컨퍼런스, 교육 워크숍, 가이드 투어, 견학 등 다양한 교육 프로그램을 운영한다. 시민의 접근성을 확대하기 위해 입장료는 받지 않는 원칙을 고수하고 있다.

Travel tip

주소 Jardín Botánico de Castilla-La Mancha
Avda de La Mancha S/N Albacete Castilla-La Mancha 02006 Spain
홈페이지 https://www.jardinbotanico-clm.com
전화 +34 9672 38820
개원시기 및 시간 9월은 화요일~일요일은 09:00~14:00, 18:00~20:00까지 개원한다.
면적 7ha

36

학문과 문학의 향기가 스며든

옥스퍼드대학식물원

Oxford University Botanic Garden&Arboretum

수련이 피어 있는 저지정원의 연못

영국의 유서 깊은 대학 도시 옥스퍼드는 런던에서 1시간 거리에 있다. 옥스퍼드대학은 학문적으로 최고의 대학이며 영국의 유명 정치인과 관료를 많이 배출한 대학이지만, 널리 알려진 문학작품이나 영화가 만들어진 배경이기도 하여 그 흔적을 찾아보기 위해 옥스퍼드 대학을 찾는 사람들도 많다.

크라이스트처치컬리지의 다이닝 룸 등 옥스퍼드 여러 곳에서 촬영을 한 영화 '해리포터' 시리즈, 그리고 옥스퍼드를 배경으로 모스경감이 각종 범죄를 해결해 나가는 인기 드라마인 '인데버' 촬영지를 둘러보는 투어프로그램 현수막을 옥스퍼드 거리 곳곳에서 볼 수 있다. 참고로 '인데버'에는 옥스퍼드대학 학생과 교수들이 피해자 또는 가해자로 종종 등장해 옥스퍼드대학 곳곳을 자주 볼 수 있다.

약용식물 교육을 위해 설립된 옥스퍼드대학식물원은 영국에서 가장 오래된 식물원이다. 바로 건너편에 1458년 개교한 마들린컬리지가 있으며 동쪽으로는 처웰강이 흐른다. 시간이 맞으면 옥스퍼드의 랜드마크인 마들린종탑에서 울려 퍼지는 은은한 종소리를 들으며 학구적이면서도 아름다운 정원을 산책할 수 있다.

옥스퍼드대학식물원은 또한 옥스퍼드 출신의 작가들에게 문학적 영감을 준 곳으로 유명하다. '반지의 제왕'의 작가 J. R. R. 톨킨(1892~1973)은 크라이스트처치컬리지 교수로 재직하면서 식물원을 자주 산책하곤 했는데, 특히 200년이 넘은 거대한 흑송 *Black pine* 에 기대어 책을 즐겨 읽어서 그 나무에 '톨킨나무'라는 별명이 붙을 정도였다고 한다. '반지의 제왕'에 등장하는 엔트족은 바로 이 나무에서 영감을 얻어 창조해 낸 캐릭터라는 설도 있다. 크라이스트처치컬리지의 수학 교수였던 '이상한 나라의 엘리스'의 작가 루이스 캐럴(1832~1898) 역시 식물원에 종종 들렀고, 많은 식물이 책에 등장하는 것으로 미루어 그 역시 식물원에서 작품 구상에 대한 영감을 얻었을 것으로 짐작하고 있다. 1865년에 발간된 초판본 삽화에는 옥스퍼드대학식물원의 수련온실이 등장하기도 한다.

2021년은 옥스퍼드대학식물원이 개원한 지 400주년이 되는 해이다. 약용정원으로 소박하게 시작하였으나 현재는 1.8ha의 규모로 5,000여 종이 넘는 식물을 보유하고 있고, 인근에 72ha 규모의 수목원도 보유하고 있다. 옥스퍼드대학식물원은 영국유산English Heritage에 1등급으로 등록되어 영국의 중요한 역사적 자산임을 인정받고 있으며, 매년 20만 명이 넘는 방문객에게 휴식과 영감을 주는 옥스퍼드의 명소이다.

식물원의 역사

옥스퍼드대학식물원은 1621년에 옥스퍼드대학에서 식물과 생물을 교육하기 위해 약용식물을 재배하는 약용정원으로 출발하였다. 1633년 헨리 단버스 경Sir Henry Danvers의 기부금 5천파운드로 현재의 건물과 돌담을 건축하였으나 1642년 초대 원장으로 취임한 제이콥 보바트Jacob Bobart가 사비를 들여 운영할 정도로 재정이 어려웠다. 그런 가운데서도 1648년에는 최초로 식물원에 있는 1,400여 종의 식물목록을 발간하였다. 1679년에 아버지 뒤를 이어 원장이 된 아들 보바트Bobat the Young는 연례적으로 다른 식물원들과 종자를 교환하여 새로운 식물종을 지속적으로 도입하였다.

돌담을 두르고 화단과 통로를 조성한 담장정원

담장정원의 식물종별 분류 화단

1728년 윌리엄 쉐라드Willim Sherard가 식물 연구와 교육을 위해 거액을 기부하였다. 이 기금으로 식물학과에 쉐라디안 석좌교수제를 만들고 그가 식물원 책임자가 되는 제도를 만들었으며, 쉐라드의 이름을 딴 쉐라디안 허바리움, 쉐라디안 식물분류 라이브러리 등이 만들어져 식물원이 크게 발전하는 계기가 되었다.

1850년에는 옥스퍼드대학 약용정원에서 그 개념을 확장하여 옥스퍼드대학식물원으로 명칭을 변경하였다. 다음해 1851년 수련온실을 만들었으며, 1893년에 수련온실을 현재의 처웰강가 자리로 이전하였다. 1926년 담장 밖에 암석원을 조성하고, 1945년부터 현재 저지정원Lower Garden이 조성된 부지를 저렴하게 임대하여 식물원을 확장하였다.

1963년에는 52ha 규모의 하코트수목원Harcourt Arboretum을 조성하였다. 수목원에서는 옥스퍼드셔의 수목을 집중 수집하면서 자연생태를 보존하고 있다. 2006년에는 수목원 남서쪽에 곡물을 경작하던 20ha 규모의 파머스레이스Parmer's Leys를 추가로 구입하여 8ha에는 영국의 자생

담장정원의 식물 용도별 분류 화단

양치류가 있는 운무림온실

수목으로 숲을 만들고 12ha는 목초지로 조성하고 있다.

식물원의 구성

옥스퍼드대학식물원은 주변에 유서 깊은 대학이 있고 식물원도 17세기에 건축한 건물과 돌담이 있어 전체적으로 고풍스러운 분위기이며, 이 식물원의 핵심인 담장정원도 초기 구조를 유지하면서 주변으로 확장하여 식물원을 다채롭게 만들어가고 있다.

옥스퍼드대학식물원은 크게 담장정원Walled Garden, 저지정원Lower Garden, 온실로 나뉜다. 가장 먼저 조성된 담장정원은 장방형으로 돌담을 두르고 그 안에 8개의 직사각형의 화단을 만든 형태이다. 각 화단에는 식물종별, 지리적 서식지별, 식물용도별, 그리고 문학에 등장한 식물별 등 주제를 정하여 식재하고, 정원의 중심 축 가운데에 분수를 설치하였다. 정원을 둘러싸고 있는 돌담은 식물원 설립 초기에 옥스퍼드의 동쪽에 있는 헤딩톤지역의 돌로 쌓은 것으로 비바람을 막아주므로 보온 효과가 있어 같은 식물이라도 여기서 9.7km 떨어진 수목원보다 3주 정도 빨리 꽃이 핀다.

담장정원에는 새로운 식물분류체계인 APG Angiosperm Phylogeny Group를 적용하여 분류한 식물들을 식재한 식물분류원The Taxonomic Beds과 식물의 자생지별로 식재한 식물지리원Geographic Beds이 있다. 식물지리원에는 지중해유역, 남아프리카, 남아메리카, 뉴질랜드, 일본 등 5개의 식물구계에 서식하는 식물을 분류하여 조성하였다.

담장정원의 남서쪽에는 8가지 질병에 사용되는 약용식물을 수집하여 전시하고 있다. 심장병 치료와 관련된 약용식물을 모아 놓은 화단에서는 중요한 치료 약재인 디기탈리스를 볼 수 있다. 아가사 크리스티의 추리소설에서는 독극물로 종종 쓰이는 디기탈리스이지만, 보라빛에서 연분홍빛까지 퍼지는 예쁜 빛깔의 꽃이 층층이 달린 모습이 살인도구라는 오명을 무색케 한다.

또 하나 의미있는 화단은 담장정원 남서쪽에 조성된 '1648년 화단'이다. 여기에는 1648년에 초대원장이었던 제이콥 보바트가 발행한 옥스퍼드대학식물원 식물목록에 있는 식물을 전부는 아니지만 일부 전시하여 식물원의 기원을 알려준다.

옥스포드와 관련된 문학작품이 풍성해서인지 여기에는 문학정원Literary Garden이라는 독특한 정원도 있다. 대만 타이페이식물원에서 중국 문학작품에 등장하는 식물을 작품과 함께 전시한 문학식물정원을 본 적이 있는데, 유럽에서는 셰익스피어정원을 조성한 식물원은 여러 개 보았으나 문학정원은 드물다. 문학정원에서는 식물원 초기에 심은 거대한 교목과 관목들이 깊은 그늘을 만들어 주고, 문학작품에 자주 등장하는 구근류와 다년생 화초와 초본류, 예를 들면 눈풀꽃, 수선화, 괭이눈, 작약 같은 식물이 어떤 문학작품에 어떻게 묘사되었는지 보여주면서 문학적 상상력을 자극한다.

담장정원의 식물분류에 중점을 둔 직사각형 정형화단이 전개되는 모습은 전시를 중시하는 화려한 로즈무어가든이나 하이드홀가든과 비교하면 단조로운 느낌을 준다. 그러나 식물종이나 서식지, 용도로 분류하여 전시하면서도 식물의 키, 잎 모양, 꽃색, 꽃이 피는 시기를 고려한 식재로 식물탐구와 함께 식물의 미적 조화도 즐길 수 있다.

옥스퍼드대학식물원에는 7개의 온실이 있다. 그중 하나는 식물원 입구 옆에 있는 온대식물온실이고 나머지 6개의 온실은 담장정원 밖 처웰강가에 있다. 담장정원에서 온실 방향으로 나오면 관광객을 태운 펀팅보트들이 긴 노를 저으며 마들린다리 아래로 지나가는 낭만적인 모습도 볼 수 있다. 여기에는 야자수가 있는 열대우림온실, 선인장과 다육식물이 있는 건조온실, 양치류 등이 있는 운무림온실, 고산식물온실, 식충식물온실, 수련온실이 있다.

수련온실에서 가장 눈길을 끄는 것은 빅토리아수련이며 재미있는 뒷이야기도 있다. 빅토리아수련은 1801년경 남아메리카의 볼리비아에서 처음으로 발견되어 식물학자들의 주목을 받기 시작했다. 그 이후에 아르헨티나와 아마존강 유역에서도 발견되었고, 1836년에 영국의 식물학자 존 린들리가 빅토리아여왕을 기념하여 학명을 *Victoria regia*로 명명하였다. 1849년에 영국의 원예가이자 건축가인 J. 팩스턴은 온실에서 처음으로 인공적으로 꽃을 피우는 데 성공하였고, 여기서 얻은 종자가 유럽, 아시아, 아메리카의 각 지역으로 전파되었으며 옥스퍼드대학식

마들린 다리 아래에서 대기 중인 펀팅보트

물원도 빅토리아수련을 들여오게 된다. 빅토리아수련의 잎은 지름이 90~200cm로 어린아이가 잎 위에 앉아 있을 정도로 지지력이 좋아 흥미롭고, 여름철 저녁에 피는 고아한 모습의 꽃은 향기도 좋아 관상 가치가 매우 높아서 대부분의 식물원에서는 빅토리아수련을 키운다.

옥스퍼드대학식물원에 빅토리아수련이 처음 등장한 것은 1851년이었는데, 빅토리아수련을 보려면 입장료로 1실링을 내야 했다. 비싼 입장료에 옥스퍼드 사람들은 빅토리아수련을 보러 오지 않았을뿐만 아니라 식물 하나를 보는데 1실링이나 지불해야 한다는 것에 대해 악담이 담긴 편지까지 보냈다. 그 사건으로 1859년 이래 150년 동안 옥스퍼드식물원에서는 빅토리아수련을 키우지 않았고 2009년이 되서야 빅토리아수련을 다시 볼 수 있게 되었다는 재미있는 이야기도 있다.

돌담 밖 저지정원에는 1926년 조성된 아담한 암석원과 1945년 이후 조성된 초본식물화단과 과수, 야채, 허브 수집화단, 가을화단, 머든화단, 그리고 수생정원이 있다. 개원 400주년을 맞은 지금도 옥스퍼드대학식물원은 여전히 식물을 수집하여 연구하고 식물에 대한 교육을 중시하고 있으나, 최근에는 시민과 식물애호가들을 위해 흥미롭고 매력적인 정원을 가꾸는 것에도 관심을 기울이고 있다. 저지정원은 이러한 식물원의 변화 방향을 가장 잘 드러내는 정원으로 옥스퍼드식물원에서 가장 다채롭고 황홀한 정원의 아름다움을 보여준다.

식물원의 운영 특성

옥스퍼드대학식물원은 초기 설립 목적인 식물연구와 교육을 지금도 최우선의 목적으로

흰색 빅토리아수련꽃이 핀 첫날

중점 연구과제인 피처형식충식물

추구하고 있다. 식물원은 옥스퍼드대학의 식물학과는 물론 브리스톨대학과 런던의 린네협회, 국제식물원보존연맹BGCI과 밀접하게 협력하면서 진화유전학에 관련된 연구를 진행하고 있다. 또한 지중해, 에티오피아, 일본 지역과 링크하여 생물다양성과 생물보존에 관련된 연구를 하며, 특히 기생식물과 식충식물의 신종 진화에 초점을 맞추어 진화와 번식 생물학 연구를 활발하게 하고 있다.

대학식물원이니만큼 기본적으로 옥스퍼드대학의 식물학과나 생물학과에 재학하는 학생들의 교육에 식물원이 적극 활용되며, 옥스퍼드대학 학생들은 언제나 무료로 입장할 수 있다. 재학생 외 학생들을 위한 교육 프로그램도 학생들의 다양한 수준에 맞추어 개발되었고, 식물원과 수목원 양쪽에서 모두 실습활동에 초점을 맞춘 커리큘럼을 1년 내내 진행한다. 유아들을 위한 프로그램도 운영하며, 또한 가정이나 학교에서 식물에 관한 지식을 테스트해 볼 수 있는 Pop 퀴즈도 무료로 온라인에 제공하여 더 많은 사람들이 식물에 관한 지식을 얻고 흥미를 느낄 수있는 기회를 넓히고 있다. 미리 예약하면 가능한 가이드투어 역시 식물원과 식물에 대한 교육의 일환이라고 볼 수 있을 것이다.

주차장이나 편의시설이 없어 이용이 다소 불편하나 장애인을 위한 주차장과 화장실은 마련되어 있고 미리 예약하면 휠체어 대여도 가능하다.

Travel tip

주소 Oxford University Botanic Garden&Arboretum Rose Lane Oxford OX1 4AZ United Kingdom
홈페이지 www.obga.ox.ac.uk
전화 +44 1865 286690
개원시기 및 시간 09:00~18:00(계절에 따라 관람 마감시간이 다름)까지 개원한다.
면적 1.8ha

37 아름다운 선율이 울려 퍼지는 미라벨가든 Mirabell Garten

남쪽에서 바라본 미라벨가든

미라벨가든이 있는 잘츠부르크는 유명 여행 가이드 론리 플래닛Lonely Planet이 2020년 발표한 꼭 방문해야 할 도시 1위로 선정된 곳으로 다양한 바로크양식의 고풍스러운 건축물이 즐비하고 연간 약 4,500개의 크고 작은 음악제와 페스티벌이 개최되는 문화 도시이다.

모차르트가 태어나고 17세까지 살았다는 모차르트 생가, 그가 성가대에 섰던 고풍스러운 성당, 그리고 모차르트의 동상이 서 있는 모차르트 광장 등은 음악애호가들이 손꼽아 찾아보는 유명한 순례지이다.

또 잘츠부르크는 세계적으로 히트한 뮤지컬 영화 '사운드 오브 뮤직'으로 기억되는 도시이기도 하다. 1965년에 개봉되었으나 그 영향이 얼마나 큰지 50년이 넘은 지금도 잘츠부르크에서 가장 인기있는 투어 프로그램이 영화를 촬영한 곳곳을 돌아보는 '사운드 오브 뮤직 투어'일 정도이다.

미라벨가든은 사운드 오브 뮤직에서 주인공 마리아와 본 트랩 대령의 일곱 아이들이 페가수스 청동상이 있는 분수 주위를 돌고 계단을 오르내리며 '도레미송'을 부르는 중요 장면을 촬영한 곳이다. 이곳을 방문한 사람들은 영화에서처럼 마리아와 아이들의 포즈를 취하고 사진을 찍어 추억을 담는다.

미라벨가든은 규모는 작으나 자수화단과 장미원, 분수와 조각상, 수벽이 서로 조화롭게 어울리는 바로크식 정원으로 유럽에 현존하는 아름다운 궁정 정원으로 손꼽히는 정원 중 하나이다. 숲속 같은 수벽 아래 그늘진 벤치에서 아름다운 정원을 내다보며 모차르트의 얼굴이 그려진 초콜릿 모차르트쿠겔Mozart-kugel을 먹는 달콤한 한나절을 상상해보는 것도 좋을 것이다.

북쪽에서 바라본 페가수스 청동상 분수와 호엔잘쯔부르크성

가든의 역사

미라벨궁전Schloss Mirabell은 1606년 볼프 디트리히Wolf Dietrich 대주교가 연인과 자녀를 위해 지었는데 원래 이름은 알테나우궁전이었다. 궁전을 지었을 때 현재의 정원 주변은 방어용 총안이 있는 흉벽이 설치되어 있었는데 1687년 바로크 건축의 대가 요한 피셔 폰 에를라흐Johann Fischer von Erlac가 바로크양식 정원을 조성하였다.

17세기 당시 성직자의 결혼이 금지되어 있어서 대주교는 교단의 노여움을 샀고, 결국 요새에 감금되어 외롭게 죽음을 맞이하였다. 1721년에서 1727년 사이 건축가 요한 루카스 폰 힐데브란트Johann Lukas von Hildebrandt가 미라벨궁과 정원을 개축하고, 불미스러운 이미지를 바꾸기 위해 '아름다운 전경'이란 뜻의 미라벨궁전으로 이름을 바꾸었다.

1818년 화재로 파괴된 이후 오늘날의 모습으로 복원하였으며, 1959년부터 시청사로 쓰이고 있다. 모차르트가 6세 때 대주교를 위해 연주를 했다는 대리석홀은 지금은 실내악 콘서트홀로 사용되고 있다.

가든의 구성

미라벨가든은 십자형 동선과 잔디로 이루어진 평면 기하학식으로 정원을 구획하고, 초록색 잔디 위에 화려한 꽃으로 유연한 곡선의 수를 놓은 듯한 자수화단을 만들고, 정원의 가운데에 큰 분수를 설치하고 주변으로 조각상을 배치한 바로크식 정원이다.

정원의 북쪽 문 계단에 서면 유려한 문양으로 수놓은 자수화단이 대칭으로 펼쳐지는 모습이 한눈에 들어온다. 화단을 가르는 십자형 동선 가운데 앞발을 들고 있는 생동감있는 페가수스 청동상 분수 주변에서는 '사운드 오브 뮤직' 에서 마리아가 아이들과 분수 주위를 돌며 신나게 부르는 '도레미송'이 들리는 듯하다. 자수화단 뒤로 네모로 단정하게 다듬은 수벽이 병풍처럼 서 있는 사이로 시선은 멀리 산 위에 있는 900년이 넘은 난공불락의 호헨잘츠부르크성까지 이어진다.

정원을 따라 내려오다 보면 중심축에서 벗어나 있는 감추어진 정원이 있다. 정원 오른편으로 큰 나무 숲이 있는 방향으로 계단을 올라가면 난장이 석상이 어두컴컴한 나무숲으로 들어가는 통로를 지키고 있다. 나무숲은 우거진 그늘이 덮혀 잔디가 중앙에 조금 있을 뿐이고 둘레에는 다양한 난장이 석상들이 빙 둘러가며 자리잡고 있다. 이 난장이정원은 1687년 요한 피셔 폰 에를라흐가 미라벨가든을 조성할 때 만든 것이다. 사운드 오브 뮤직을 보면 여기서도 아이들이 강강수월래를 하듯 난장이 석상 주위를 돌아가며 유쾌하게 도레미송을 부르는 장면이 있다. 그러나 화려한 궁전정원과 달리 어두컴컴해서인지 오는 사람이 별로 없어 그늘에서 한적하게 쉬기에 좋다.

난장이정원 입구

미라벨궁 남측 앞에는 꽤 넓은 면적의 장미원이 사각형 화단으로 조성되어 있다. 요즈음은 향이 없는 장미도 있으나 미라벨가든의 장미는 화려한 꽃과 함께 새콤달콤한 향기도 즐길 수 있는 곳이다. 장미원을 구획하는 한쪽 벽면에는 덩굴식물이 가득 메우고 있어 푸르름을 더한다.

장미원

장미원 앞쪽으로 다시 자수화단이 넓게 펼쳐져 로맨틱하고 황홀한 전경을 연출한다. 정원의 중앙에는 큰 원형의 중앙분수가 물을 높이 끌어 올려 시원하게 내뿜는데 사운드 오브 뮤직에서도 매우 유쾌한 장면으로 나온다. 중앙분수는 해가 지고 조명이 들어오면 낮보다 오히려 더 많은 사람이 분수 둘레에 앉아 즐거운 시간을 보내는 곳이다. 정원 주위 곳곳에는 1690년에 설치한 그리스 신화 속 용맹한 영웅을 조각한 작품들이 자리잡고 있다. 조각상 주변 화단은 회양목과 잔디, 회색과 흰색의 자갈, 현란하지 않은 꽃을 피우는 화훼류로 중앙분수 주위 화려한 화단과 다른 분위기로 꾸며 놓았다.

미라벨가든의 동쪽 벽면에 있는 개방된 출입구를 통과하면 미라벨가든 밖과 완충 역할을 하며 바로크박물관으로 가는 통로로 쓰이는 공간이 있다. 여기에는 회양목으로만 문양을 만든 아담하고 예쁜 정원이 있다. 정원 중앙에는 노란색이나 보라색 계열의 파스텔톤 꽃에 둘러싸여 새와 함께 미라벨가든을 바라보는 소녀상 분수가 있다. 미라벨가든이 화려하다면 여기는 소박하고 잔잔해서 마음을 평온하게 해 준다.

도심에 있는 미라벨가든에서 숲의 역할을 하는 것이 키 큰 교목을 두텁게 네모형으로 다듬어 만든 긴 수벽이다. 수벽의 위는 잎으로 빽빽하고 아래는 지하고를 높여 정원 전체에 개방감을 주고 있으며, 간격을 두고 세 줄로 조성하여 숲속에 있는 듯한 청량감을 느끼게 한다.

몇 년 전 1월에 프랑스 파리식물원에 간 적이 있는데, 식물원에 짙은 그늘을 만들어주던 무성한 플라터너스가 잎을 떨구고 줄지어 서 있는 모습이 여름 못지않게 아름다워 감동받은 적이 있었다. 여기 미라벨가든의 화려한 꽃들이 색을 잃고 수벽의 잎이 다 떨어지고 나면 미라벨가든은 어떤 풍경을 보여줄지 궁금하여 겨울철 잘츠부르크 여행을 꿈꾸게 된다.

정원 곳곳에 있는 그리스 신화의 영웅 조각상

숲의 느낌이 나는 수벽

미라벨가든 동쪽 회양목정원

가든의 운영 특성

미라벨가든은 예전에는 궁전에 속해 있어 일반인들이 들어갈 수 없었지만 지금은 시에서 운영하는 가든으로 누구에게나 무료로 개방하고 있다.

가든 내에는 카페나 매점 등 편의시설이 없으나 가든을 나가면 바로 대로변이어서 큰 불편없이 여러 편의시설을 이용할 수 있다.

개원시간은 해질 무렵까지라고는 하지만 지키는 이가 없어 사실 밤 늦게까지 젊은이들이 중앙분수가에 둘러앉아 놀고 있다.

Travel tip

주소 Mirabellpiatz 4, 5020 Saltzburg
전화 +43 662 80720
개원시기 및 시간 연중무휴로 06:00~해질 무렵까지 개원한다.
면적 3.6ha

38

화산의 폐허를 식물로 복원하는

누오바구소네아식물원

Giardino Botanico Nuova Gussonea

에트나화산지역의 식물보전을 위해 증식 중인 식물들

유럽에서 가장 높은 화산이 있는 에트나산 남쪽 해발 1,700m에 위치한 누오바구소네아 식물원은 1979년 시칠리아 지역 산림 총국과 카타니아대학교 간의 합의를 통해 설립되었으며, 이름은 식물학자 지오바니 구소네Giovanni Gussone를 기리기 위해 붙여졌다. 식물원이 위치한 에트나산은 유네스코 지정 자연유산이며, 화산지대의 특정 환경 조건으로 인해 독특한 식물종이 분포한다. 식물원은 에트나산 자연공원 내에 있으며 에트나산에서 발견되는 식물종을 보유하고 에트나지역 식물군의 생물다양성을 보전하는 역할을 담당한다.

식물원의 구성

식물원의 면적은 10ha이며 지오바니살레티Giovanni Saletti 지역 국유 재산에 속한다. 유럽과 이탈리아 내에서도 독특하게 인식되는 이 식물원은 에트나 지역의 자연에서 발견되는 식물 종이 군집화되어 있으며, 다양한 고도 및 환경 조건에서 서식할 수 있게 하고 있다. 식물원은 화단, 용암동굴, 묘목장, 하천, 수림 지역으로 구성된다.

화단은 에트나산의 식생을 중심으로 약 200개의 화단에 표고에 따라 구획되어 배열되어 있다. 용암동굴은 꼬리고사리류*Asplenium septentrionale* (L.) Hoffm.를 포함한 저광도에 적응한 식물들이 살고 있다. 용암 지대에 형성된 자연 식생은 에트나의 화산 식물 환경을 완전히 재현하고 있다. 묘목장은 계통 발생 순서로 식물들이 배치 및 유지 관리되고 있다. 수림지역은 주로 자작나무, 너도밤나무, 참나무, 포플러 등으로 우거져 있다. 하천 주변에서는 포플러를 볼 수 있다. 정원에는 종자 저장소Ri-

화산석에 생육하는 지의류와 이끼류

fugio Valerio Giacomini와 기후 데이터를 기록하기 위한 작은 기상 관측소도 있다.

또한, 현지 외 보전을 통한 식물 생체 수집의 실현을 위해 2000년까지 328종이 도입되었으며 다음해인 2001년부터 2008년까지 450종 이상이 도입되기도 하였다. 에트나 지역의 특히 중요한 종을 대상으로 한 다양한 수집과 식물 생체 수집의 구현에 있어 이탈리아 국내외적으로 긍정적으로 평가받고 있다.

식물원의 운영 특성

화산 분출 피해를 받아 밑둥이 검게 그을린 소나무 숲

본질적으로 군집생태학에 기반한 누오바구소네아식물원은 다음과 같은 여러가지 목표를 가지고 있다. 에트나 식물군과 멸종위기에 처한 초목 단위의 독립 개체 보호, 지역 개체의 증식 및 지역에서 사라진 토착종의 재도입, 식물 유전자원의 보호 및 보전, 자연의 균형을 유지하기 위한 식물사회의 보호 및 다양성의 보전, 특정 에트나 지역 환경의 식물 특성에 대한 지식의 보급이다.

이러한 목표 아래 환경 교육 분야에서도 중요한 역할을 하고 있다. 에트나 환경의 특이한 식물종과 지식을 제공하는 교육 센터로서의 역할에도 충실하고 있다. 수년에 걸쳐 특정 주제에 대해 국

지의류와 이끼류가 밀생하는 화산암 지대

제회의를 주최해 왔으며, 생물다양성 보전과 환경 교육을 위한 식물원의 중요성을 강조해 왔다. 방문자, 학자, 학생을 위한 생태 교육의 중심지로서 그리고 이탈리아 및 외국인 관광객을 위한 홍보에도 매우 중요한 임무를 수행하고 있다.

에트나화산지역의 식생복원을 위한 인공 조림

Travel tip

주소 Etna Natural Park, Ragalna, Province of Catania, Sicily, Italy.
홈페이지 https://digilander.libero.it/trentesimo_NGussonea/
전화 +39 095 234310
면적 10ha

39

피렌체의 비원

셈플리치식물원

Orto Botanico Giardino dei Semplici

중앙 연못

피렌체는 이탈리아 중부 토스카나에 위치하고 있는 세계적인 명승지이다. 이탈리아 르네상스의 중심지로 고딕과 르네상스식 옛 시가지가 거의 완벽하게 남아 있어 1982년에 도시 전체가 유네스코 세계문화유산으로 지정되었다.

셈플리치식물원은 1545년 코시모 메디치 1세가 피렌체대학 의대생 교육을 위해 설립한 약용식물원에서 시작되었다. 이는 피사대학식물원(1544), 파도바대학식물원(1545)에 이어 이탈리아에서 세 번째로 조성된 오랜 역사를 지닌 연구와 교육 중심의 대학식물원이다.

셈플리치식물원은 관광객들이 몰리는 유명한 시뇨리아광장, 넵투누스분수, 베키오궁전, 두오모, 세례당, 우피치미술관이 밀집된 지역에서 걸어서 10~15분 떨어진 비교적 한적한 피렌체대학에 있다. 입구가 쪽문같이 작고 건물 벽에 붙은 식물원 표지판도 눈에 잘 띄지 않아 찬찬히 찾지 않으면 스쳐 지나가기 쉽다.

피렌체에는 볼거리가 너무 많아 벅찰 정도이지만 식물과 정원에 관심이 있다면 셈플리치식물원을 둘러본 후, 걸어가기에 조금 멀기는 하지만 베키오다리 건너 10여 분 거리에 있는 17세기 이탈리아식 정원의 전형인 보볼리정원을 관람하면 금상첨화일 것이다. 보볼리정원도 셈플리치식물원을 만든 코시모 메디치 1세가 아내인 엘레오노라를 위해 만든 것이라 한다.

식물원의 역사

코스모 메디치 1세(1519~1574)는 1545년 12월 도미니카 수녀원에서 부지를 임대하여 피렌체대학 의대생을 위한 약용식물원을 만들었다. 그는 2년 전인 1544년 피사대학에도 약용식물원을 설립하였는데 이는 유럽에서 학술센터와 정원을 연결하여 대학에 부속시킨 식물원의 효시로 오늘날의 식물원 개념에 부합되는 최초의 식물원이다.

식물원은 '소박한 정원'이라는 뜻의 셈플리치정원이라고 명명되었고 약용식물을 수집하고 이를 연구하고 교육하는 활동 중심으로 운영되었다. 1718년 코시모 메디치 3세의 유언에 따라 피에르 안토니오 미켈리가 식물원 관리를 맡게 되면서 약용식물뿐만 아니라 다른 종의 식물도 다양하게 수집하여 세계적으로 유명해졌다. 그러나 외부환경 변화에 따라 식물원을 관리하는 기관이 여러 번 바뀌면서 식물원의 명칭도 변경되었으나 1829년에 다시 셈플리치식물원이란 원래의 이름을 되찾았다. 현재 셈플리치식물원이라고 불리우고 있으나 정식 명칭은 피렌체대학 자연사박물관 부속식물원Botanical Garden of the Museum of Natural History of the University Florence이다.

셈플리치식물원에 조금 앞서 설립된 파도바대학식물원은 설립 당시의 원형을 잘 보존하여 식물원의 발전사를 보여주고 있어 1997년에 유네스코 세계문화유산으로 지정받았다. 그러나 지금의 셈플리치식물원에는 설립 당시의 원형이나 과거의 모습이 거의 남아 있지 않고 식물원에 넓은 그늘을 만들어주고 있는 18~19세기에 심은 거목들이 남아 있을 뿐이다.

식물원의 구성

피렌체 중심에 있다는 것이 믿어지지 않을 정도로 조용한 셈플리치식물원 경내는 오랫

흰 연꽃이 피어 있는 작은 습지

동안 학자들에게 열정과 도전을 준 식물들이 묵묵히 자리잡고 있다. 식물원의 전체적인 분위기는 식물로 아름답게 꾸민 전시보다는 식물을 보존하고, 이들을 연구하고 교육하고자 하는 셈플리치식물원의 사명이 엿보인다.

이색적인 꽃을 피운 아마릴리스

식물원은 2.3ha의 면적에 21개의 주제로 29개의 화단을 조성하였다. 주제는 약용식물, 동양 약용식물, 수국, 이탈리아 양치식물, 야자, 식용식물, 독성식물, 이탈리아식정원, 토스카니 약용식물, 관상식물, 중온식물, 비밀정원, 굴참나무, 유럽주목, 상수리나무, 느티나무, 나자식물 등의 식물군이다. 주제가 있는 화단이 있는 야외에는 진행 중인 연구, 화분식물의 생태, 용도 및 보존 조치 등에 대한 설명이 부착된 화분이 줄지어 있어 연구 중심 식물원의 성격을 드러내고 있다.

21개 주제화단 표식기둥

면적 대비 온실이 많은데, 건물 안에 2개의 큰 온실과 야외의 6개의 작은 온실 그리고 건물 벽을 이용하여 선인장과 다육식물을 키우는 간이온실이 2개 있다. 실내에 있는 고온(열대)식물온실에는 열대약용식물, 수생식물, 야자수, 토란류가 자라고 있으며, 중온식물온실에는 감귤류, 야자, 소철, 다육식물이 전시되어 있다. 작은 온실은 일반 관람객에게 개방하지 않으며 미리 신청한 경우만 관람할 수 있다. 관람 온실 곳곳에 실험장치들이 있어서 온실이 연구 및 교육장으로 많이 이용되고 있음을 알 수 있다.

식물원 내에는 지역법에 의해 환경, 경관 및 문화적 가치가 있는 유산으로 등록된 나무들이 있다. 대개 18세기부터 19세기에 식물원에 식재된 것으로 식물원의 캐노피를 형성하고 있는 거목들이다. 1805년에 식물원에 도입된 굴참나무*Quercus suber* L.는 높이가 30m, 흉고 둘레가 427cm나 된다. 1820년 도입된 느티나무*Zelkova crenata* Spach.는 26m 높이에 흉고 둘레가 397cm이며 수관면적이 거의 700m^{2}나 되는 거목이다.

건물 외벽을 활용한 선인장온실

연구와 교육에 사용하기 위해 화분에 식재된 식물

온실에서 이루어지는 연구와 교육

식물원의 운영 특성

셈플리치식물원은 대학식물원이니만큼 식물에 관련된 연구를 꾸준히 하고 있다. 피렌체대학 진화생물학과 및 자연사박물관과 협력하여 지난 10년 이상 지속적으로 진행하고 있는 연구 과제는 토스카나 국립공원에 있는 카프라이섬에 사는 희귀하고 보존가치가 있는 부유식물들이 부들의 침범으로 손실되고 있는 생태적 위기를 해결하기 위한 연구이다.

2004년에 투스카나주는 셈플리치식물원을 서식지 외 식물 보호센터로 지정하였고, 셈플리치식물원은 피사식물원과 시에

1805년 식재된 굴참나무*Quercus suber* L.

나식물원과의 협업으로 이 활동을 수행하고 있다.

셈플리치식물원은 초기의 목적처럼 피렌체대학 학생들의 교육장으로 활용되는 한편 유치원과 초등학교 어린이들을 위해 소규모의 밭을 만들고 여기에서 어린이들이 토양 준비, 파슬리, 감자 등의 재배 및 수확의 모든 단계를 체험할 수 있는 프로그램을 운영한다.

Travel tip

주소 Orto Botanico "Giardino dei Semplici"
Museo di Storia Naturale, Università degli Studi di Firenze, Via P.A. Micheli, 3 Firenze Toscana 50121 Italy

홈페이지 http://www.ortobotanicoitalia.it/toscana/unifirenze/

전화 +39 055 275 6794/99

개원시기 및 시간 겨울 10월 7일~3월 31일까지 토, 일요일은 10:00~16:00까지, 여름 4월 1일~9월 30일까지 월요일~금요일은 10:00~19:00까지 개원하며, 월요일은 휴무이다.

면적 2.3ha

40

아름다운 마조레호수 경관을 함께 즐길 수 있는

스트레사고산식물원

Giardino Botanico Alpinia di Stressa

방문객센터 앞 정원 풍경

스트레사고산식물원은 이탈리아 북부 피에몬테주 스트레사의 모타론산Mottarone에 위치해 있다. 스트레사는 마조레호숫가에 있는 휴양도시여서 호수를 찾는 관광객과 휴양객이 많은 곳이다. 마조레호수는 알프스의 남쪽에 위치하여 이탈리아 북부 피에몬테주, 롬바르디아주, 스위스 남부 티치노주 사이에 걸쳐 있는 이탈리아에서 두 번째로 큰 호수이다. 이 호수에는 여러 개의 섬이 있는데 특히 보로메오 가문 소유였던 세 개의 섬이 유명하다. 그중에서도 벨라섬 보로메오궁전에는 화려한 17세기 바로크양식의 정원이 있어서 사람들의 발길이 끊이지 않는 곳이다.

스트레사고산식물원은 스트레사에서 자동차로 갈 수도 있지만 마조레호숫가에서 출발하는 모타론산(1,491m)행 케이블카를 타고 마조레호수와 스트레사의 풍경을 즐기며 올라가는 것이 더 좋다. 모타론산의 경사면 해발 고도 800m에 위치한 스트레사고산식물원은 고산식물원이라고 하기에는 고도가 낮지만 모타론산 자생식물과 함께 알프스뿐만 아니라 히말라야 등의 고산에서 자라는 식물을 수집하여 전시하고 있어서 고산식물원으로서 손색없는 식물상을 보여주고 있다.

스트레사고산식물원과 더불어 인근에 있는 빌라타란토식물원도 가볼 만한 곳이다. 빌라타란토식물원은 마조레호숫가를 따라 북쪽으로 14.6km의 거리에 있다. 이곳은 스트레사고산식물원의 분위기와는 아주 다르게 화려한 꽃으로 꾸며진 정원과 빌라와 성당이 있고, 면적도 16ha에 이르는 큰 규모의 식물원으로 이탈리아에서 가장 아름다운 식물원 중의 하나이다. 빌라타란토식물원은 『세계의 식물원 산책 2』(188쪽~)에 소개되어 있다.

식물원의 역사

스트레사고산식물원은 1934년 이지노 암브로시니Igino Ambrosini와 귀세페 로시Giuseppe Rossi가 모타론산의 식물과 경관을 보호하기 위해 설립하였다. 스트레사시는 스트레사를 찾는 관광객이 모타론산의 자연뿐만 아니라 마조레호수의 아름다운 경관을 즐길 수 있도록 이의 설립을 허가했는데 처음에는 1.2ha만 허용했으나 이후 2ha까지 확장되었다.

1977년 공공신탁 기금이 식물원을 인수하면서 식물원은 공공법인 체제로 운영되었다. 그 후 스트레사시를 포함한 모타론산 주변의 4개의 지방도시와 모타론산과 쿠시오산 산악조합이 대주주가 된 법인으로 운영되고 있다. 공식적 명칭도 고산정원컨소시엄Consorzio Giardino Alpina으로 변경되었다.

그동안 식물원 부지는 4ha로 확장되었고 이를 재정비하여 2021년 4월 재개장을 하였다. 모타론산의 자생식물은 물론 알프스 및 타 대륙의 고산에서 수집한 700여 종의 다양한 식물을 수집하여 전시하고 있다. 2022년 7월에는 1954년에 지은 옛 건물을 방문자 안내, 정보자료실, 교육실, 카페가 있는 방문자센터로 개조하여 개관함으로써 다양한 기능을 갖춘 공간이 확보되었다.

식물원의 구성

스트레사와 모타론산 정상을 연결한 케이블카를 타고 고산식물원지역 정류장에서 내려

식물원 도입부 정원 풍경

모타론산 해발 800m에 핀 아름다운 꽃들

울창한 측백나무숲을 지나면 스트레사고산식물원이 나타난다. 관람은 완만한 구릉의 경사지 전면에 식재된 다양한 식물들을 보고, 동쪽 방향으로 나무가 우거진 길을 따라 습지를 관찰하고 이어 주변 경관을 시원하게 조망할 수 있는 전망대에 이르는 자연스런 동선을 따라 진행하게 된다.

방문객센터 앞의 경사지에는 약간의 초지와 함께 암석과 자갈, 굵은 모래로 덮인 공간에 산악지역 식생이 펼쳐진다. 대부분은 돌이나 굵은 모래에 뿌리를 내리고 자라는 키 작은 식물들로 구성되어 있는데 드문드문 관목도 눈에 띈다. 대부분이 모타론 자생식물이거나 알프스에 서식하는 고유종들이다. 이곳이 식물이 가장 다양해서 식물원의 중심 정원이라 할

고산의 우묵한 습지

수 있다. 식물원의 고도가 높지 않아 고산식물뿐만 아니라 저지대의 식물종도 볼 수 있다. 고산 자갈 틈에서 자라는 도톰한 에델바이스나 용담류, 다육식물도 볼 수 있고, 우리나라에서도 볼 수 있는 초롱꽃, 제라늄, 앵초, 도라지, 패랭이꽃, 산양귀비, 국화류, 쑥도 자라고 있어서 친숙한 느낌을 주기도 한다.

식물원 동쪽 숲에는 고산에서 보기 쉽지 않은 늪이 있고 그 근처에는 습윤성 식물인 아이리스, 갈대, 조름나물, 양치식물이 서식하고 있고, 작지만 매혹적인 식충식물 끈끈이주걱도 찾아볼 수 있다. 습지 다리를 건너 경사지를 올라가면 전망대가 나타난다. 이 전망대에서는 넓은 마조레호수 전경의 조망이 가능하고, 설치된 망원경을 통해 벨라섬 보로메오궁전의 바로크식 정원도 어느 정도 볼 수 있다. 전망대에는 벤치가 놓인 작은 나무집도 마련되어 있어서 잠시 앉아서 쉬기에 좋다.

전망대에서 서쪽 방향의 길로 내려오다 보면 왼쪽에 식물원에서 특별히 수집하고 있는 아시아 토착종을 포함한 철쭉류 *Rhododendron ferrugineum* L., *R. hirsutum* L. 화단이 있다. 철쭉은

모나르다*Monarda didyma* L.가 피어 있는 전망대 가는 길

전망 포인트에서 보이는 스트레사호수

5월에 개화하므로 여름철에는 무성한 잎을 감상하는데 그칠 수밖에 없는 아쉬움이 남는다.

식물원의 운영 특성

규모가 크지 않은 식물원이나 주변의 4개 도시와 산악연합회가 주주인 고산정원컨소시엄 체제로 운영되고 있고, 이사회 회장을 대통령이 맡을 정도로 공공적 성격이 강한 식물원이다. 공공성과 운영의 투명성을 중시하며 이를 위해 관련법도 마련되어 있다고 한다. 1977년부터 공공법인 체제로 운영되고 있음에도 불구하고 식물원은 전시 위주의 틀을 벗어나지 못하고 있다. 식물을 체계적으로 분류하여 과학적으로 접근하는 연구나 식물과 관련한 교육 부분은 아직 미약한 편이다.

Travel tip

주소 Via Alpinia, 22 28838 Stresa(VB)
홈페이지 https://www.consorzioalpinia.it/it/statuto.php
전화 +39 0323 927173, 셀 +39 388 3806804
개원시기 및 시간 4월 1일~10월 9일까지 매일 09:30~18:00까지 개원한다.
면적 4ha

41

신들의 정원

에스페리아고산식물원

Giardino Botanico Alpino Esperia

지역에 자생하는 고산식물을 위주로 조성한 계절화원

에스페리아식물원은 이탈리아 에밀리아 로마그나Emilia-Romagna, 모데나Modena 지방의 세스톨라Sestola에서 약 4km 떨어진 파소델 루뽀Passo del Lupo 지역의 모데나 아페니네Modena Apennines의 해발 1,500m에 위치한 고산식물원이다. 식물원은 1952년에 약용식물 등을 연구하기 위해 아페니네약초연구센터Centro Erboristico Appenninico Sperimentale로 처음 조직되었다. 1980년에 오늘날의 식물원이 되어 일반에 공개되었으며, 에스페리아라는 이름은 이탈리아를 가리키는 고대 용어이기도 하며, 그리스 신화에 나오는 신들의 정원을 의미하기도 한다.

식물원의 역사

식물원은 1930년대에 모데나 이탈리아 고산식물 클럽Modena Club Alpino Italiano 과학위원회와 모데나 대학교 식물원의 전 이사인 에밀리아 치오벤다Emilio Chiovenda 교수에 의해 추진되어, 개발되지 않은 산과 구릉지에서 공식적으로 1952년에 실험적인 약초연구센터로 출발했다. 1980년대에 이르러 모데나 이탈리아 고산식물 클럽은 정원의 재탄생을 위해 이곳을 다시 설계했으며 단순한 약초정원이었던 곳이 아름다운 다양한 꽃들이 어울어지는 식물원으로 탈바꿈하게 되었다.

식물원의 구성

식물원은 시모네산Monte Cimone 기슭의 천연 너도밤나무 숲의 약 2ha에 펼쳐져 있다. 32개의 주제 화단에 약 200종의 현지 및 이국적인 식물이 심겨 있으며, 고산 및 아고산대 환경의 전형적인 거의 모든 종을 볼 수 있다.

식물원의 기반 토양인 이탄 위에 자연적으로 형성된 이탄습지

북부 아펜니노산맥, 습지, 목초지, 개간지, 절벽과 퇴적층 지층에서 볼 수 있는 수많은 초본 종을 보유하고 있으며, 알프스뿐만 아니라 로키산맥과 히말라야에서 온 식물들이 모두 정원 중앙의 석회질과 규산질 암석지대에 심겨 있다. 에델바이스, 백합, 마늘, 그리고 다소 특이한 난초와 앵초, 수레국화, 루피너스, 카네이션, 꿀풀속, 쥐오줌풀속과 같은 약용식물과 투구꽃속, 벨라돈나풀*Belladonna* 및 디기탈리스*Digitalis*와 같은 독성이 있는 약용식물도 볼 수 있다. 이 중에서 식물원의 상징적인 식물은 아름답고 화려한 종 중 하나인 마르타곤백합*Lilium martagon*이다. 희귀종 및 멸종위기에 처한 종의 보전이라는 중요한 임무를 수행하며, 쥐손이풀류*Geranium argenteum* L., 벌레잡이제비꽃*Pinguicula vulgaris* L., 앵초*Primula auricula* L., 큰용담*Gentiana lutea* L., 산구름국화*Aster alpinus* L. 및 수많은 종의 난초가 관리되고 있다.

자연적으로 형성된 고산습지원

길을 따라 걸으며 습지식물, 전형적인 목초지 종 등 다양한 자연 서식지의 아펜니노 식물을 감상할 수 있다. 이탄 습지 위의 습한 산악 지역에서는 작은 곤충을 잡아서 나뭇잎에 얽어매는 식충목본식물도 볼 수 있다. 너도밤나무*Fagus sylvatica* L.의 화려한 표본으로 유명하며 다른 수종

지역에 자생하는 고산식물이 식재된 정원

의 다른 표본도 관찰할 수 있다. 이 식물원은 아펜니노산맥의 자생 식물군과 도입된 고산식물군에 대한 중요한 생태학적 교훈을 준다.

식물원의 운영 특성

과학적 연구를 위해 2020년부터 UNIMORE 식물원과의 협업으로 토스카나-에밀리아 아펜니노산맥, 몬테 치모네의 식물과 식생과 관련된 식물 연구 프로젝트가 이루어지고 있다. 1987년부터 국제고산식물원협회에 소속되어 있으며, 유럽 연합의 식물원을 위한 실행계획을 존중하고, 새로운 환경문화의 확산에 기여하고 있다. 지속 가능성 교육을 위해 다양한 교육 방법을 구축하며, 가이드 투어 및 과학 보급 이벤트를 통해 지속 가능성 및 자연주의 관광에 대한 교육을 촉진하고, 인턴십 및 졸업 논문을 위해 학생들을 지원하고 있다.

Travel tip

주소 Giardino Botanico alpino "Esperia", Passo del Lupo, 41029 Sestola(MO), Modena, Italy

홈페이지 http://www.cai.mo.it/esperia.php

전화 +39 0536 61535

개원시기 및 시간 6월 중순~9월 중순 월요일에서 금요일, 매일 09:30~12:30 및 14:00~18:00까지 개원한다.

면적 2ha

42

비엘라 알프스의 교육장

오로파식물원

Giardino Botanico di Oropa

비엘라 알프스의 자생식물상

오로파식물원은 이탈리아의 북서쪽 끝에 위치한 피에몬테주의 비엘라Biella에서 약 12km 떨어진 비엘라 알프스Alpi Biellesi의 해발 1,205m에 위치하고 있다. 비엘라는 마테호른을 경계로 스위스와 가까운 국경도시이며 밀라노로부터 약 100km 정도 떨어진 거리에 있다.

오로파식물원은 유네스코 세계문화유산으로 지정된 오로파 성산聖山 Sacro Monte di Oropa이 포함된 특별자연보호구역Riserva Naturale Speciale del Sacro Monte di Oropa 내에 있다. 오로파 성산은 중세에 지어진 오로파 성모마리아성당을 중심으로 1617년부터 새로운 성당을 더 짓기 시작하여 총 12개의 성당이 들어선 로마카톨릭의 성지이다. 중세에 지어진 오로파 성모마리아성당에는 성누가사도가 나무로 조각했다고 전해지는 검은 성모상이 있다. 이 성모상은 예루살렘에서 발견되어 4세기에 중동에서 피에몬테주의 베르첼리로 옮겨졌다가 4세기 중엽 켈트족의 기독교 박해를 피해 오로파산 동굴 속에 숨겨졌다. 사태가 진정된 후 성모상을 옮기려 하였으나 너무 무거워져 옮길 수가 없었다. 신자들은 그 현상을 그곳에 성당을 지으라는 계시로 받아들여 성모마리아성당을 지었고 지금의 큰 성당군이 된 것이다. 검은 성모상은 나무로 만들었음에도 불구하고 오랜 시간이 지났지만 해충의 피해가 없으며, 기도할 때 성도들이 손을 얹는 성모의 발 부분도 전혀 닳지 않았고, 성모와 아기예수의 얼굴에는 먼지가 앉지 않는, 현실적으로 일어날 수 없는 특이한 현상과 병을 치료하는 등 여러 기적에 대한 믿음으로 매년 80만 명의 순례자와 관광객들이 이곳을 방문한다.

오로파식물원은 오로파대성당 뒤 무크론Mucrone행 케이블카 출발 정류장 옆에 있으며 5도~10도 정도

식물원에서 보이는 오로파성당

의 경사지에 자리잡고 있다. 오로파 성산의 특별 자연보호구역은 총 1,518ha인데 이 중 식물원은 1ha이다. 식물원의 대부분은 너도밤나무숲이며, 이 지역 식물을 포함한 자연생태를 그대로 보존하는 동시에 세계의 고산식물 등 다양한 식물종을 수집하여 약 350여 종의 식물들을 보존하고 있다.

바위에 서식하는 다육식물과 지의류식물

식물원의 역사

1990년 초에 비엘라정원클럽Biella Garden Club Association에서 오로파식물원 건설 계획을 추진하였으며, 식물원을 조성할 위치는 오로파의 성모마리아성당이 위치한 분지로 결정되었다. 오로파식물원은 식물과 자연과의 접촉을 통해 사람들의 삶을 풍요롭게 하고 재생의 기쁨을 주고자 하는 사명을 갖고 1998년 공식적으로 설립되었다. 식물원은 오로파 성지가 소유하고 있으며, 2019년부터 WWF Oasis 및 비엘라시의 지원을 받고 있다.

오로파 성지를 순례하는 순례자와 관광객, 그리고 비엘라 알프스를 오르거나 해발 1,800m

무크론호수Lago del Mucrone에 가고자 하는 트래커 등 많은 사람들이 오로파식물원을 방문하고 있어 관람객이 많다.

식물원의 구성

오로파식물원은 시원하게 흐르는 오로파계류를 중심으로 서쪽은 비엘라 알프스 자연 그대로의 식생에 너도밤나무가 울창한 천연숲을 이루고 있고, 동쪽은 서식환경에 맞추어 식물을 분류해 조성한 화단, 암석원이 있고, 자생적으로 조성된 너도밤나무 숲과 이탄습지, 거의 자연에 가까운 목초지가 있다.

식물원 입구에는 개화 시기가 다른 고산식물을 세계 여러 지역에서 수집해 아름답게 꾸며 놓은 화단이 있다. 샐비어, 루피너스, 에델바이스, 히말라야청양귀비 등이 번갈아 가며 연속적으로 꽃을 피우도록 식재해 놓았다. 히말라야청양귀비는 습기가 많고 그늘진 산악 지역, 고산 초원, 숲, 특히 동부 히말라야와 중국 서부의 바위가 많은 경사면에 서식하는 보기 드문 꽃이므로 여기에서 이 푸른색 꽃을 만나는 것은 특별한 추억이 될 것이다.

탐방경로를 따라가면 다양한 정원이 있는 동쪽 부지로 연결된다. 동쪽 부지에서도 너도밤나무를 많이 볼 수 있는데 특히 오로파계류 가까운 쪽에서 너도밤나무로 이루어진 자생식물상을 볼 수 있다. 너도밤나무가 무성한 곳은 햇빛이 투과하기 어려우므로 그 아래에는 약한 빛만 있어도 잘 자라는 양치류나 지의류 식물이 짙은 푸르름을 더해 주고 있다.

관상암석원

오로파식물원에는 암석원이 두 곳에 조성되어 있다. 하나는 비교적 큰 면적으로 조성된 관상용암석원이고 다른 하나는 조그만 고산식물암석원이다. 관상용암석원에는 이 지역의 식물뿐만 아니라 다른 나라 또는 다른 산에 서식하는 종도 수집하여 전시하고 있다. 장미나 마르타곤 백

고산식물암석원

비엘라 알프스 1,200m 고지에 핀 아름다운 꽃들

합, 이 식물원의 심볼인 초롱꽃 등 개체가 비교적 크고 꽃을 피우는 식물들을 볼 수 있다.

고산식물암석원은 고산식물을 집중 수집하여 전시하는 곳이다. 고산지대는 서리, 바람, 다양한 습도에 노출되기 쉬운 생활 조건이 매우 어려운 곳이다. 그래서 이곳에 서식하는 식물들은 대부분 다년생 식물로 크기가 작으며 암석의 틈새나 자갈무더기에 정착해 생명을 유지한다. 그러나 이런 곳에 서식하는 자잔한 식물들도 한 개체로 식물이 갖춰야 하는 기능을 다 발휘한다. 눈이 녹고 기온이 높은 짧은 기간 내에 열심히 광합성을 하여 순식간에 개화하고 수분하여 씨도 맺는다. 그래서 고산식물원에 가면 자그마하고 연약해 보이는 식물들이 일시에 꽃망울을 터트려 꽃밭을 만드는 아름다운 광경을 볼 수 있다.

식물원에는 얕은 개울이 휘돌아 흐르고 작은 이탄습지도 있다. 이탄층은 낮은 온도 때문에 죽은 식물들이 미생물 분해가 제대로 이뤄지지 않은 채 쌓여 만들어진 토양의 층을 말한다. 이 정도의 고도에서 이탄습지는 매우 드문데 고산 이탄습지는 다양한 생물체가 살고 있어 보존가치가 높다.

동쪽 끝부분에는 자생잔디가 지배종인 잔디밭과 목초지가 비교적 넓은 면적을 차지하고 있다. 목초지는 가축이 풀을 먹을 수 있도록 조성한 곳이어서 인근의 가축들이 드나든다.

지질학적 특성을 보여주는 암석 전시

식물원을 돌다 보면 동물 발자국이 그려진 타일도 12개나 볼 수 있는데 각 타일에는 오로파 보호구역에 서식하는 동물의 흔적이 그려져 있다. 관람하면서 자연상태에서 동물을 실제로 보기는 매우 어려운데, 이 타일을 통해 이 숲에서 은밀하게 움직이는 동물의 존재를 느낄 수 있다.

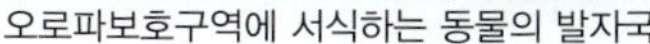
오로파보호구역에 서식하는 동물의 발자국

식물원 곳곳에 있는 교육콘텐츠

식물원의 운영 특성

오로파식물원은 우리가 살고 있는 환경에 대한 사랑과 모든 생물종에 대한 존중을 전파하기 위해 교육을 매우 중시하여 강연, 특별전시, 어린이와 성인을 위한 교육 프로그램을 진행한다. 식물원 내 곳곳에 설치된 식물이나 지형, 지질 등을 상세히 설명하는 여러 가지 안내 패널, 나무박스형 안내시설을 통해 자기주도적 학습 기회도 폭넓게 제공하고 있다. 또 이곳에서 볼 수 있는 암석을 전시하여 이곳의 지형적·지질적 특징을 알 수 있고 식물이 서식하는 환경에 대한 이해도 돕고 있다.

또한 편리하게 셀프 가이드 투어를 할 수 있도록 오디오 가이드 및 비디오 가이드를 홈페이지와 유튜브채널에 올려놓고 있으며, 이탈리어 수화로 된 비디오가이드도 올려놓아 청각장애를 가진 관람자를 배려하고 있다. 오로파식물원은 비엘라알프스 1,200m 고지에 있으므로 기온이 낮고 눈에 덮인 기간이 길어 5월에서 9월까지만 개원하며 주차, 화장실, 기념품점이나 카페는 성당의 시설을 이용하면 된다.

Travel tip

주소 Giardino Botanico di Oropa(Biella) via Sabadell, 1 Biella Piemonte 13900 Italy
홈페이지 www.gboropa.it
전화 +39 015 252 3058, Mobile +39 331 102 5960
개원시기 및 시간 5, 6, 9월(토요일과 공유일은 휴원)은 10:00~18:00, 7, 8월은 매일 10:00~18:00까지 개원한다.
면적 1ha

43

시칠리아 자생식물의 보고

카타니아대학식물원

Orto Botanico Universita degli Studidi Catania

정문에서 건물까지 이르는 직선 보도

시칠리아 제2의 도시인 카타니아는 유럽에서 제일 높은 활화산인 에트나산(3,350m)과 가까이 있는 시칠리아 동부의 중심지이다. BC 729년경부터 그리스 사람들이 이주하며 고대 도시로 발전하였으나 1169년의 대지진, 1669년의 화산 폭발, 1693년의 지진으로 도시가 거의 파괴되었다. 그러나 시칠리아인들의 불굴의 노력으로 현재는 고대 그리스시대의 유적부터 화려한 바로크양식의 성당 등 대부분의 유적이 복구되며 옛 모습을 찾아가고 있다. 이오니아해에 면해 있는 이 유서 깊은 항구도시는 수산물로도 유명한데 천 년의 역사를 지닌 시칠리아에서 가장 큰 수산시장의 북적이는 인파 속에서 도시의 활기가 느껴진다.

164년의 역사를 지닌 카타니아대학식물원은 오랜 명문대학인 카타니아대학 식물학과에 부속된 식물원이다. 카타니아 역사와 같이 식물원도 지진과 화산 폭발, 제2차 세계대전을 거치며 파괴되고 훼손되었으나 지금은 시칠리아 자생식물, 멸종위기식물, 희귀식물 등을 보존하며, 식물에 대한 이해를 높이고 시민들의 휴식처로 기능하고 있다.

카타니아는 유명한 작곡가 빈첸초 벨리니가 태어난 곳이기도 하다. 식물원의 깊은 그늘 아래에서 그의 오페라 노르마에 나오는 아리아를 마리아 칼라스의 목소리로 듣노라면 거기가 바로 천국인 것처럼 느껴질 것이다.

식물원의 역사

카타니아대학식물원은 1434년 아라곤의 알폰소 5세가 설립을 인가했다는 기록이 남아 있으나 실제로는 1858년 카타니아대학 식물학과 교수인 프란시스 로카포르테 토르나베에 의해 공식적으로 설립되었다. 건축가 마리오 디스테파노가 설계해 지은 신고전주의 양식의 건물을 중심으로 토르나베가 수집한 식물들이 식재되었는데 지금도 옛 모습 그대로 보존되고 있다는 이 기념비적 건물은 식물원의 랜드마크가 되고 있다.

1860년 마리오 콜트라로의 기증으로 부지가 확대되었는데 여기에 시칠리아의 자생식물을 식재하였고 이후 지금까지 시칠리아의 자생식물과 멸종위기식물을 보존하는 정원으로 쓰이고 있다. 카타니아의 급속한 팽창으로 부지 확보가 어려워진 식물원은 확장이 가로막혔지만 그것이 19세기 원래의 식물원 설계를 그대로 유지하게 된 이점으로 작용하기도 한다. 이 책에 소개되는 에트나산의 독특한 식물종을 보유하고 수집하는 '누오바구소네아식물원'이 1979년부터 부설식물원으로 편입되면서 카타니아대학식물원의 외연이 확장되고 있다.

식물원의 구성

번잡한 도로에서 식물원 입구에 들어서면 나무가 빽빽하게 들어서 있는 풍경이 펼쳐진다. 식물원은 정문에서 멀리 보이는 흰색 기념빌딩까지 직선으로 보도가 쭉 뻗어 있고 직선보도 양옆과 기념빌딩을 둘러싸고 오래 묵은 여러 가지 수목으로 구획된 정원과 열대식물 온실, 그리고 여러 가지 수생식물을 나누어 심은 수조와 원형 연못으로 구성되어 있다.

기념빌딩 앞쪽의 정원에는 카타니아대학식물원에서 특별히 수집하고 있는 야자나무 약 50종과 은행나무, 유칼립투스, 소철, 유카, 프루메리아, 용혈수 등이 주로 식재되어 있는데 듬직한 기둥처럼 보이는 거대한 나무들은 식물원의 역사를 말해 주는듯 인상적이다.

신고전주의 양식의 건물과 어울리는 원형연못

줄기와 가지가 엮인 모습이 특이한 용혈수*Dracaena draco* L.

직선보도 끝에는 용혈수Dragon Tree가 오랜 세월 묵은 가지로 아름답게 엮어진 모양세를 보여주는데 신고전주의 양식의 건물과 잘 어울린다. 한 뿌리의 나무에서 뻗은 줄기에서 수많은 가지가 나오고 그 가지를 덮은 빽빽한 잎들이 큰 텐트처럼 우듬지를 만들어 내는 모습은 좀처럼 볼 수 없는 광경이다.

기념빌딩 왼쪽에는 1860년 확장되어 시칠리아의 자생식물과 멸종위기식물을 보호해 온 시칠리아정원이 있는데 출입에 제한을 두고 있다. 기념건물 오른쪽에는 열대식물을 위한 온실이 있는데 여기에서 160여 종의 열대식물이 자라고 있다. 이 온실은 팔레르모대학식물원의 온실을 모델로 지었는데 2차세계대전 때 파손되어 1958년에 철거하였다가 2008년에 신축한 것이다.

기념빌딩 뒤에는 카타니아대학식물원이 특별히 수집하는 선인장과 다육식물을 전시한 정원이 있다. 이 식물원은 이탈리아에서 선인장과 다육식물을 가장 많이 보유하고 있는 곳이기도 하다.

다양한 수생식물을 키우는 수조

뒤쪽 담장가의 키 큰 야자나

선인장정원

예쁜 분홍색 꽃을 피우는 비단실나무*Chrorisia speciosa* A. St.-Hil

무와 명주솜나무들도 눈길을 끈다. 비단실나무Silk floss tree 또는 명주솜나무라는 이름은 길이가 20cm 정도되는 열매 안에 목화나 명주솜 같은 섬유질이 가득 들어 있는데 기인한다. 이 섬유질은 베개 충전재로 쓰인다고 한다. 이름에 어울리지 않게 굵은 줄기에는 큰 가시가 촘촘히 박혀 있어 가까이 가기가 겁날 정도이다. 그러나 나무 상층부에는 분홍빛의 예쁜 꽃이 피어 이러한 부조화가 신기하다. 25m까지 자라는 나무의 상층부에 꽃이 피다 보니 육안으로는 꽃을 제대로 볼 수 없어 카메라로 확대하여 보거나 땅에 떨어진 꽃으로 보는 안타까움이 있다.

카타니아대학식물원의 집중 수집종인 야자*Chamerops humilis* L.

카타니아대학식물원은 규모는 작으나 오래된 희귀한 나무들이 많고, 시칠리아의 자생 식물과 멸종위기식물 등이 보전되어 있어서 그 의의가 크다. 게다가 약 30만 점의 표본을 갖춘 식물표본관도 있어 시칠리아의 식물과 생태환경 연구와 교육에 매우 중요한 역할을 하고 있다.

식물원의 운영 특성

가이드 투어가 가능하며, 초등학교 어린이나 대학생 그리고 일반인을 위한 여러 가지 교육 프로그램을 진행하고 있다.

Travel tip

주소 Orto Botanico-Università degli Studi di Catania
Via Antonino Longo 19 Catania Sicilia 95125 Italy

홈페이지 www.dipbot.unict.it

전화 +39 0 95 430901

개원시기 및 시간 일요일과 공휴일에는 열지 않음. 월요일~금요일은 09:00부터 일몰 1시간 전까지 입장 가능하며, 토요일은 09:00~13:00까지 개원한다.

면적 1.6ha

44

알프스 고산식물의 낙원

파라디시아고산식물원

Giardino Alpino Paradisia

고산에 둘러싸인 식물원 풍경

설산을 배경으로 화사하게 핀 나리

파라디시아고산식물원은 이탈리아 북서쪽 끝에 위치한 아오스타의 아름다운 산간 마을 콘뉴Cogne(1,540m)에 있다. 콘뉴는 빙하가 녹아 흐르는 콘뉴 계곡 상류에 위치해 있고 뒤로는 사철 눈에 덮힌 4,000m가 넘는 그랜드파라디스가 있어 휴양객과 트래킹을 좋아하는 사람이 모여드는 휴양지이다.

아오스타 북쪽의 아펜니노산맥과 알프스산맥에는 4,000m급 산들이 즐비하고, 서쪽으로는 몽블랑, 마테호른, 몬테로사가 있으며, 남쪽으로는 그랜드파라디스가 있다. 이렇게 고산지대이다 보니 아오스타에는 고산식물원도 4개나 있다. 그중 샤노우시아고산식물원(2,170m, 196쪽~)과 사우수레아고산식물원(2,170m, 258쪽~)은 『세계의 식물원 산책 2』에 이미 소개되어 있다. 나머지 2개가 사보이고산식물원과 파라디시아고산식물원이다. 사보이고산식물원(1,350m)은 2019년에 방문하였는데 대대적인 개보수 중으로 문을 닫아 유감스럽게도 관람하지 못했다. 샤노우시아고산식물원은 이탈리아와 프랑스 국경 지대에 있는데 원래 이탈리아에 속해 있었지만 2차세계대전 이후 프랑스 영토가 되었다. 그러나 지금도 식물원의 안내는 이탈리아어와 프랑스어로 이루어지고 있고, 아오스타에서 발행하는 안내 리플렛이나 위키피디아에도 이탈리아 아오스타의 고산식물원으로 소개되어 있기도 하다.

파라디시아고산식물원은 그랜드파라디스자연공원 내의 경사지와 늪에 알프스 일대에서 자라는 고산식물과 산악식물 약 1,000종을 보존하고 있다. 아오스타 고산식물원 중에서 가장 넓어 그 면적이 10ha에 이른다. 고산식물원으로는 다소 낮은 해발 1,700m에 위치해 있기 때문에 상대적으로 더 다양한 식물군을 볼 수 있다. 특히 알프스 고봉과 초원에서 자라는

고산식물원을 휘돌아 흐르는 계류

흰색 나리, 매혹적인 분홍빛 마르타곤 백합 등 청초하고 향기로운 식물들이 눈 덮인 파라디스산을 원경으로 하늘거리는 모습이 너무나 인상적이어서 오랫동안 기억에 남아 있다.

식물원의 역사

파라디시아고산식물원은 1955년 설립되었다. 이곳에 식물원을 설립한 것은 관광객과 휴양객이 많은 콘뉴에 가깝고, 상대적으로 적당한 고도여서 고산식물뿐만 아니라 산악식물도 재배할 수 있기 때문이었다. 지형의 굴곡이 심하고 토양 구성도 다양해서 여러 유형의 식물 식재가 가능하고 게다가 그랜드파라디스(4,061m)의 멋진 설경이 배경이 되어 주니 빼어난 경관을 연출할 수 있었다.

1964년에 그랜드파라디스자연공원의 식물상을 체계적으로 연구하기 위한 산악식물연구협회가 결성되었다. 1971년부터 생태학적으로 공간 구성을 재편하기 시작했고 자생식물 연구를 위한 식물표본관과 종자은행도 가동되기 시작했다.

식물원의 구성

콘뉴 계곡 옆의 주차장에 주차하고 식물원으로 향하는 길에 들어서면 계곡 주변으로 숲과 농경지가 펼쳐지고 식물원 방향으로 흰 눈이 덮인 높은 산이 둘러싸고 있는 모습이 다가온다. 이런 산뜻한 고산 풍경은 식물원에 대한 기대를 한껏 높인다. 눈 덮인 그랜드파라디스를 원경으로 거느린 식물원의 가장자리는 자연 상태의 덤불과 나무가 둘러싸고 있고 그사이

그랜드파라디스 해발 1,700m 고산에 핀 아름다운 꽃

로 계류가 흐르며 폭포가 떨어지는 멋진 경관을 보여준다.

식물원의 식생은 크게 4가지로 나뉜다. 바위와 빙퇴석 및 석회암 파편으로 이루어진 산악환경, 고산식물서식환경, 목초지환경, 그리고 식물원을 관류하는 개울과 늪으로 이루어진 습지환경이 그것이다. 식물원에는 알프스와 아펜니노산맥에 자생하는 식물들뿐만 아니라 전 세계(유럽, 아시아, 아메리카)에서 수집한 식물 약 1,000 종이 식재되어 있다. 이 식물들은 특성에 따라 4가지 식생 환경에 배치되어 있는데, 그것을 기본 바탕으로 다시 14개의 서식처로 세분된 정원 조성을 보여준다.

산악환경에는 석회암정원, 바위떡풀 암석원, 패랭이꽃 암석원, 에델바이스 암석원, 아르테미시아 암석원, 지의류 암석원 등 모두 6개의 소정원이 조성되어 있다. 여기서 가장 관

다양한 지의류들이 살고 있는 바위정원

심을 끄는 것은 지의류가 자라는 바위정원이다. 푸른 목초지 위에 큰 바위가 하나 놓여 있어 그냥 지나치기 쉬운데, 가까이 가보면 눈에 잘 띄지 않는 다양한 지의류가 이름표를 달고 바위에 붙어살고 있다. 어떤 학자인지 눈에 띄지도 않는 이 작은 식물들에 각각 고유한 이름을 지어 줌으로써 개별화가 되어 그 존재를 드러내고 있다는 것이 인상 깊게 다가온다.

고산식물서식환경에는 알프스 스텝지역, 암석지역, 오리나무 서식처, 빙퇴석과 석회암 단층지역, 관엽식물 서식처 등 5곳의 소정원이 있다. 언뜻 황량하게 보이는 빙퇴석 서식처에도 아주 작은 생명체가 살고 있다는 것이 신기하기만 하다.

가장 넓은 면적을 차지하고 있는 것은 목초지 환경이다. 반자생 초원인 이곳에는 이 지역에 서식하는 풀과 꽃식물들이 주종을 이루고 있다. 자연스러워 보이지만 정기적으로 풀을 깎아주고 관리하고 있다. 여기에 특별히 조성된 서식처가 두 군데 있다. 하나는 나비정원으로 목초지 내 다른 곳과 특별한 경계는 없지만 나비가 모여드는 초본식물들이 주로 식재된 공간이다. 다른 하나는 용담을 집중적으로 수집 보존해 키우는 작은 규모의 공간이다. 짙은 청색의 용담은 우리나라 산지에서도 자주 볼 수 있는 꽃이지만 이곳 고산지대에 핀 용담은 색깔이 한층 선명하고 윤기가 반짝인다.

산악환경 서식처

빙퇴석환경 서식처

풍경이 빼어난 식물원인 만큼 경관이 좋은 곳마다 벤치를 놓아 그 풍경을 즐길 수 있게 관람객을 배려하고 있는 점도 이

작은 늪

식물원을 좋아하게 되는 요소 중 하나이다.

식물원의 운영 특성

1980년대부터 식물원은 아오스타주 지방정부, 삼림 및 농업 위원회와 상호 협조 체제를 구축하여 관리되고 있는데 현재는 그랜드파라디스자연공원이 운영 주체이다. 식물원 내에 작은 규모이긴 하나 식물표본관과 연구소 그리고 도서관이 있어서 식물학자나 자연 애호가들의 연구에 도움을 주고 있다.

고산에 있으므로 개원 기간이 제한된다. 보통 6월 둘째 주 주말에 문을 열고 9월 둘째 주 주말에 문을 닫는다. 식물원에 꽃이 많이 피어 가장 아름다울 때는 6월 말에서 7월 중순 사이이므로 이때가 방문 적기이다.

Travel tip

주소 Giardino Alpino Paradisia, Parco Nazionale Gran Paradiso, Valnontey Cogne Val d'Aosta 11012 Italy

홈페이지 www.grand-paradis.it

전화 +39 165 74147

개원시기 및 시간 7월~8월은 13:00~18:30, 6월과 9월은 10:00~17:30까지 개원한다.

면적 10ha

45

모든 대륙의 식물상이 압축되어 있는

팔레르모대학식물원

Orto Botanico dell' Universita di Palermo

넓은 스펙트럼의 식물들이 성장하고 있는 식물원 풍경

1789년 설립되어 1795년 공식적으로 개원한 팔레르모대학식물원은 시칠리아의 경제와 문화의 중심지인 팔레르모 도심 해안가에 자리잡고 있는데 공식적으로는 팔레르모대학 부속식물원이다. 지중해의 한가운데에 위치한 시칠리아는 그 지정학적 위치로 인해 복잡다단한 역사와 문화 전통을 지닌 곳이다. 유럽, 아프리카, 중동의 아랍 세력이 교차하는 길목에 위치한 시칠리아는 세력의 부침에 따라 서로 다른 문화가 유입되어 일찍부터 다문화사회를 형성하고 있었다.

이런 다문화적 혼종성은 식물상에도 그대로 반영되어 시칠리아의 자연은 주변 대륙에서 유입된 다채로운 식물들이 풍성하게 어우러진 양상을 보인다. 시칠리아의 기후 또한 이런 혼종적 생태 환경을 조장했다. 전반적으로 아열대 내지 열대 기후대에 속하면서도 꽤 쌀쌀한 겨울 날씨를 보이는 시칠리아는 그만큼 넓은 스펙트럼의 식물군이 성장할 수 있는 여건을 갖추고 있는 셈이다. 식물원이 초창기부터 스웨덴 식물학자 칼 린네Carl von Linné의 분류 체계를 따르는 방식으로 구획된 화단에 식물을 식재하도록 설계된 것도 이런 종 다양성 덕분이라고 할 수 있다.

팔레르모대학식물원은 건물의 조형미가 빼어난 식물원이기도 하다. 식물원 경내의 왼편 중앙에 자리잡고 있는 가장 오래된 핑크색의 파빌리온은 독특한 신고전주의 양식의 아름다운 건물인데, 그 양옆에 자리한 열대관Calidarium과 온대관 Tepidarium과 더불어 모두 당대의 일급 건축가인 프랑스 출신의 레옹 뒤푸르니Léon Dufourny가 설계한 것이다. 이 밖에도 식물원을 돋보이게 하는 조각상들을 식물원 곳곳에서 볼 수 있다.

식물원의 역사

1795년 문을 연 팔레르모대학식물원은 개원 당시에 이미 상당한 규모를 갖춘 식물원으로 출발했는데, 그것은 그 전신이라고 할 수 있는 왕립 학술 아카데미의 부속식물원을 모체로 했기 때문이다. 시칠리아 왕국의 프란체스코 1세의 후원으로 조성된 이 식물원은 규모가 커지면서 1786년 현재의 장소로 이전했다. 뒤이어 왕립 학술 아카데미에 정식으로 식물학과가 개설되면서 그 부속 연구기관으로서 식물원을 만들 필요성에 따라 1789년 식물원 설립이 공식화된 후 그로부터 6년 뒤에 개원된 것이다. 개원된 식물원은 수집된 식물들을 4개의 구획된 부지에 화단을 만들어 린네의 식물분류체계에 따라 식재했다. 1798년에는 화단의 중앙로 끝 지점에 3개의 동심원을 이루는 원형의 수생식물관이 증설되어 수련, 연꽃, 사초, 파피루스와 같은 수생 식물들이 보유종으로 추가되었다.

1820년대에 들어서서 식물원은 부지를 추가하여 공간을 더 확충하고, 1823년에는 오스트리아의 왕비이자 나폴리와 시칠리아의 여왕이던 마리아 캐롤라이나의 후원으로 겨울정원에 온실이 건립되면서 다육식물을 비롯하여 커피나무, 부겐빌리아, 파파야를 포함한 열대성 식물들이 확충되었다. 1845년에는 오스트레일리아에서 식물원의 상징으로 자리잡게 될 거대한 큰잎고무나무*Ficus macrophylla*가 도입되었고 이후 이런 큰 나무들이 많이 들어서게 된다.

팔레르모대학식물원은 19세기 말과 20세기 초에 부지가 추가되면서 오늘날과 거의 같은 규모의 면적을 확보하게 되는데 확충된 부지에 두 가지 중요한 정원이 들어서게 된다. 하나는 1910년대에 겨울정원 옆에 조성된 식민지정원Colonial Garden이다. 여기에는 이탈리아

1798년에 만들어진 원형의 수생식물관

큰잎고무나무*Ficus macrophylla* Desf. ex Oers.

의 식민지에서 수집된 식물들을 식재하여 식물이 새로운 환경에 어떻게 적응하는지를 탐구하는 실험적인 정원이다. 여기에는 또한 전 세계의 서로 다른 지역에서 먹거리와 약용으로 활용되는 식물들을 광범위하게 수집한 유용식물정원도 들어서 있다. 또 다른 정원은 1940년대에 식물원의 남쪽 끝에 조성된 아돌프 엥글러Adolf Engler정원이다. 독일의 식물학자 엥글러는 린네의 분류를 존중하면서도 다윈의 진화론 이후 식물의 계통발생적 진화를 고려한 식물 분류를 강조했는데, 엥글러정원은 이런 진화 과정을 겉씨식물들과 속씨식물로 나누어 제시하고자 했다.

관목형으로 5~7m까지 자라는 보기 드문 다육식물 알루아우디아*Alluaudia humbertii* Choux

콜롬나리스 고무나무*Ficus macrophylla* f. *columnaris* (C. Moore) D. J. Dixon

200년이 넘는 역사를 자랑하는 팔레르모대학식물원은 독특한 기후 덕분에 지중해 지역은 물론 전 세계의 거의 모든 지역에 서식하는 식물들이 수집되어 만화경 같은 식물상을 과시하는 식물원이다. 한마디로 모든 대륙의 식물상이 압축되어 있는 식물의 보고이다. 부지 규모가 상대적으로 적은 편이지만 팔레르모대학식물원이 세계의 유수한 식물원과 어깨를 나란히 하는 연유가 여기에 있다.

식물원의 구성

이탈리아의 대학식물원으로는 제법 큰 12ha의 규모로 유럽의 어느 식물원보다도 다채로운

선인장전시원

기이한 모양의 덩굴식물

식물군을 보유하고 있는 팔레르모대학식물원은 일찍부터 유럽과 지중해 지역의 식물들이 유입되는 관문이자 감귤, 비파, 알로에, 고무나무와 같은 열대성 유용식물들이 유럽의 다른 지역으로 퍼져나가는 중간 기착지 역할을 해왔다.

팔레르모대학식물원은 본래 팔레르모대학 부속식물원으로 출발하였기 때문에 초창기부터 식물학의 교육과 연구 센터로서의 기능이 강조되었고, 식물원의 전체적인 디자인과 구성도 이 점을 반영하여 설계되었다. 식물원의 조경과 공간 구성을 린네의 식물 분류 체계를 원용하여 체계적이고 과학적으로 설계한 린네정원이나 식물의 진화상을 관찰할 수 있도록 설계된 엥글러정원은 그 점을 잘 보여준다. 두 정원 모두 큰 통로와 담으로 부지를 크게 구분짓고 그렇게 나눠진 부지를 다시 여러 개의 작은 화단으로 나누어 여기에 식물들을 체계적으로 계통을 고려하여 식재함으로써 관람 그 자체가 각 식물의 개체적 이해를 도우면서 동시에 식물 상호간의 연계성과 식물 분류의 원리에 대한 이해도 도모할 수 있도록 한 것이다.

이런 식물원 디자인 방식은 이탈리아 식민지에서 유입된 식물들을 수집하여 만든 식민지 정원에서도 적용된 것이었다. 여기에서도 해외에서 유입된 식물들이 팔레르모의 새로운 기후 환경에서 어떻게 적응하여 번식하는지를 살피는 데 주안점을 두어 식물들이 배치되었다. 세계 각지의 유용식물을 수집하여 연구하는 유용식물정원의 관리도 마찬가지 원칙으로 이루어지고 있다. 식민지정원과 유용식물정원을 포함하여 실험구역으로 새롭게 명명된 너른 부지에 식재된 식물들은 모두 이식과 적응 및 재번식의 가능성을 관찰하고 실험하는 것이 최우선 목적이다.

여러 마리의 공룡 조형물이 전시된 전시온실

팔레르모대학식물원은 이렇게 얻어진 지식과 정보를 유럽의 다른 식물원 및 지역사회와 공유하여 식물원이 신품종을 소개하고 보급하는 가교 역할을 하는 노력을 기울여왔다. 식물원 관리와 운영의 이와 같은 주안점은 식물 관찰 루트가 잘 정비되어 있고 그 안내가 자세한 점이나 식물에 대한 소개 명판이 거의 모든 식물에 부착되어 있는 데서도 나타난다.

팔레르모대학식물원은 현재 약 12,000종의 식물을 보유하고 있는데 그중에서도 특히 야자와 소철류 수집이 자랑거리이다. 식물원은 또한 600여 개의 해외 연구기관과 종자 교환을 포함한 각종 학술교류를 하고 있다.

식물원의 운영 특성

팔레르모대학식물원 운영의 특성은 두 가지로 요약할 수 있다. 하나는 관상 목적보다 연구와 실험 목적에 주안점을 둔 식물원 운영이고, 다른 하나는 지역사회 및 다른 식물원과 지식과 정보를 공유하고 협력하는 운영 정신이다. 팔레르모대학식물원은 유입된 식물의 관찰과 연구를 통해 식물의 생태, 적응, 생장, 번식에 관한 지식과 정보의 축적을 중시했고, 그렇게 얻어진 지식과 정보를 유럽의 다른 식물원 및 지역사회와 공유하여 식물원이 신품종을 소개하고 보급하는 가교 역할을 하는 노력을 기울여왔다.

팔레르모대학식물원의 운영책임자들은 초창기부터 특히 감귤, 타로, 구아바, 알로에, 모시, 면화와 같은 유용작물의 생태와 적응 문제를 관찰하고 탐구하여 이들의 개량종을 주

식물 관련 역사자료를 전시하고 있는 박물관

변 지역사회에 보급하여 지역농업의 활성화에 기여하고자 노력했다. 식물원이 일찍부터 지중해식물 표본관을 운영한 것도 그런 노력의 일환이다. 팔레르모대학식물원은 또한 신품종 보급의 품종 다양성을 위해 종자은행을 운영해왔고 근래에는 매년 시칠리아 지역에서 생장하는 자생 및 외래 식물의 카탈로그를 발행하여 배포하고 있다.

팔레르모대학식물원은 식물원과 문화예술의 연계에도 관심을 기울여, 2017년에는 자연으로부터 영감을 얻는 예술 활동을 지원하고 전시와 공연 플랫폼을 제공하기 위해 식물원 내에 비영리기구인 '라디세테르나 예술과 환경Radiceterna Arte e Ambiente'을 조직해서 운영하고 있기도 하다.

Travel tip

주소 Orto Botanico dell'Università di Palermo, Via Lincoln, 2 Palermo Sicilia 90133 Italy

홈페이지 www.ortobotanico.unipa.it

전화 +39 091 23891236

개원시기 및 시간 매일 09:00~17:00(여름은 18:00), 토요일은 08:30~13:30까지 개원한다.

면적 12ha

46

바로크 세계로의 여행

메테우스장원

Jardim de Meteus

아름다운 문양의 자수화단

청명한 하늘의 포르투갈 북부. 노르트주Região Norte 빌라헤알현Distrito de Vila Real의 중심도시인 빌라헤알Vila Real의 메테우스구freguesia de Mateus에는 주변의 시골길과는 어울리지 않은 18세기 바로크 양식의 거대한 저택이 자리하고 있다. 바로 메테우스 저택Casa de Mateus으로 불리는 장원莊園이다. 18세기 이탈리아 건축가 니콜로 나소니Niccoló Nasoni가 설계한 메테우스 저택은 정교하게 장식된 바로크 양식의 외관을 지니고 있으며, 저택 뒤편에 펼쳐진 아름다운 정원은 메테우스 저택의 화려한 외관을 더욱 돋보이게 한다. 포르투갈 와인을 좋아하는 독자라면, 포르투갈 북부 여행 시 반드시 들러야 할 필수 코스이다.

장원의 역사

메테우스 저택은 메테우스 가문의 제3대 상속자인 안토니오 조제 보텔류 모랑António José Botelho Mourão(1688~1746)의 의뢰를 받아 이탈리아 출신의 건축가 니콜로 나소니Niccoló Nasoni가 설계하였다. 1739년 건축을 시작해 4년 후인 1743년에 완공하였다. 저택의 좌측 후미에 있는 예배당은 메테우스 가문의 제4대 상속자인 루이스 안토니오 드 소자 보텔류 모랑Luís António de Sousa Botelho Mourão(1722~1798) 때 조성되었다. 오늘날 메테우스 장원의 저택은 박물관으로 쓰이고 있는데, 빌라헤알 백작 가문에서 사용하고 소장하고 있던 가구와 식기, 의복, 무기, 승마용품, 예술품, 도서 등이 유물로 전시되어 있다. 박물관의 총괄 기획가인 프란시스코D. Francisco는 1961년 박물관 개관을 앞두고 전반적으로 메테우스 저택을 재설계하여 오늘날에 이르고 있다. 정원은 포르투갈 조경의 개척자

장원 입구의 반사연못

인 곤살로 히베이루 텔르스Gonçalo Ribeiro Telles에게 의뢰하여 재조성되었는데, 저택 앞의 반사연못은 저택을 반사하는 거울 역할을 통해 저택으로의 시선을 강조하는 중요한 임무를 수행하게 된다. 아름다운 정원의 모습과 함께 거대한 저택은 자체가 지닌 역사적 의미로 인해 1910년 포르투갈의 국가기념물로 지정되었고, 현재는 메테우스 재단이 소유하며 관리하고 있다.

장원의 구성

메테우스장원은 저택과 정원, 지하실과 예배당으로 구성되어 있다. 저택과 예배당을 둘러싼 삼나무와 밤나무, 참나무 등의 나무들과 연못은 저택과 어울려 멋진 입구 경관을 구성하고 있다. 메테우스 저택 앞의 반사 연못에는 잠들어 있는 여인의 모습을 한 조각상이 있다. 이 조각상은 1981년 주앙 쿠티레이루João Cutileiro가 밋밋한 연못의 이미지를 개선하기 위해 설치하였는데, 잔잔한 연못에 비친 바로크 저택 그림자 속의 한 포인트로 완벽한 조화를 이루고 있다.

메테우스 저택의 후정

호수 주변으로는 밤나무와 참나무가 많이 있는데, 유독 거대한 삼나무 한그루가 눈에 뜨인다. 어른 10명은 족히 둘러싸야 감싸 안을 수 있을 정도의 넉넉한 크기이다. 1870년 저택의 위용을 더하기 위해 심겨진 삼나무로 지금은 이곳의 터줏대감으로 자리하고 있다.

저택 배후에 인접한 후정은 잘 다듬어진 회양목 장식화단으로 화단의 모서리마다 심어진 화려한 장미와 중앙의 분수로 인해 고풍스러운 느낌을 더하고 있다. 후정을 가로지르는 반대편에는 마치 거대한 용을 연상케 하는 터널이 하나 등장한다. 80개가 넘는 편백나무 Mexican cedars로 조성된 편백나무 터널은 메테우스정원의 백미이다. 둥근 용의 모습을 연상하게 하도록 바깥쪽에서부터 촘촘히 깎아놓은 터널은 마치 마법의 괴물이 대지의 중앙을 가로지르는 것처럼 보인다. 이 거대한 용을 다듬기 위해 정원사는 특별히 제작된 반원형 사다리를 사용한다고 한다.

잘 다듬어진 회양목 터널

1870년에 심어진 미국편백*Chamaecyparis lawsoniana* (A. Murry) Parl.

터널의 좌측에는 3단 테라스 형태로 조성된 벽천과 수조가 연결되어 있다. 물정원water garden이라 불리는 이곳은 모더니스트 디자이너인 안토니오 리노 António Lino에 의해 고안되었으며, 경사를 이용한 3개의 수조로 구성되어 있다. 호젓한 전원풍경에 더해진 세 개의 수조 정원은 뜨거운 포르투갈의 더위를 잠시나마 식혀주는 역할을 한다.

터널 우측에는 꽃의 정원이 있다. 저택의 후정과 유사한 장식화단으로 구성되어 있으나, 이

거대한 편백나무 터널 좌우측과 터널 내부

곳에는 배롱나무 꽃들을 비롯하여 과꽃, 백일홍, 메리골드, 백합 등이 연중 화려하게 장식되어 있다. 바로 옆에는 매일 부지런한 정원 관리사가 고르게 자갈을 정리하며, 관리하는 화려한 자수화단이 있다. 위에서 보면 마치 여러 개의 왕관 모양을 겹쳐 놓은 것 같은 왕관정원Crown Garden이다. 잔자갈과 매끈하게 정지된 회양목, 3~4그루의 편백나무와 삼나무만으로도 정갈하고 화려한 정원을 만들 수 있다는 점은 이곳을 설계한 파울로 벤실만Paulo Bensilman의 놀라운 상상력의 결과이다. 한편 이곳을 가로질러 산책할 수 있도록 조성된 포도덩굴 터널에는 먹음직스럽게 달린 포도들이 향기롭게 발걸음을 유도한다. 여기서부터 펼쳐진 거대한 계곡 양측에는 넓게 자리한 포도밭이 포르투갈의 전원풍경을 보여준다. 이곳 포도밭에 들어서면 벌써 포르투갈 와인의 향기에 취하게 된다.

장원의 운영 특성

박물관에서의 다양한 전시와 행사 이외에 정원에서는 포도 재배나 원예와 관련된 워크숍이 개최된다. 포도 재배 워크숍은 와이너리 운영이나 포도 농사를 짓는 방문객들을 대상으로 포도의 유전적 혹은 환경적 성장 잠재력을 고려하여 양질의 포도를 충분히 생산하고 수명을 연장할 수 있는 노하우를 제공해 준다. 또한 2019년 10월부터 연 2회 진행하는 원예 워크숍은 메테우스장원의 정원 관리사인 주앙 비쵸João Bicho가 운영한다. 유기농 채소밭을 경작하는 방법이나 땅을 고르는 방법을 비롯하여, 어떤 식물을 재배할 것인가와 씨앗을 뿌리는 방법, 해충 방제 방법 등을 직접 보여주며 관람객들에게 유용한 정보를 제공한다. 박물관으로 개조된 메테우스 저택과 성당을 비롯한 정원을 가이드와 함께 관람하기 위해서는 20유로를 내고 입장하면 된다. 물론 박물관이나 성당에 관심이 없는 방문객이라면 무료로 제공되는 정원 관람을 추천한다. 특별히 포르투갈 와인에 관심이 있는 입장객이라면, 5유로를 내고 하우스 와인으로 제공되는 2잔을 마셔보는 것도 색다른 체험이 된다. 2020년에는 국제 기념비 및 유적지의 날International Day of Monuments and Sites에 메테우스 장원을 알리는 온라인 전시회가 개최되기도 하였다.

배롱나무를 비롯한 각종 꽃들로 장식된 꽃의 정원

와이너리 뒤뜰의 드넓은 포도밭(상)과 산책로(하)

Travel tip

주소 Casa de, 5000-291 Vila Real, Portugal
홈페이지 http://casadeateus.com/
전화 +351 259 323 121
개원시기 및 시간 주중은 09:30~13:00, 14:00~18:00, 주말은 09:00~13:00, 14:00~18:00 까지 개원한다.
면적 8ha

47

세계 식물원의 역사

코임브라대학식물원

Jardim Botanico de Universita do Coimbra

회교식 사분원 형태의 중앙광장

코임브라대학교는 포르투갈 중부 코임브라주의 주도인 코임브라시 몬데고강Rio Mondego 동측에 위치한 공립종합대학교이다. 1290년 리스본에 설립된 뒤, 1537년 코임브라에 정착할 때까지 캠퍼스를 여러 번 옮겨다녔지만, 여전히 세계에서 가장 오래된 대학 중 하나로 포르투갈에서 역사가 가장 긴 대학이다. 대학의 역사만큼이나 코임브라대학식물원도 유럽에서 오래된 식물원의 원형을 보여주는 곳이다.

회교식 정원 양식에서 빼어놓을 수 없는 것이 물의 존재이다. 코임브라대학식물원 입구에는 이것을 보여주는 거대한 수도교가 있다. 비록 수로로서의 생명은 다했지만, 그 존재만으로도 오래된 도시의 경관요소로 식물원의 분위기를 짐작게 해 주는 상 세바시티앙 수도교Aqueduto de São Sebastião이다. 수도교 아래로 연결된 통로를 통과하면 바로 코임브라대학식물원의 북쪽 입구가 나타난다. 일반적으로 식물원의 입구는 저지대에 위치해 안쪽으로 들어갈수록 울창한 수림이 펼쳐지는 모습인 데 반해, 코임브라대학식물원은 입구가 가장 높은 위치에 있어 들어서자마자 식물원의 전경을 조망할 수 있게 해 주는 독특한 구조를 지니고 있다. 그래서인지 부담 없이 맘 편하게 들어설 수 있는 공원 같은 장소이다. 특히 대학도시 한복판에 위치해 입장료 없이 누구나 공원처럼 산책하고 휴식을 취할 수 있는 장소로 시민들의 사랑을 받고 있다.

식물원의 역사

식물원은 18세기 후반, 코임브라시의 베네딕트 수도회에서 기증한 중심부 13ha 땅에 조성되었다. 1772년 당시 총리였던 세바스티앙 조제 데 카르발류 에 멜로Sebastião

식물원 북쪽 입구 도로 한켠에 서 있는 상 세바시티앙 수도교

높은 곳에 위치한 출입구

José de Carvalho e Melo에 의해 설립되어 지금까지 현존하는 250년 역사를 지닌 오래된 식물원이다. 15세기 대항해시대 유럽에서는 세계 곳곳에서 수집한 이국적이고 희귀한 동식물들을 전시하는 것이 국력의 상징이었다. 나아가 이를 전시하고 연구하며 보존·증식·활용하기 위한 목적으로 식물원들이 설립되었다. 코임브라대학식물원 역시 자연사 및 의학 연구를 보완하기 위해 조성되었다. 특히 당시 식물학자이자 대학식물원장이었던 알베라 브로테로Avelar Brotero는 1804년 플로라 루시타나Flora Lusitana와 같은 여러 식물 관련 출판물을 제작하는 동시에 식물

학 연구를 위한 최초의 실용 학교도 설립하였다. 코임브라대학식물원에서는 1868년 최초로 종자 은행 및 관련 종자 카탈로그The seed bank and associated seeds catalogue를 출판하여 포르투갈의 고유 종자뿐만 아니라, 다양한 외래품종에 대한 소개를 시작하였으며, 오늘날까지 매년 업데이트하며 멸종위기에 처한 종 보존에 앞장서고 있는 학구적인 식물원이다.

의학적 목적으로 사용되는 약용식물원

식물원의 구성

북쪽 높은 곳에 있는 입구를 따라 계단들이 연결되어 있다. 고즈넉한 계단을 따라 내려가면 테라스처럼 단계별로 식물원 구성 요소들이 등장한다. 계단 우측에서 제일 먼저 만나게 되는 곳은 건축가 주앙 멘데스 리베이루João Mendes Ribeiro가 1855년 제작하기 시작하여 1865년 완성한 유리온실이다.

철과 유리로만 조성된 모습은 마치 영국의 죠셉 팍스톤Joseph Paxton이 런던박람회에서

벽면을 타고 덩굴처럼 자란 부겐빌레아*Bougainvillea*

선보인 수정궁Cristal Palace의 외관을 연상케 한다. 열대 및 아열대식물들이 생존 가능한 포르투갈의 날씨 덕에 별도의 관리시설 없이도 식물들이 잘 보존되어 있다. 세 개로 구분된 공간에는 난초류, 식충식물, 양치류와 열대수종 등이 전시·보존되고 있다. 유리온실을 지나 독특한 외관의 원형 계단을 따라 좀 더 아래쪽으로 내려가면 물을 소중히 다루는 회교식 정원 양식의 사분four garden 형태의 공간이 나타난다. 다양한 목련과 벚나무, 진달래 등 익숙한 수종들로 어우러진 채, 분수를 중앙에 두고 조성되어 여느 유럽의 식물원과는 다른 이국적인 풍경을 연출하고 있다. 뜨거운 날씨 탓인지 물은 청량하다기보다는 녹조가 가득 끼인 채로 방치되어 있다. 좀 더 자주 분수를 틀어 물을 순환시키면 어떨까 하는 생각이 든다. 한편 식물원의 출발이 의학적 목적에 있었음을 암시하는 약용식물원이 길을 따라 길게 늘어서 있다. 식물원이 의과대학의 약제소나 조직배양소와 같은 역할을 수행하고 있음을 보여주는 동시에, 향긋한 약초들을 만나볼 수 있는 곳이다.

식물원을 산책하면서 만나게 되는 아이비로 장식된 벽면은 고풍스러운 느낌을 더하는 장식 요소로서 식물원의 역사를 말해 주고 있다. 특히 좁은 벽면의 식재지를 기반으로 성장하는 부겐빌레아 꽃들은 딱딱한 석벽의 느낌을 보듬어주는 장식 효과가 되어 준다. 중앙의 사분원을 빠져나오게 되면, 1852년에 조성된 1ha 면적의 대나무 숲을 비롯하여 유칼립투스, 피나무 등 1,200여 종의 식물로 조성된 자연스러운 산책로가 나타난다. 명상하며 걷기에는 최적의 장소로 생각된다. 특히 유럽에서 흔히 보이는 피나무 가로수길은 식물원의 느낌보다는 잘 조성된 오래된 공원 같은 모습을 보여준다.

아가판서스 *Agapanthus africanus* (L.) Hoffmanns.와 조화를 이룬 자작나무

오랜 역사의 흔적이 배어 있는 수로

식물원의 운영 특성

대학식물원답게 학생들의 현장 수업을 위한 공간과 인턴십 교육 기관으로서 역할뿐만 아니라, 석박사 학위 논문 등을 실험하기 위한 곳으로 활용되는, 대학교육과 긴밀한 관계를 유지하고 있는 식물원이다. 유리 및 열대온실을 비롯하여 식물원에는 1,500종 이상의 식물이 식재되어 있으며, 식물학, 임업, 생태학 및 원예 분야의 기술 지식을 갖춘 팀이 식물원을 관리하고 있다.

상업적인 목적이 배제된 식물원답게, 개인적인 가이드 투어는 없지만, 단체로 방문하게 된다면 코임브라대학교 관광청에서 10일 전에 사전 예약을 하면 전문가를 동반한 투어가 가능하다.

Travel tip

주소 Calçada Martim de Freitas, 3000-456 Coimbra, Portugal
홈페이지 https://www.uc.pt/jardimbotanico
전화 +351 239 855 215
개원시기 및 시간 하절기(4월~9월)는 09:00~20:00, 동절기(10월~3월)는 09:00~17:30까지 개원한다. 휴원일: 1월 1일, 12월 25일, Cortejo da Latada와 Queima das Fitas(대학 학생 축제 기간)
면적 13ha

48 동백의 새로운 발견

포르토대학식물원

Jardim Botanico de Universita do Porto

뙤약볕 아래 편암정원에 위치한 3개의 수조

식물원이라고는 있을 것 같지 않은 주택가 한복판에 진한 와인색의 철문과 조각, 건축물로 전면이 장식된 작은 관공서 같은 곳이 눈에 띈다. 식물원이라고 생각되지 않는 이곳의 후면에는 고즈넉한 정원이 가꾸어져 있다. 바로 포르토대학식물원이다. 대학식물원답게 무언가를 전달하고 싶었는지, 입구 바닥부터 생명체를 분류하는 동판으로 장식되어 있고, 건물에 들어서면 다양한 생명체들의 종을 구분해 놓은 독특한 전시물들로 가득 채워져 있다. 배후의 수목원 산책로에는 울창한 수림과 연못, 산책로 등으로 여느 근린공원 못지않은 쾌적함을 제공하지만, 고속도로와 인접하여 소음이 심하게 들린다. 여전히 시설들을 보완 중이지만, 그중에서도 방음 시설을 조금만 더 보완한다면 포르토시의 명물 중 하나가 될 수 있을 것이다.

청동소년의 정원 분수

식물원의 역사

초기 식물원 부지였던 캄포 알레그레Campo Alegre Estate는 프랑스 의사 장 피에르 살라베르트Jean Pierre Salabert의 소유였으나, 1820년 존 조제 다 코스타John José da Costa와 아놀드 리베이로 바보사Arnaldo Ribeiro Barbosa가 매입한 이후, 1895년 포트 와인 딜러인 주앙 헨리케 안드레센João Henrique Andresen에게 소유권이 이전되었다. 그는 가족과 함께할 정원을 조성하여 당시 유행했던 낭만적인 스타일의 공간을 선보였다. 포르투갈 정부는 1949년에 이 부지를 인수하여 1951년 포르토대학식물원으로 전환하게 되었고, 포르토대학 과학 학부와 곤잘로 삼파이오 식물연구소Gonçalo Sampaio Botanical Institute에서 식물원을 관리하게 되었다. 현재 식물원의 책임자는 전 소유주의 후손인 조경가 테레사 안드레센Teresa Andresen이며, 아르날도 로제이라Arnaldo Rozeira, 로베르토 살레마Roberto Salema, 바레토 칼다스 다 코스타Barreto Caldas da Costa 교수가 앞장서서 포르토대학식물원을 관리하고 있다. 이후 도로와 대학 스포츠 센터의 건설로 식물원 부지는 12ha 중 8ha가 사라지게 되었고, 이에 대한 보상으로 1.8ha의 부메스터 이스테이트Burmester Estate 정원이 식물원에 추가되어 2007년 5월 리모델링 끝에 재개장하게 되었다.

생물종을 쉽게 구분할 수 있도록 도식화한 입구 바닥의 원형 동판

편암정원 내 수련

난쟁이정원으로 연결된 나무수국길

식물원의 구성

정면에 보이는 안드레센하우스Casa Andresen는 생물종에 대한 다양한 전시가 상설로 열리는 곳이다. 다양한 동식물의 기원과 세계 곳곳에서 수집한 여러 대비되는 종들을 전시하여 대학 식물원다운 학구적인 모습을 갖추고 있다. 하우스 옆으로 난 삼나무 숲길 사이부터 본격적인 포르토대학식물원의 여정이 시작된다. 먼저 우거진 열대우림을 연상케하는 수림 속에는 산월계수*Kalmia latifolia*와 대추야자*Phoenix canariensis*, 나무고사리*Dicksonia antarctica* 등으로 둘러싸인 청동소년의 정원Jardim do Rapaz de Bronze이 나타난다. 가느다란 분수지만, 뜨거운 햇볕을 잠시나마 피하기에는 최적의 장소이다.

이곳을 나와 뜨거운 햇살 사이로 시원한 동백나무 캐노피로 연결된 산책로가 등장한다. 길을 따라 나무수국이 펼쳐진 난쟁이정원Jardim dos anoes에는 정형화된 벤치나 파고라보다는 자연 통나무를 그대로 두어 산책하는 사람들이 잠시 쉬어갈 수 있도록 만들어 놓은 쉼터가 있다.

이곳을 빠져나오면 고풍스러운 파고라가 등장하고, 그 앞으로 넓게 펼쳐진 중정에는 동그란 큰 세 개의 수조와 덧붙여진 2~3개의 수조들이 수련을 비롯한 다양한 수생식물들을 품은 채 위치해 있다. 건조한 날씨 탓에 물을 많이 활용하는 회교식 정원 양식이 발달할 수밖에 없음을 직감할 수 있는 편암으로 구성된 정원Jardim do Xisto이다.

중앙의 하우스 뒤편으로 펼쳐진 정원들은 모두 사람의 키보다 훨씬 큰, 100년이 넘는 동백나무 수벽으로 구획되어 있다. 동백으로 울창한 수벽을 만든 것을 처음 보고 감탄했다.

100년이 넘은 동백나무 터널과 내부

동백꽃이 피면 어떤 모습일지 동백꽃이 필 무렵 포르토에 다시 와보고 싶은 마음이 간절했다.

하우스를 등지고 가장 좌측에 있는 물고기정원The Fish Garden은 현장에서는 왜 물고기 정원이라고 하는지 이해되지 않지만, 위성사진을 통해 보면 그 이유를 알 수 있다. 가장 중앙에 있는 장미정원The Rose Garden은 계절을 맞춰 방문하기만 하면 화려한 장미로 수놓인 풍경을 만끽할 수 있다. 특히 회교식 정원의 영향을 받아 사분원으로 구획된 정원의 중앙에는 수련으로 가득 찬 잔잔한 수조가 있어 정형적인 아름다움을 더하고 있다. 가장 우측에 있는 J정원The J Letter Garden 역시 위성사진으로 보아야만 왜 J 정원이라고 하는지를 알 수 있는 형태미를 간직한 정원이다. 3개의 정원은 모두 2~3층 규모의 동백나무들이 커다란 수벽을 형성하여 마치 건물들로 둘러싸인 중정과 같은 아늑한 느낌을 제공한다. 가장 우측 공간에는 선인장을 비롯한 많은 다육식물 전용 온실이 있고, 주변으로 오푼티아*Opuntia*, 유포비아*Euphorbia*, 아가베*Agave* 및 알로에*Aloe* 등을 포함한 선인장과 다육식물 등으로 구성된 사막식물 컬렉션이 있다. 특히 온실이 필요할까 싶은 정도의 덥고 건조한 날씨 탓에 온실의 모든 창은 개방되어 있어, 열대 건조 식물들이 살아가기에는 최적의 기후조

회교 문화 흔적이 엿보이는 타일 무늬 파고라

건을 가지고 있다.

아가판서스가 활짝 핀 산책로

식물원의 운영 특성

연구와 교육 중심의 대학 부속식물원답게 특별한 체험 프로그램이나 운영상의 특징은 없다. 1월 1일과 12월 25일을 제외하면 연중 계속 개방되어 있고, 입장료도 없어 지역 주민들의 근린공원 같은 식물원이다.

Travel tip

주소 Rua do Campo Alegre 1191, 4150-181 Porto, Portugal
홈페이지 https://jardimbotanico.up.pt/
전화 +351 22 040 8727
개원시기 및 시간 주중은 09:00~18:00, 주말은 10:00~18:00까지 개원한다. 휴원일은 1월 1일과 12월 25일이다.
면적 4ha

49

꽃의 도시를 빛내는

메스식물원

Jardin botanique de Metz

식물원의 풍경

메스는 프랑스 로렌지방 모젤주의 주도로 스트라스부르 북서쪽과 룩셈부르크 국경의 남쪽으로 모젤강과 세유강이 만나는 곳에 위치한다. 낭시와 룩셈부르크를 연결하는 교통의 요충지이면서 철과 석탄이 풍부한 산지라는 중요성 때문에 프랑스-프로이센 전쟁과 1, 2차 세계대전의 결과에 따라 프랑스와 독일이 번갈아 점유하다가 2차 세계대전 이후 프랑스 영토로 편입되었다. 이러한 이유로 메스는 전체적으로 프랑스 분위기이지만 독일적 요소도 섞여 있다. 여러 번의 전쟁을 거치면서도 2천 년의 역사를 지닌 유서 깊은 도시답게 메스는 중세시대와 18세기 모습을 그대로 유지하고 있는 고풍스러운 건축물부터 퐁피두센터와 같은 최신의 건축물까지 과거와 미래가 공존하는 아름답고 평화로운 도시로 프랑스에서 가장 살기 좋은 도시 중의 하나로 꼽히고 있고 가장 아름다운 꽃의 도시로 선정되기도 했다.

메스식물원은 모젤강 가까이 위치해 있으며 4.4ha 면적에 자연스러운 경관을 특성으로 하는 영국식 정원 양식과 대칭적이고 규칙적인 무늬를 가진 프랑스식 정원 양식으로 조성되어 있다. 여기에 80개 식물군의 약 4,500주의 식물을 아름답게 식재하여 도시 중심부에서 자연을 즐기며 여유를 느낌과 동시에 정원의 조형미도 감상할 수 있는 꽃의 도시를 빛내주는 이상적인 곳으로 여겨지고 있다.

식물원의 역사

메스시는 델 에스페 남작부인이 1719년에 조성한 여름 별장 부지를 1866년에 구입하여 시의 건축가인 데모게트 Demoget 에게 의뢰하여 자연스러운 경관의 영국정원 형식을 기본으로 하는 식물원을 조성하였다.

온실은 메스의 철공 장인인 어니

크리스토프 프라틴의 동물 청동상

스트 판츠 Ernest Pantz의 작품으로 1861년 메스에서 개최되었던 박람회를 위해 파베르정원 Fabert Garden에 설치하여 전시하였던 것을 박람회 이후 해체하여 1882년 현재 식물원 위치에 재설치하였다고 알려져 있다. 하지만 다른 기록인 1898년 1월에 작성된 계획서에 따르면 1875년 화재로 소실된 온실을 당시 도시의 건축가인 완 Wahn이 재건한 것으로 되어 있어 메스의 특수한 역사적 배경과 함께 식물원의 역사를 상기할 수 있게 해 준다.

현재 식물원에서 볼 수 있는 독수리와 사슴의 청동상은 1866년에 메스의 동물조각가 크리스토프 프라틴 Crhistophe Fratin이 자

원형으로 조성된 장미정원

신을 살아가기에 필사적인 사슴의 모습으로 표현하여 제작·설치하였다고 알려져 있다.

온실 내부

식물원의 구성

아담하면서도 아름다운 식물원 내부로 들어서면 뉴욕 센트럴 파크에 설치된 에글스 앤 프레이 동상을 제작한 크리스토프 프라틴의 동물 청동상을 만나게 되고 중앙에 위치한 프레스카텔리 정자를 볼 수 있다. 장미정원에서는 80여 품종의 덤불장미와 관목장미를 감상할 수 있고 허브원에서는 다양한 향을 음미할 수 있다. 온실은 834m^{2}의 규모로 붉은 벽돌담과 유리지붕이 올려져 있는 저택 구조로 다른 곳에

적도관목온실

벽돌벽체가 특징인 온실 외관

큰나무와 어우러지는 연못

서 볼 수 없는 독특한 형태이며, 오랑제리, 건조온실, 온대온실, 진화온실Greenhouse Dedicated to Evolution, 적도관목온실Equatorial Undergrowth, 주제전시온실을 포함하는 6개의 공간으로 구성되어 있다. 지중해성기후 온실인 오랑제리에서는 하트 모양의 잎과 독특한 꽃모양의 엘레강스쥐방울덩굴*Aristolochia elegans* Mast.이 인기가 많으며, 적도관목온실에는 극락조화*Strelitzia nicolai* Regal & Körn가 눈길을 끈다.

야외공간으로 나오면 수령이 180년 이상인 고목과 키 큰 나무들을 만날 수 있다. 아시아에서 도입된 수고 7m, 수령 130년의 우리에게도 친숙한 회화나무*Sophora japanica* L.와 미국 캘리포니아에서 도입된 수고 8m, 수령 150년의 캘리포니아 비자나무*Torreya californica* Torr.가 특별하게 느껴지며 주변의 크고 작은 연못에 백조, 거위, 오리들의 한가로운 모습들이 어우러져 평화로운 풍광의 정취를 더해 주고 있다.

넘어진 나무를 이용한 자연스러운 벤치

식물원의 운영 특성

식물원의 교육과 연구기능이 전쟁을 거치면서 약화되었기

그라스가든

에 이를 극복하기 위해 식물과 동물을 주제로 하는 전시회를 매년 개최하고 있다. 또한 생물다양성 유지를 위한 활동으로 식물원은 2010년부터 룩셈부르크를 거쳐 독일 사르에 이르는 약 20여 개의 식물원이 참여하는 국경없는 식물원 네트워크에 참여하고 있으며 도시의 녹색 허파로서 지속 가능한 개발에 부응하고자 하는 노력을 기울이고 있다.

식물원 내에 장난감 기차 철도를 운영하여 방문객에게 인기가 많다. 11월 초부터 4월 말까지의 겨울 기간은 운영하지 않고, 그 외 기간에는 화요일부터 일요일까지 운영한다. 운영 시간은 계절에 따라 다른데, 봄 기간(5월 초~6월 중순)은 오후 3시~7시, 여름 기간(6월 중순~9월 중순)은 오후 2시~8시, 가을 기간(9월 중순~10월 말)과 성탄절 기간은 오후 3시~6시까지이다.

Travel tip

주소 27 ter rue du Pont-à-Mousson 57950 Montigny-lès-Metz, France
홈페이지 https://metz.fr/lieux/lieu-27.php
전화 +33 0387 55 53 76
개원시기 및 시간 공원은 08:00~일몰까지 개원한다. 온실은 주중은 09:00~16:00, 주말과 공휴일은 09:00~12:00까지 개원한다. 12월 25일과 1월 1일은 휴무이다.
면적 4.4ha

50

하나로 운영되는 도심 속의 두 식물원

보르도식물원

Jardin Botanique de Bordeaux

보르도공공정원의 수련연못

보르도는 프랑스 서부의 중심 도시이자 와인 생산지로 유명하다. 바다와 가깝고 기후가 온화하여 예로부터 휴양 관광지로 각광을 받아온 보르도는 유럽은 물론 전 세계의 관광객이 몰려드는 도시이다. 보르도는 또한 프랑스의 지성사를 빛낸 3명의 위인–몽테뉴Michel de Montaigne(1533~1592), 몽테스키외Baron de Montesquieu(1689~1755), 그리고 1952년 노벨문학상 수상자인 프랑수아 모리악François Mauriac(1885~1970)의 고향이기도 하다. 보르도의 "3M"으로 흔히 불려온 이들의 자취가 도시의 곳곳에 배어 있어서 보르도는 단순한 관광지에 머무르지 않고 역사적 전통과 독특한 인문적 분위기가 감도는 품격 있는 도시로 다가온다.

3세기에 걸친 긴 역사를 자랑하는 보르도식물원은 도시의 이런 분위기에 걸맞는 자연 공간을 제공하며 보르도 시민들이 즐겨 찾는 명소가 되어 왔다. 1629년 의사와 약사를 위한 약초정원으로 출발한 보르도식물원은 여러 차례의 장소 이전 끝에 1857년 가론느강 좌안에 만들어진 현재 공공정원 부지 내에 정착되어 오늘에 이르고 있다. 시민들에게 개방된 공원처럼 조성되었기 때문에 보르도식물원은 많은 화단과 공원으로 통하는 여러 산책로가 마련되어 있고, 정교한 조각 작품, 동상, 역사적 건물들이 곳곳에 배치되어 독특한 분위기를 자랑하는 도심 속의 자연 공간이라고 할 수 있다.

1996년 보르도시 당국은 협소한 식물원 부지 문제를 해결하기 위해 가론느강 건너편 바스티드 지역에 새로 식물원을 조성하기로 기획하고 1999년 본격적인 작업에 착수하여 2003년 마침내 완공하여 문을 열었다. 강 건너편의 기존 식물원이

보르도공공정원에 설치된 노벨문학상 수상자 프랑소와 모리악 동상

오랜 역사와 함께 이 자리에 뿌리박은 거대한 수목으로 우거진 숲과 잔디 그리고 화훼류로 장식된 아름다운 정원이 산재한 공원형 공공정원Jardin Public이라면, 새로 바스티드에 조성된 식물원은 온실과 상설전시관 그리고 넓은 부지에 조성된 다양한 식물분류원 등으로 구성된 연구와 교육 중심의 전통적 의미의 식물원이라 할 수 있다.

식물원의 역사

보르도식물원의 기원은 1629년 보르도에 처음 만들어진 약용정원으로 거슬러 올라간다. 그러나 이 약용정원은 두 세기 넘게 도시의 여러 곳으로 이전을 거듭하면서 퇴락을 면치 못했는데 현재의 공공정원 지역에 정착하면서 비로소 식물원의 면모를 갖추게 된다.

1857년 이전에 왕실정원이었던 부지가 시민들에게 휴식처가 되는 식물원 자리로 확정되고, 피셔Louis-Bernard Fischer와 에스카르피Jean Escarpit의 설계로 반원형의 식물분류원이 건립되었다. 이 당시 식물원의 주요 기능은 세계 각지에서 수집되어 오는 식물들을 분류하여 종별로 체계화하여 보존하는 것이었는데 보르도식물원도 이런 연구와 교육 목적의 기능에 충실하였다. 또한 식물원의 나머지 부분과 명료하게 구분 짓기 위해 경계 지역에 세계 여러 곳에서 수집한 열대식물을 위한 온실을 지었다. 온실 중앙에 건축한 파빌리온의 높이는 17.5m, 여

보르도공공정원의 신고전주의양식 건물 벽면 장식

보르도공공정원의 장식정원

러 개의 온실이 이어진 전체 길이가 무려 90.6m에 이르는 거대한 규모였는데, 당시 유럽에서 제일 큰 온실이었다. 이 온실은 1931년에 철거되었으나 20세기 말까지 식물의 수집과 분류 그리고 보존에 주력하는 식물원의 일반적인 기능과 더불어 보르도 시민들의 여가와 휴식 공간으로서의 기능을 수행해 왔다.

협소한 식물원 부지 문제를 해결하고 식물원의 연구와 교육 기능을 강화하기 위해 바스티드 지역에 새로운 식물원이 조성되어 문을 연 것은 2003년이다. 새로 개원한 바스티드식물원은 넓은 부지에 식물분류원 성격의 다양한 전시정원과 온실, 상설전

칼 린네 흉상이 맞아주는 바스티드식물원 입구

보르도공공정원에 서 있는 피나무 한 그루의 품

시관을 갖춘 현대식 식물원인데 특히 조경이 아름다워 2003년 로사 바르바 유럽 조경상을 받았고 2007~2008년간의 "태양광 숙소, 오늘의 숙소" 공모전에서 문화빌딩상을 받기도 했다.

21세기에 들어서서 보르도식물원은 이렇게 도심을 흐르는 가론느강 양안에 두 개의 부지를 갖춘 식물원으로 발전하였다. 여기서는 1868년 현재의 부지에서 시작된 원래의 공공정원식 식물원을 먼저 소개하고 이어 바스티드에 새로 개원한 식물원을 소개한다.

식물원의 구성

원래의 보르도식물원인 보르도공공정원은 신고전주의양식의 건물을 배경으로 반원형 식물분류원, 크고 작은 정원, 수련연못, 그리고 수목에 둘러싸인 잔디밭과 숲 등으로 구성되어 있다. 대서양 연안에 접해 있는 보르도는 특히 식민 활동이 활발했던 19세기에는 전 세계로부터 다양한 물산들이 유입되었는데 식물도 그중의 하나이다. 무역상인, 선교사, 탐험가, 여행객들이 해외에서 발견한 이색적인 식물들을 들여왔고 그런 외래종 식물들과 더불어 토착식물을 분류하고 보존하는 일이 식물원의 주 업무였다. 보르도식물원의 수많은 화단과 식물분류원은 서로 다른 식물들을 분류·식재하기 위해 만들어진 것이다.

정문으로 들어가면 바로 공원을 연상시키는 넓은 공간이 전개된다. 우거진 수목과 넓은 잔디밭 그리고 군데군데 초화류로 꾸민 아름다운 화단이 있고, 쉴 수 있는 벤치와 카페가

바스티드식물원 온실 내부

있다. 수목 사이 또는 잔디밭에는 보르도가 배출한 인물들의 동상이 서 있으며 조각 작품도 설치되어 있어 보르도의 역사와 문화 그리고 자연을 함께 즐길 수 있다. 이런 아름답고 고즈넉한 정원의 피나무 그늘 아래서 책을 읽고 있는 여성이 눈에 띈다. 거목의 넓은 품에서 독서삼매경에 빠지다니 그들의 호사가 부럽기 그지없다.

안쪽으로 들어가면 현재는 행정 업무용으로 사용되는 신고전주의 양식의 아름다운 건축물이 나타나고, 그 뒤로 원형 수련연못과 식물분류원이 조성되어 있는 식물원의 핵심 공간이 나타난다. 새로이 바스타드식물원이 만들어지면서 이곳에 있던 꽤 많은 식물들이 그곳으로 이식되었으나, 가스콘느 지방의 토착 식물들은 물론 북아메리카, 중국, 일본 등지에서 수집한 약 1,400종의 초본류가 분류 식재되어 여전히 식물원의 교육적 기능을 수행하고 있다. 바로 옆에는 보르도 자연사박물관이 있다.

바스티드식물원 경작정원에서 자란 호박

2003년에 바스티드지역에 새로 개원한 식물원은 도로를 사이에 두고 둘로 나누어져 있다. 한편은 식물원에서 자주 볼 수 있는 린네의 흉상 뒤로 온실과 상설전시관이 있고, 다른 한편의 넓은 부지엔 식물분류원 성격의 여러 가지 전시정원과 습지가 있다.

우리가 방문했을 때 상설전시관에는 식물학의 발전 역사와 관련된 자료들이 판넬, 도서 등의 형태로 체계적으로 전시되어 있고 일부 공간에는 식물을 활용한 여러 가지 작품들이 전시되어 있었다. 바스티드식물원의 온실에는 지중해성기후에서 자라는 식물과 건조한 갈수 지역 식물들이 전시되어 있다.

건너편에는 식물분류원 성격의 전시정원이 5개가 있다. 입구 초입에는 가드닝을 배우고자 하는 시민들이 참여하여 만들어가는 공유정원The Shared Garden이 있다. 그 뒤로는 여기에서 가장 넓은 면적을 차지하고 있는 경작정원The Cultivated Garden이 펼쳐진다. 이곳은 식용으로 재배하는 작물을 분류해 재배하고 있는 곳으로 곡물과 채소를 비롯해 호박과 같은 친근한 식용 식물들을 볼 수 있다. 경작정원의 분류 화단마다 직사각형의 수조를 만들어 물을 공급하는 관리 형태가 이채로웠다.

경작정원 오른쪽 가로 경계 쪽으로는 지지대를 타고 오르는 덩굴식물을 수집해 놓은 수직정원The Vertical Garden이 있는데 여기를 대표하는 것은 콩과식물들이다. 그다음으로 보르도를 포도주의 명산지로 만드는데 일조한 가론느강 하구의 삼각주 충적 분지인 아키텐분지의 지층과 토양과 식생을 재현한 생태갤러리The Gallery of Eco-System가 펼쳐진다. 이 생태갤러리는 아키텐 분지의 모래 언덕, 석회암 절벽, 습지초원, 잔디, 황무지 등과 같은 11가지 식생을 1.4ha의 면적에 재구성해 놓고 있다. 이곳의 왼쪽, 거리에 면한 가장자리에는 1999년

바스티드식물원 늪지

폭풍우로 쓰러진 샤렌테 참나무로 만든 나무 울타리를 끼고 도는 450m에 이르는 둘레길이 있다. 맨 안쪽에는 수생식물들이 여러 개의 직사각형 형태의 못에 나뉘어 자라고 있는 수생정원이 있다.

바스티드식물원의 전시정원들은 공공정원에 있는 정원들처럼 화려하지는 않다. 그렇지만 그 안에 자연과 식물을 탐구하고 연구하는 정원으로서의 배움의 분위기와 열정이 느껴진다.

식물원의 운영 특성

보르도식물원의 가장 큰 특성은 식물원을 두 개로 나누어 특성화하고 있다는 것이라 할 수 있다. 도심에 있는 공공정원은 시민을 위한 공원형 식물원으로 무료로 개방하여 언제나 휴식과 여가 선용을 할 수 있는 시민 중심의 공공성을 가진 식물원으로 발전시키고 있는 한편, 바스티드에 있는 식물원은 보다 연구와 교육에 목적을 두고 식물원을 설계하여 전문가는 물론 일반 시민들도 식물을 이해하고 관심을 가질 수 있도록 운영하고 있다는 것이다.

Travel tip

보르도공공정원
The Jardin Public

주소 Cours de Verdun-33000 Bordeaux France
홈페이지 http://www.bordeaux.fr/ville/jardin-botanique
전화 +33 5565 21877
개원시기 및 시간 매일 오전 7시부터 시작하며 폐쇄시간은 계절에 따른다. 4월 1일~5월 31일까지는 20:00, 6월 1일~8월 31일까지는 21:00, 9월 1일~30일까지는 20:00, 10월 1일~31일까지는 19:00, 11월 1일~2월 14일까지는 18:00, 2월 15일~3월 31일까지는 19:00까지 개원한다.
면적 10ha

Travel tip

보르도바스티드식물원
Jardin Botanique de la Bastide

주소 Esplanade Linné 33100 Bordeaux France
홈페이지 http://www.bordeaux.fr/1871/jardin-botanique-de-la-bastide
전화 +33 05 5652 1877
개원시기 및 시간 건물(온실 및 전시장)은 월요일과 공휴일을 제외한 매일 11:00~18:00, 야외는 하절기(3월 마지막 주말~10월 마지막 주말)는 매일 08:00~20:00, 동절기(10월 마지막 주말~3월 마지막 주말)는 매일 08:00~20:00까지 개원한다.

51

부침의 역사에도 불구하고 다양한 식물상을 보여주는

스트라스부르대학식물원

Jardin Botanique de l'U de Strasbourg

5가지 산악 생태계를 재현한 암석원 모양의 생태식물원

프랑스 북동부 알자스 지방의 도시 중 하나인 스트라스부르는 국경지대에 있는 탓에 독일과 프랑스의 치열한 전쟁의 흔적과 함께 양국의 문화유산도 함께 만끽할 수 있는 유서 깊은 도시이다. 크리스마스의 수도라고 불릴 정도로 스트라스부르의 크리스마스 축제는 전 유럽인이 찾는 아기자기하고 사랑스러운 축제로 꼽히고 있다. 다사다난하고 유구한 역사로 인해 도시에는 많은 건축 유산이 있다. 도시의 중심부는 1988년 유네스코에 의해 세계문화유산으로 지정되기도 하였다. 대표적인 문화재로 스트라스부르 대성당을 꼽을 수 있다. 스페인 바르셀로나의 파밀리에 대성당이 여성스러운 곡선미와 조각 등을 강조한 아름다운 성당이라면, 스트라스부르 대성당은 수직선이 강조된 시원한 이미지의 남성적인 형태미를 지니고 있다.

스트라스부르대학 남동 측에 있는 식물원은 19세기 프랑스의 유명한 과학자 루이 파스퇴르를 기리는 의미에서 루이 파스퇴르 대학식물원Botanical Garden of Louis Pasteur University으로도 알려져 있다. 식물원은 도시의 파란만장한 역사와 결을 같이하듯 프랑스혁명으로 해체의 위기에 처하는가 하면, 독일 제국에게 점령당하여 묘지로 활용되는 수난을 겪는 등 우여곡절을 겪었다. 1967년 3.5ha 면적에 현재의 모습을 갖춘 식물원은 전 세계 6,000종 이상의 식물이 있으며, 이들을 약 15,000개의 표본으로 구성하여 분류실에 보관하고 있다. 대학 부속식물원답게 지리적 특성에 따라 체계적으로 분류된 식물원은 학생 교육을 위한 훌륭한 교보재로서의 소임을 다하고 있다.

식물원의 역사

지식인과 예술가의 도시인 스

입구 좌측에 종별로 잘 분류된 수생식물원

트라스부르는 1566년부터 신학, 법학, 철학 및 의학의 4개 학부로 구성된 대학을 운영하게 된다. 4개 학부 중 하나인 의학부에서는 약용작물 재배를 위한 도시 내 식물원 조성을 강하게 요청하였다. 이에 따라 시의회와 부지의 소유주였던 수도원 간의 협상이 진행되었고, 결국 1619년 수도원의 양보로 크루테나우Krutenau 지역에 식물원 조성을 위한 토지를 확보하

학술적 분위기가 강한 대학식물원 전경

고, 식물원을 준공하게 된다. 1598년 조성된 몽펠리에식물원Botanical Garden of Montpellier에 이어 프랑스에서 두 번째로 조성된 식물원이 되었다. 당시 의학 교육에는 식물을 인식하는 방법, 식물의 약효 및 약국에서 식물을 준비하는 방법 등을 배우는 것이 포함되었는데, 이를 위해 의학부 교수들이 주도하여 온실을 비롯한 식물원의 전체적인 구성이 만들어졌다. 이후 1670년에는 식물학자 마커스 마푸스Marcus Mappus가 작성한 식물표본집 1,600종이 출판되는 등 전성기를 이루게 된다. 그러나 프랑스혁명 이후 대다수의 식물원이 귀족 중심의 장소로 여겨지며 해체되는 위기에 처하게 된다. 당시 식물원의 관장이었던 장 헤르만Jean Hermann이 자신의 전 재산을 투자하는 노력 끝에 해체의 위기에서 벗어나며, 겨우 명맥을 유지한 채 존재하게 된다. 이후 1870년 독일 제국군이 스트라스부르를 포위하자 식물원은 다시 묘지로 전락하며 독일의 소유가 되었다. 1880년 독일 황제 빌헬름 2세는 과학 및 문화 홍보의 장으로 제국 대학교를 설치하고 1884년 11월 26일 현재 위치에 온실과 수목원을 포함한 식물원을 건설하여 새롭게 개장한다. 1919년 제1차 세계 대전 후 식물원은 프랑스 영토로 반환된다. 1958년 8월 11일 개장 당시 만들어졌던 대형온실은 우박과 폭풍 등의 심각한 자연재해로 큰 피해를 입게 되고, 1963년에 파괴되기에 이른다. 1967년 당시 식물원 책임자였던 헨리 장 마레스켈레Henri-Jean Maresquelle의 지시로 현재와 같은 새로운 식물학 연구소가 건설되었으며, 이곳은 오늘날 프랑스 역사 기념물로 분류되어 관리되고 있다.

건드리면 잎이 오므라드는 미모사*Mimosa polycarpa* Kunth

고급 식재료인 아티초크Artichoke(*Cynara cardunculus* L.)

꽃 속에 또 다른 꽃잎이 있는 듯한 화려한 말로프*Malope trifida* Cav.

식물원의 구성

식물원은 야외수목원Arboretum

수련을 바라보는 청개구리

을 비롯하여 열대온실, 저온온실, 배리온실, 잔디온실, 수생식물원Plantes Aquatiques, 식물분류원Ecole de Botanique, 생태식물원Parcelles Ecologiques 및 유용식물원Plantes Utiles의 9개 구역으로 구성되어 있다.

우선 대학의 남동 측에 접한 입구를 통해 들어서면 우측에 가장 먼저 유용식물원을 만날 수 있다. 우리 일상생활과 밀접한 관련이 있는 식물들을 만날 수 있는 곳이다. 아티초크나 사과, 토마토, 당근 등 줄기, 과일, 잎 또는 뿌리를 식용으로 사용할 수 있는 식물들을 비롯하여 합성섬유 출현 이전의 직물이나 로프 재료로 사용되는 섬유 식물, 염료로 사용되는 염료식물 등을 참나무 침목으로 둘러싸인 화단에서 용도별로 관찰할 수 있다. 또한 초기 식물원 설립 목적에 맞는 의료 목적의 각종 약재도 살펴볼 수 있다. 유용식물원을 지나 거대한 식물연구동Institut de Botanique과 함께 연구동 전면에 있는 직사각형 미로 모양의 여러 수생식물 수조를 관찰할 수 있다. 우리가 흔히 볼 수 있는 연꽃, 수련, 부들을 비롯하여 물배추*stratiotes*나 글리세리아 플루이탄스*Glyceria fluitans* 등의 수생식물들을 근거리에서 관찰할 수 있는 곳이다. 수생식물원 바로 옆에는 2020년에 조성된 생태식물원이 있다. 생태식물원에는 산악 지역의 극한 환경 조건 예컨대 거친 지형, 추위, 적설 및 척박한 토양 등에서 자랄 수 있는 식물들을 위주로 북반구의 온대 및 아한대 지역의 특징인 5가지 산악 생태계를 재현해 놓았다. 고산 초원, 절벽이나 암석과 초지, 건조한 사면, 숲과 황무지, 습지 등 5가지 생태적 환경으로 대변되는 산악 생태계에는 동일한 생태적 조건에 맞는 식물의 생존 전략들을 살펴볼 수 있다. 현재 설치 중인 교육 패널이 완성된다면 산악 환경의 특성과 다섯 가지 생태계에서 식물이 환경에 어떻게 적응했는지 더 잘 이해하게 될 것이다.

입구에 있는 주제별 식물원을 지나면 중앙에 식물학교라고 불리는 식물분류원Ecole de Botanique을 만날 수 있다. 국화과, 목련과, 벼과 등 1,500여 종의 다양한 식물이 꼼꼼한 라벨과 함께 종류별로 분류되어 교육적 효과를 더하고 있다.

식물원의 가장 큰 매력은 북반구와 남반구에서 온 450종 이상의 식물 품종이 있는 12m 높이의 열대온실이다. 이국적인 나무들 사이에서 바나나, 양치류, 덩굴 및 야자수 등과 함께 식충식물과 계피, 파파야, 사탕수수와 같은 식용식물들을 살펴볼 수 있다. 열대온

오랜 역사의 흔적이 엿보이는 온실

실과 연결된 저온온실에는 선인장을 비롯한 다육식물들이 이국적 분위기를 더해 준다. 한편 식물원 입구에는 12면의 채광창이 있는 원형의 배리온실이 있다. 19세기 말 식물원 건설을 지시한 안톤 드베리Anton deBary (1831~1888)라는 식물학자의 이름을 본떠 지어진 직경 7m 규모의 원형 온실에는 거대한 아마존 빅토리아 수련*Victoria regia* Lindl. 과 붉은 맹그로브*Rhizophora mangle* L., 나일 파피루스*Cyperus papyrus* L., 맹그로브 고사리*Acrostichum aureum* L. 등이 있는 것으로 알려져 있다. 그러나 안타깝게도 보안상의 이유로 배리온실은 대중에게 공개되지 않고 있다.

식물원 온실 내부 통로

식물원 면적의 절반을 차지하는 야외 수목원에는 다섯 개 대륙에 자생하는 150그루의 침엽수, 350그루의 낙엽수 및 1,500여 그루의 관목 등 2,000여 그루의 나무가 식재되어 있다. 식물원 조성 당시 식재된 100년 된 나무를 비롯하여, 대표적인 침엽수로는 연못 주변에서 자라는 낙우송과 유사한 35m 높이의 낙우송 *Taxodium distichum* (L.) Rich. 이 있고, 활엽수로는 줄기 둘레가 약 5m에 이르는 코카서스 호두나무 *Pterocarya fraxinifolia* (Poir.) Spach 가 있다. 키 큰 나무들 사이로 연못이 조성되어 있는데, 연못 산책로를 따라 양치식물원이나 암석원 등이 있어 흥미로운 식물원 산책에 도움이 된다. 식물원의 중앙에는 스트라스부르 천문대와 스트라스부르 천문관이 있어 늦은 밤 별자리도 관찰할 수 있다.

식물원의 운영 특성

식물원은 살아있는 식물 이외에도 과학, 교육 및 문화유산 보전 차원에서 식물표본으로 나무나 과일, 씨앗 등의 건조 샘플 등을 도서관에서 별도로 구분하여 보존하고 있다. 특히 프랑스 5대 식물 표본관 중 하나로 꼽히는 스트라스부르 식물 표본관은 19세기 초부터 현재에 이르기까지 식물학자들이 수집한 400,000개 이상의 건조 표본들이 관리되고 있다. 스트라스브르대학의 부속식물원으로 입구 좌측에 있는 식물연구동에는 다수의 연구자와 학생들이 식물원 전역을 관찰하는 동시에 멸종위기에 처한 식물을 보호하고 관리하는 데 큰 노력을 기울이고 있다. 특히 기후대가 다른 이국적인 종을 재배하고 적응시키기 위해 수십 년 동안 연구와 재배를 거듭한 끝에 야외 관람로에 대마나 야자수, 바나나, 대추나무 등을 전시할 수

호수 산책로를 따라 조성된 양치식물원

식물원 호수 전경

있게 되었다.

식물원은 일반 시민들 특히 젊은 세대에게 식물 보존의 중요성을 알리기 위해 1시간 내외의 가이드 투어와 교육 활동을 제공한다. 이 투어에 참가하기 위해서는 사전 예약 후, 16명 이하의 단체는 45유로, 30명 이하의 단체는 80유로의 관람료를 내면 된다. 참고로 일요일에는 무료 가이드 투어가 있으니, 날짜를 잘 맞추어 방문한다면 뜻밖의 행운을 얻을 수도 있다. 자전거나 기타 오토바이, 맹인 안내견을 제외한 동물의 출입은 금지되며, 유모차는 사용할 수 있다.

Travel tip

주소 28 Rue Goethe, 67000 Strasbourg, France
홈페이지 http://jardin-botanique.unistra.fr/
전화 +33 3 68 85 18 65
개원시기 및 시간 간절기(3월~4월, 9월~10월)는 15:00~18:00, 하절기(5월~8월)는 15:00~19:00, 동절기(11월~12월)는 14:00~16:00(입장객은 폐장 15분 전까지 출구로 나와야 함)까지 개원한다. 휴원일은 12월 24일~2월 28일, 5월 1일, 11월 1일과 11일, 기타 악천후, 눈, 서리 등의 기상 상태에 따라 휴원한다.
면적 3.5ha

52

바닷가 바위산 정상에 자리잡은

에즈가든

Le Jardin Exotique d'Eze

에즈마을 해안 절벽에 자리한 독특한 모습의 에즈가든 전경

프랑스 남부 리비에라에 있는 에즈가든은 에즈의 중세마을 해발 429m에 자리잡고 있다. 이국적인 에즈가든의 경관은 리비에라에서 가장 뛰어난 것으로 평가받고 있다. 선인장, 아가베, 알로에가 꽃을 피우고 고대 성의 유적을 보유하고 있다. 400m가 넘는 가파른 지형에 자리잡고 있어 해안의 탁 트인 전망을 감상할 수 있으며 지중해 지역, 아프리카 및 미대륙의 선인장과 다육식물의 인상적인 수집으로 유명하다.

이러한 특성을 인정받아 에즈가든은 프랑스 문화부 산하 공원 및 정원 위원회CPJF가 부여하는 '주목할 만한 정원Jardin Remarquable'으로 지정되었다.

가든의 역사

에즈의 작은 마을 언덕 꼭대기에 있는 식물원은 한때 성이었으며 이 성은 12세기 후반에 에즈 가족에 의해 지어졌다. 1706년 스페인 전쟁 중 루이 14세의 군대에 의해 파괴되었으며, 성의 폐허는 현재의 정원이 되었다. 정원은 1949년에 조성되었으며, 에즈시에서 2003년부터 2004년에 걸쳐 정원을 전면적으로 개조하였다. 정원에는 용설란, 알로에, 선인장 등 수백 가지의 이국적인 식물이 모여 있다. 주로 미국과 아프리카에서 온 400종 이상의 품종이 있다. 에즈 마을과 함께 많은 관광객이 방문하는 명소가 되었다.

가든의 구성

두 개의 넓은 지역에 배치된 에즈의 이국적인 정원에는 총 0.4ha 면적에 기후에 따라 수집한 400종 이상의 식물이 자란다. 정원의 남쪽 경사면에는 다육식물인 아가베, 선인장, 알로에, 대극류Euphorbia 등 북

전세계에서 수집한 선인장을 비롯한 다육식물로 구성된 가든

또 다른 볼거리인 주변 환경색과 어울리는 파스텔톤의 조각상들

미, 멕시코, 남아프리카공화국의 사막 지역이 원산지인 식물들이 자라고 있다. 남쪽 부분이 사막 지역의 종을 선호한다면 북쪽 경사면은 동굴과 폭포가 있는 그늘지고 습한 곳으로 지중해 식물이 심겨 있으며 도금양속Myrtle, 중국의 비비추속Hosta, 남아프리카공화국의 아가판서스Agapanthus와 같은 식물이 심겨 있다. 이국적인 정원으로 평가받고 있는 것은 경사지의 암석과 그 틈 사이로 자라고 있는 다육식물 수집의 독특한 분위기 때문이라고 한다.

이국적인 에즈가든의 방문으로 식물뿐만 아니라 예술도 함께 느낄 수 있다. 조각가 장 필립 리차드Jean-Philippe Richard가 만든 14개의 조각상은 이국적인 에즈가든의 매력을 더욱 돋보이게 한다. 생명과 풍요의 여신 이시스를 떠올리게 하는 조각상의 섬세하고 관능적이며 신비로운 이 대지의 신들은 정원의 가시덤불과 꽃들을 더욱 아름답게 한다.

가든의 운영 특성

정원의 관리 및 운영은 2012년 이후 에즈시청 녹지과Green Space Service에 소속된 5명의 직원이 관리하고 있다. 각 식물의 표지판에는 QR 코드가 있어 스마트 폰으로 정원에서의 위치, 종의 종류, 원산지 등 정보검색이 가능하다. 재미있는 점은 매주 일요일에 지역농산물 시장이 열리고, 7~8월에는 콘서트가 개최되고 관련한 활동이 지속된다는 점

바닷가 바위 언덕 사이에 멋지게 자리잡은 에즈마을

이다. 또, 마을 전체에서는 일 년 내내 축제가 열리는데, 와인 축제, 맥주 축제, 거리 축제, 불꽃놀이, 전통 축제 등이 이어진다. 8월 15일에는 가장 대표적인 축제인 축복받은 성모 마리아의 가정 축제가 열린다. 이러한 모습은 정원을 매개로 작은 지역 마을의 전통과 관광 휴양을 잘 연결하는 모습으로 인상적이다.

전문 가이드의 안내를 받아 정원을 둘러볼 수도 있는데, 가이드 투어는 예약이 필요하다. 일요일과 공휴일을 제외한 매일 가이드 투어가 가능하고, 예약하면 어린이를 위한 교육 책자와 관광 안내소에서 제공하는 작은 선물을 주기도 한다.

에즈정원 내에는 편의시설이 없으나 꼭대기의 정원에 이르는 길에는 예쁜 식당, 카페, 기념품점들이 많다.

Travel tip

주소 Rue du Château–06360 Eze

홈페이지 https://www.jardinexotique-eze.fr/informations/

전화 +33 4 93 41 10 30

개원시기 및 시간 1월, 2월, 3월, 11월, 12월은 매일 09:00~16:30, 4월, 5월, 6월, 10월은 매일 09:00~18:30, 7월은 매일 09:00~18:30, 8월, 9월은 매일 09:00~19:30까지 개원한다.

면적 0.4ha

53

인상주의 대가의 영감의 장소이자 또 하나의 작품

지베르니모네가든

Les Jardins de Monet à Giverny

모네의 작품을 떠올리게 하는 연못

파리에서 약 80km가량 떨어진 노르망디에 위치한 지베르니는 작은 마을이지만, 빈센트 반 고흐가 머물렀던 오베르 쉬르 우아즈와 함께 대표적인 파리 근교의 추천 여행지로 거론된다. 자동차로 지베르니에 도착하여 클로드 모네길Rue Claude Monet에 접어들면 넓은 주차장과 길 건너편에 개별 입장객을 위한 입구가 있다. 단체입장객들은 모네의 정원 우측으로 담을 따라가서 별도로 마련된 입구를 통해 들어갈 수 있다. 대중교통을 이용하는 경우, 파리 상라자르Saint-Lazare역에서 기차를 타고 베농Vernon역에서 하차하면 지베르니 셔틀을 이용하여 방문할 수 있다. 파리 오랑주리 미술관Le musee de l'Orangerie에 걸려 있는 수련을 모티브로 한 모네의 작품이 탄생한 곳으로 모네를 사랑하는 많은 사람들의 발길이 끊이지 않는다. 클로드 모네가 1926년에 생을 마감할 때까지, 40년 이상 지베르니 저택과 정원은 집을 넘어서 창조의 장소이며 그의 또 하나의 작품이었다. 그의 집과 정원을 거닐면서, 방문객들은 인상주의 대가의 공간에서 예술적 분위기를 느낄 수 있다. 감각적인 색채의 예술가이자 정원사였던 그가 가꾸었던 정원에는 화단 클로 노르망Le Clos Normand과 동양의 초목과 수양버들이 우거지고, 일본식 다리가 있는 워터가든에는 모네의 작품에서 빼놓을 수 없는 수련Nympheas과 백합이 아름답게 피어 있어 작품의 실사판을 감상하는 느낌을 받는다.

가든의 역사

클로드 모네는 1883년에 지베르니에 정착하여 이곳에 위대한 예술작품의 영감을 주는 꽃의 정원을 가꾸었다. 분홍빛의 긴 벽채로 만들어진 주택 주변으로 1ha의 과수원과 채소가 있는 부엌정원을 보고 이 공

모네의 지베르니 저택과 인접 화단

간에 매료되어 자신이 꿈꾸던 정원을 만들어가기 시작했다. 1893년에 엡테Epte강의 좁은 지류가 흐르는 정원 맞은편 땅을 사들이고 지류와 어우러지는 연못이 있는 워터가든을 만든다. 정원의 중앙로와 맞추어 우표에서 영감을 받은 일본식 다리를 설치하였는데 초록색으로 칠하여 일본에서 전통적으로 사용되는 붉은색과는 구별하였다. 자신이 정원의 화가였기에 정원과 워터가든을 진정한 예술작품으로 생각하며 정원 가꾸기에 열정을 다했고, 1926년에 그가 죽기 전까지 화가, 아버지, 정원사로 43년 동안 지내며 지베르니를 떠나지 않았다.

모네가 1926년 12월 5일 사망했을 때, 살아있는 유일한 아들인 미셸 모네Michel Monet가 지베르니의 재산을 상속받았지만, 아프리카에서 사파리를 운영하는 것을 선호하여 이곳에 관심을 기울이지 않았기에 클로드 모네의 두 번째 부인인 앨리스의 딸이자 모네의 큰 아들 진의 미망인인 블랑쉬 모네 호세데가 집과 정원을 돌보게 된다. 1947년 블랑쉬가 사망할 당시, 정원은 관리가 되지 않아 자연의 모습으로 거의 버려진 상태였다. 미셸 모네가 1966년에 교통사고로 사망하자 상속인이 없는 그의 유언장에 따라 지베르니의 재산과 소장품을 프랑

모네의 정원

스 미술 아카데미Académie de Beaux Arts에 맡겨, 건축가이자 프랑스 미술 아카데미 원장인 자크 칼루Jacques Carlu가 관리하게 된다. 1977년 자크 칼루가 사망했을 때, 프랑스 미술 아카데미는 정원과 주택을 제랄드 반 데르 켐프Gerald Van der Kemp에게 맡기는데 이 당시 정원의 클로 노르망 구역은 잡풀과 잡초로 뒤덮여 있고, 물의 정원은 다리가 썩어가고, 둑은 뉴트리아에 의해 파손되는 등 매우 황폐한 상태였다. 제랄드 반 데르 켐프와 그의 아내 플로렌스Florence는 미국인 후원자들에게 지베르니의 재건을 요청하였고, 젊은 수석 정원사인 길버트 바헤Gilbert Vahe와 함께 3년 간의 복구 작업을 진행하여 현재의 모습을 갖추게 되었다. 1980년에 클로드 모네 재단Fondation Claude Monet이 설립되면서 같은 해 6월 1일, 정원과 주택은 일반인에게 공개되어 세계에서 찾아오는 방문객들을 맞이하고 있다.

중앙아치 길

가든의 구성

모네의 정원은 주택 북쪽의 부지와 호수가 있는 남쪽의 부지로 양분되어 있다. 개별방문자 입구를 통해 내부에 들어서면 모네의 집 앞에 있는 노르망디의 벽이라는 뜻의 클로 노르망Clos Normand이라 이름 붙은 정원을 만나게 된다. 정원 오솔길을 따라 걸으면 화단에 있는 수선화, 튤립, 양귀비, 모란 등 수천 송이의 꽃이 마치 카펫을 덮어 놓은 듯한 착각을 일으키게 하고, 정원 중앙 산책로를 가로지르는 금속 아치길 좌우 화단에도 수선화, 붓꽃, 작약, 한련화, 장미 등 다양한 식물들이 다양한 색으로 수놓는다.

모네의 거실에서 본 정원 풍경

모네가 사랑한 수련이 있는 워터가든

워터가든으로 연결되는 앱테강 지류

원예식물에 대한 열정을 가진 화가를 떠올리면 정원에 구성되어 있는 단일 색상의 직사각형 화단들은 예쁜 색감의 물감이 담겨진 화가의 팔레트를 연상하게 된다.

클로 노르망을 지나 길을 건너면 엡테강의 좁은 지류의 물이 자연스러운 수로를 따라 흐르는 워터가든을 만날 수 있다. 모네는 물 위에 비치는 구름과 반사되는 빛에 매료되었다고 하며 많은 작품에서 이를 느낄 수 있다. 또한 이곳은 대나무, 은행나무, 단풍나무, 버드나무에 둘러싸여 동양적인 분위기를 풍긴다. 지베르니를 방문하는 사람이라면 워터가든의 수련을 생각하지 않을 수 없는데, 흰색, 빨간색, 분홍색 등 다양한 색상의 수련이 물 표면에서 반사하며 연못을 채우고 있어 모네의 작품을 실사로 보는

아름답고 강렬한 제라늄 화단

듯한 감동을 준다. 수련을 단순히 수련이라고 부르지 않고 님페아라는 고대 이름을 그대로 사용했을 정도로 사랑하였고 이곳에서 많은 시간을 보내며 손님들을 맞이하는 장소로 사용할 만큼 자랑스러워했던 모네를 떠올릴 수 있는 공간이다.

모네의 식탁이 제공되는 레스토랑

정원을 감상한 뒤에 모네의 집으로 들어가면 복제하여 전시하고 있는 모네의 작품과 모네가 수집한 일본 판화 컬렉션 그리고 사용하던 가구와 용품들을 파란 거실, 아틀리에, 응접실, 침실, 부엌 등에서 볼 수 있고, 모네의 작품을 바탕으로 한 2,500 종류의 기념품과 서적이 전시되어 있는 워터릴리 스튜디오에서 모네에 대한 추억을 덤으로 담아갈 수 있다.

가든의 운영 특성

관람을 위한 입장권을 구입해야 하며 7세 이하의 어린이는 무료이다. 애완동물과 큰 가방을 소지하고 입장할 수 없으며 정원에서 그림을 그리거나 피크닉은 금지되어 있다.

가이드 투어는 약 1시간 30분가량 진행되며 영어, 프랑스어, 스페인어, 독일어 중 선택할 수 있는데 사전 예약을 해야 하며 요금은 입장권과 별도로 일행 단위로 부가된다. 홈페이지에서는 영어와 프랑스어 버전의 가상 투어를 제공하며, 학교에서 교사가 수업에 참조할 수 있도록 교육자료를 제공하고 있다.

방문객들을 위해 레스토랑 레 님페아스Les Nymphéas를 운영하며 주 메뉴는 모네의 식탁La Table de Monet이다.

Travel tip

주소 84 rue Claude Monet 27620 Giverny, France
홈페이지 http://fondation-monet.com/en/
전화 +33 0 2 32 51 28 21
개원시기 및 시간 6월 8일~11월 1일까지 매일 09:30~18:00까지 개원하며 마지막 입장은 17:30까지이다. 매년 오픈 날짜는 홈페이지에서 확인이 필요하다.
면적 1ha

54

전쟁의 아픔을 극복한 시민 식물원

캉식물원

Jardin Botanique de la Ville de Caen

녹음을 제공하는 중앙연못과 조형물

캉Caen은 프랑스 북서부 노르망디Normandie 지방 칼바도스주Calvados의 주도이다. 여름은 시원하고 겨울은 따뜻한 해양성 기후대에 속해 있어, 프랑스인의 휴양도시로도 잘 알려져 있다. 노르망디라는 명칭에서 알 수 있듯이, 제2차 세계대전 중인 1944년 6월 6일, 연합군의 노르망디 상륙작전이 벌어진 주요 배후 도시이다. 당시 캉은 영국 1군단에 의해 나치로부터 해방되었지만, 노르망디 전투 과정에서 생피에르 교회, 캉 교회 등 중요한 문화유산이 연합군의 폭격으로 파괴되는 아픔을 겪었다. 캉은 현재 '메모리얼 드 캉Mémorial de Caen'이라는 평화기념관과 박물관을 세워 전쟁의 아픔과 기억을 역사 속에 보존하고 있다.

메모리얼 드 캉 남쪽에 일반 주택가가 펼쳐져 있는데, 그중 크휼리가Av. de Creully 인근 주택가를 끼고 캉식물원이 있다. 캉식물원에는 8,000종 이상의 식물이 상부와 하부, 두 구역으로 나누어져 식재되어 있다. 하부는 연구목적의 식물연구소 및 분류원과 온실이 있으며, 상부는 시민들의 여가와 휴식을 위한 공원으로 구성되어 있다. 하부에는 노르망디 자생식물 1,000여 종을 비롯하여 약용식물 600여 종, 기타 원예종 700여 종이 있다. 이외에도 상부 공원과 연결된 암석원에 키 작은 1,500여 종의 지의·지피류 등이 있으며, 식물 분류원 인근 수목원 내에 500여 종이 가지런하게 식재되어 있다. 1,500여 종의 외래종을 수집해 놓은 온실 또한 하부 식물원의 주요 시설 중 하나이다. 하부와 연결된 상부에는 공원과 같은 넓은 잔디밭과 함께, 랜드마크가 될 만한 키 큰 나무들이 자리하고 있다. 연구목적으로 방문한 식물학자라면 하부 식물원에 대한 집중 관람을 권장하며, 가벼운 마음으로 식물원을 산책하고자 하는 사람이라면 상부 식

물원을 거닐면서 여유롭게 둘러보길 권한다.

식물원의 역사

1689년 장 밥티스트 칼라르 드 라 뒤케리Jean-Baptiste Callard de la Ducquerie가 자신의 개인 정원에서 몇몇 종의 식물들을 가꾸면서부터 캉 식물원의 역사는 시작되었다. 이후 프랑수아 마레스코François Marescot 교수가 오래된 석재 채석장 부지를 편입하면서 대학 부속식물원으로 발전하게 되었고, 후임인 식물관리자 세바스티앙 블롯Sébastien Blot에 이르러 3,500그루의 식물을 도입하며 식물원으로서 체계를 갖추게 된다. 1803년 프랑스 대혁명 이후 식물원은 교육 목적으로만 사용되어 오다가, 시 정부 차원에서 3.5ha로 면적을 추가하면서 시립식물원으로 전환되었다. 이때 조경가인 뒤푸Dufour가 설계를 담당하였고, 식물관리자인 헤르먼트Herment가 전반적인 식물원 조성에 이바지하였다.

1860년에는 2개의 대형 온실이 건설되었으며, 여기에 1층짜리 오렌지 농장이 현재의 교육관 터에 추가되었다. 식물 분류원에 인접한 식물연구소는 1891년에 조성되었으며, 여기에 부속된 작은 온실은 식물학자 노엘 버나드Noël Bernard가 난초와 버섯의 공생 현상을 발견하는 등 식물학 발전에 크게 이바지한 장소가 되었다. 그러나 제2차 세계대전의 폭격으로 식물원 온실의 일부가 파괴되었고, 루이 부케Louis Bouket의 노력으로 온실의 복원 및 재건축이 진행되었다. 현재 입구에 있는 대형 온실은 1988년에 이르러서야 재건된 것이다.

식물원의 구성

주택가 가로변에 접한 식물원 입구를 들어서게 되면 제일 먼저 입구 우측에 있는 온실을 만나게 된다. 온실은 오후 시간대(13시~17시)에만 개장하기 때문에 이곳을 이용하고자 하는 사람은 시간을 잘 맞추어 방문해야 한다. 기후대가 다른 각 대륙의 식물들을 열대, 저온, 온대 온실의 형태로 관리하고 있으며, 건조지역의 다육식물뿐만 아니라, 페페로미아*Peperomia*, 크립탄서스*Cryptanthus*, 립살리스*Rhipsalis* 등 다양하고 이국적인 식물 1,500여 종을 수집하여 전시하고 있다. 온실과 마주한 입구 좌측에는 잘 분류된 식물 분류원이 있다. 노르망디 지역의 자생종을 비롯하여 각종 약용식물 등을 수집하여 가지런히 정리된 팻말과 함께 편리

암석원 사이로 조성된 산책로

한 동선으로 구성되어 있다. 전시 식물 중 일부는 우산 모양의 식물원두막 아래에서 한여름 뜨거운 햇빛을 피하고 있다. 식물분류원에 전시된 식물들은 식물연구동Institut Botanique 내 식물학자들의 노력으로 얻어진 결실이다. 분류원과 연결된 암석원을 지나면 넓게 펼쳐진 잔디밭이 나타나고, 조금만 걷다 보면 식물원에서 가장 높은 전망대Belvedere에 이르게 된다. 온실 지붕과 어우러진 지역 주택가의 전경이 잘 펼쳐져 있는데, 이곳은 지역 주민들이 공원처럼 산책하고 이용하는 장소로 인기가 높다. 특히 1750년에 식재된 회화나무*Sophora japonica* L.를 비롯하여 세계에서 가장 큰 키로 자란다는 자이언트 세쿼이아*Sequoiadendron giganteum* (Lindl.) J. Buchholz (1890), 삼나무*Cryptomeria japonica* (Thunb. ex L. f.) D. Don (1870) 등 오래전부터 이곳에 살아온 터줏대감들이 공원 같은 식물원 내부 곳곳을 장식하고 있다. 공원의 중심에는 꽃으로 장식한 원형 화단과 함께 노르만의 언어로 문학작품 활동을 한 샤를 르메트르Buste de Charles Lemaître(1854~1928)의 흉상이 있다. 방문객들에게 가장 인기가 많은 곳으로 포켓형으

식물 종류별로 정돈된 분류원

중앙화단 주변의 휴게쉼터

사계절을 상징하는 서로 다른 형상의 조각상

로 조성된 야외벤치나 나무 그늘 밑 잔디밭 등은 피크닉을 하기에 적합하다. 특히 중심에 작은 연못이 하나 있는데, 연못에서 출발하는 계류가 식물원 입구 방향으로 잘 연결되어 있다. 계류는 틈틈이 산책로에서 분사되어 나오는 시원한 수증기와 함께 건조한 기후대에 청량함을 제공해 준다. 식물원의 하부와 상부를 모두 돌아 한 바퀴 순환하면 다시금 입구 방향으로 돌아 나오게 된다. 온실 뒤편에 있는 교육관에서는 어린 학생들을 교육하고, 연중 전시회를 진행하기도 한다. 이곳에서 지역 주민들과 학생들을 대상으로 진행되는 다양한 교육 프로그램들은 노르망디 지역 식물에 대한 이해를 높여준다. 출구와 인접한 온실과 교육관 사이의 원형광장에는 측백나무를 배경으로 하는 4개의 꼬마 조각상이 있다. 봄, 여름, 가을, 겨울 사계절의 의미를 지니며 계절별 특성을 대표하는 식물이나 의복, 행태 등이 반영되어 있어 색다른 계절감을 느끼게 해 준다.

뜨겁고 건조한 기후를 보완해 주는 안개분수

뜨거운 햇살을 막아주는 식물원두막

식물원의 운영 특성

캉식물원은 시립으로 운영되는 식물원답게 시민들에게 무료로 개방되며, 전문 연구기관으로서의 식물원보다는 시민 여가 및 휴식 목적을 지닌, 공원 성격의 식물원으로 분류된다. 특히 시민들을 위한 다양한 교육적 프로그램도 운영하는데, 친환경적인 정원 가꾸기를 비롯하여 퇴비, 멀칭, 윤작 및 비배 등 환경적인 원예 기술에 대한 월별 프로그램이 흥미롭게 진행된다. 식물원은 지구 환경문제의 해결을 비롯한 교육적 역할을 수행하기 위해 다양한 워크숍도 정기적으로 운영하고 있다.

수로를 따라 조성된 산책로

봄에는 도심에서의 유기농 식물재배를 장려하고 살충제 사용을 규제하기 위해, 지역 내 시민 정원사들에게 무당벌레와 풀잠자리알 등을 제공하기도 한다.

도심 주택가에 있는 탓에 대중교통이 비교적 잘 연결되어 있다. 식물원 전면에 6~7대가량 주차가 가능한 주차장이 예약제로 운영되고 있으며, 인근 주택가 도로변에 주차할 만한 공간이 넉넉히 있으므로 접근성이 나쁘지는 않다.

한 뿌리의 거대한 두 갈래 소나무

Travel tip

주소 Place Blot, 14000 Caen, France

홈페이지 https://caen.fr/annuaire-equipement/jardin-des-plantes-jardin-botanique

전화 +33 2 31 30 48 38

개원시기 및 시간 월요일~금요일은 08:00, 주말 및 공휴일은 10:00에 개원한다. 동절기(11월~2월)는 17:30, 하절기(4월~8월)는 20:00, 간절기(3월, 9월~10월)는 18:30, 열대온실은 13:00~17:00에 폐장한다. 휴원일은 1월 1일, 12월 25일이다.

면적 3.5ha

55

고대 왕국 정원의 전통을 이어가는

그리스국립정원

Greece National Garden

경계 역할과 식물 식재지 역할을 동시에 하는 돌담

그리스국립정원은 그리스 아테네 중심부에 있는 정원이다. 정원의 북쪽에는 옛 왕궁터인 그리스 의회 의사당, 남쪽은 자페이온, 동쪽에는 파나티나이코 경기장, 서쪽은 신타그마 광장이 인접해 있다. 그리스의 초대 여왕인 아말리아가 설계한 이 정원은 아테네 중부의 오아시스이다.

정원의 역사

이곳은 1838년과 1840년 사이에 그리스의 첫 여왕인 '아말리아Amalia'의 명으로 고대부터 전해오던 정원을 새롭게 개조하여 만든 왕국의 정원이었다고 한다. 면적 16ha의 큰 정원으로 아테네 중심가에 자리하고 있다. 농학자 프리드리히 슈미트가 설계한 것으로 약 500여 종의 식물과 공작, 오리, 거북이 등 다양한 동물을 들여왔다. 불행히도 많은 식물이 건조한 지중해성기후에 적응하기 못하고 살아남지 못했다. 정원 계획에 참여한 다른 식물학자로는 칼 니콜라스 프라스, 테오도르 폰 헬드라이히, 스피리돈 밀리아키스 등이 있다.

처음에는 울타리가 쳐져 있고 왕족만이 걸어갈 수 있다고 해서 왕실정원이라는 이름이 붙었다. 사람들은 왕실정원 옆에 있는 또 다른 작은 정원인 자피온에서만 산책할 수 있었다. 1920년대에 정원은 일반에 공개되었고 '국립정원'으로 이름이 바뀌었다.

그리스의 여왕 아말리아를 기리기 위해 그녀가 심은 12개의 워싱턴 야자나무를 입구로 옮기고 앞길을 퀸 아말리아 애비뉴로 개명했다. 지금은 정원, 공원, 동물원, 카페, 작은 호수 등으로 나뉘어 일반에게 개

식물원 내에 있는 자연동굴을 활용한 전시

방되고 있다. 정원 중앙에 있는 궁처럼 생긴 거대한 빌딩은 전시장과 회의장으로 사용된다. 2004년 그리스 정부는 90년 동안 정원을 아테네시에 기증하기로 했다.

정원의 구성

국립정원은 약 16ha에 달하는 광활한 면적으로 좁은 미로, 나무 벤치, 그사이에 있는 작은 호수들로 나뉘어진다. 야생 염소, 공작새, 닭 등 동물이 있는 작은 동물원과 식물관, 어린이 도서관, 놀이터, 오픈 커피숍 등을 운영하고 있다. 정문은 이 공원을 만든 여왕의 이름을 따서 만든 레오포로스 아말리아스에 있다. 또한 중앙 출입문은 바실리시스 소피아스길에, 다른 하나는 헤로두 아티쿠길에 있으며, 세 번째 출입구는 국립정원과 자피온 공원 지역을 연결하고 있다.

정원에는 약 7,000그루의 교목, 약 40,000그루의 관목 및 기타 식물이 있으며, 그중 약 100종 이상이 그리스의 여러 지역에서 왔으며, 유다나무, 서양협죽도, 캐롭나무, 소나무 등

시원한 그늘을 만들어주는 덩굴식물 터널

그리스 첫 여왕인 아말리아가 심은 워싱턴 야자나무를 옮겨 심어 조성한 '퀸 아말리아 애비뉴'

분수를 중심으로 한 쉼터

이 호주 또는 중국 등 다른 국가에서도 들어왔다. 100년 된 홈Holm 떡갈나무, 사이프러스, 카나리Canary Island 대추야자는 정원이 처음 만들어질 때 들여온 정원식물들이다.

온실은 식물을 정원에 심기 위해 처음 재배하는 곳으로 그리스 최초의 재배 온실이다. 1984년에는 2개의 독서실, 동화실, 음악 및 영화실을 갖춘 도서관이 설립되었다. 처음 개원 당시에는 약 1,500여 권의 책이 진열되어 있었지만 지금은 약 6,000여 권이 소장되어 있다.

정원의 운영 특성

현재의 국립정원은 1974년 왕정 폐지를 위한 국민투표를 거쳐 개칭되었으며, 일출부터 일몰까지 일반에 개방되어 평화로운 휴식을 제공한다. 아테네 가든 페스티벌 등 다양한 이벤트가 열리기도 하며, 정원을 방문하는 모든 연령대에 이상적인 환경과 예술, 교육 프로그램을 제공하고 있다.

Travel tip

주소 Amalias 1, Αμαλίας 1, Athina 105 57, Greece, Athens
전화 +30 2107215019
개원시기 및 시간 월요일~일요일은 매일 06:00~19:30까지 개원하며, 특정 공휴일 및 기타 국가적으로 중요한 날에는 휴원한다.
면적 16ha

56

울창한 침엽수림 사이에서 만나는 아기자기한 식물원

스타방게르식물원

Stavanger Botanical Garden

침엽수림을 배경으로 조성된 아름다운 화단

스타방게르식물원은 노르웨이에 있는 6개 식물원 중 하나이며 3,000종류 이상의 다양한 식물을 보유하고 있다. 노르웨이의 식물뿐 아니라 세계의 다양한 식물을 전시하고 있는데 전시 주제원은 지리적 분포 및 음식, 색상 감각 등 미학의 주제에 따라 구성되어 있는 것이 특징이다. 식물원은 울란하우그언덕Ullandhaug tårnet과 스타방게르대학University of Stavange 사이의 경사면에 위치하여 대학에서 훌다 가보그Hulda Garborg의 집 표지판을 따라 찾아갈 수 있다. 식물원의 부지는 경사면을 따라 길게 형성되어 있으며 주요 공간은 입구에서부터 다년생식물원Staudehagen, 허브원Urtehagen, 지리학적 정원Geografisk Hage이 있고 가장 안쪽에는 공원Parken이 위치하여 식물원 관람과 함께 시민들의 휴식공간으로 이용하도록 되어 있다.

식물원의 역사

식물원은 1977년 봄에 잉제르드 회이에Ingjerd R. Høie에 의해 200m² 면적의 유용식물 전시를 위한 시범정원Ullandhaughagen으로 출발하여 스타방게르 고고학박물관 및 로갈랜드 민속박물관Rogaland Folk Museum과 협력하여 운영하게 되었다. 1978년과 1979년에 시범 정원의 면적은 1.21ha로 확장되었고 그에 따라 식물의 수가 증가하게 된다. 1980년에는 다년생 정원이 배치되었고 식물재배 온실이 설치되었다. 1983년에 정원은 스타방게르 지방자치구가 운영권을 인수하면서 이름을 스타방게르식물원으로 정식 개원하게 된다. 다음 해에 식물원의 면적은 약 32.4ha로 증가했으며 세계 여러 지역의 식물을 도입하여 지리학적 정원Geographical Garden을 포함한 여러 추가 식물군이 수집, 조성되었는데 2000년대 초에 이르러서는 지리학적 정원의 식물은 남반구의 식물에 이르기까지 확장되었다. 현재 운영되고 있는 건물은 2013년에 건설된 것으로 이를 통해 효율적이고 현대적인 운영을 위한 기반 시설을 갖추게 되었다.

방사상의 다년생정원 화단

자연석과 어우러진 다년생정원의 화단

식물원의 구성

바퀴 형태 배열의 허브원 화단

한적한 식물원 입구에 들어서면 다년생정원Staudehagen Perennial Gardens을 만나게 된다. 이곳에서는 3월부터 10월까지 전체 색상 스펙트럼의 꽃이 피는 광경을 즐길 수 있도록 구성되어 있는데 색상 주제에 따라 방사형 화단으로 구성되어 있는 것이 특징적이다. 흰 꽃이나 잎을 가진 다년생 식물은 한 화단에 식재하고 푸른 꽃과 청록색 잎이 있는 식물은 다른 화단에 그리고 파스텔 색상의 꽃과 따뜻한 오렌지색, 진한 빨간색 및 밝은 노란색의 꽃을 별도의 화단에 구성하여 색상 감각에 따른 식물감상을 할 수 있다. 다년생정원에는 약 600종류의 다년생 식물이 있는데 꿀벌 등 여러 방화 곤충을 위한 흡밀 식물 제공 장소로도 중요한 역할을 한다.

허브원Urtehagen에서는 향기, 색깔, 섬유, 약, 향신료와 음식을 포함하여 다양하게 이용되는 식물들을 볼 수 있다. 허브정원은 1977년 정원 출발 당시 조성된 식물원에서 가장 오래된 부분으로 초기의 바퀴 형태의 방사상 화단을 유지하며 해마다 150~200종류의 종과 품종을 전시하여 교육 효과를 높이고 있다.

돌의 배치가 인상적인 작은 암석원

북유럽의 정취를 느낄 수 있는 관람로와 휴식공간

지리학적정원Geografisk hage에서는 6개의 지역으로 구성된 주제원에서 약 600종류의 다양한 나무, 관목 및 다년생 식물을 볼 수 있다. 재배, 관리되는 식물의 적응과 생존을 고려하여 스타방게르 기후와 유사한 기후조건을 보이는 다른 대륙의 지역, 즉 북미, 뉴질랜드, 남미, 아시아의 산악 지역, 남아프리카, 유럽 초원에서 수집된 식물들을 각각의 주제원에 전

자연석과 어우러진 다년생정원의 화단

시하고 있는데 이는 지리학적 연관성과 식물의 다양성 보존에 대한 인식을 높이는 공간으로 의미가 크다.

평안한 정취의 관람로

식물원의 남동쪽 끝에 위치한 공원은 잔디와 키 큰 나무로 인해 개방적이고 시원한 느낌을 준다. 봄에는 크로커스와 수선화가 피어 꽃이 만발한 화단을 형성한다고 하니 그 시기에 맞추어 방문하는 것도 추천한다.

시민을 위해 제공되는 바베큐장

식물원의 운영 특성

지역 시민을 위해 저녁시간에 가이드 투어를 운영한다. 시기별로 개화하는 식물과 특색있는 식물에 대한 해설을 제공하며 보통은 화요일 18시에 시작하여 1시간가량 진행한다. 자연을 보호하고자 하는 노력의 일환으로 꿀벌을 보호하는 행사를 진행하는데 뒤영벌Bumble Bee협회La Humla Suse와 함께 벌의 인공집을 만들어주는 이벤트를 개최하고 식물과 곤충과의 관계에 대한 체험교육 기회를 제공한다.

여름과 가을에는 식물판매와 카페가 운영되며, 9월 마지막 일요일에는 푸드트레일이라는 가족과 함께 다양한 음식을 경험하는 행사를 개최하고 시민을 위한 바베큐 공간도 제공한다.

Travel tip

주소 Rector Natvig-Pedersens vei 9, 4021 Stavanger, Norway
홈페이지 https://www.stavanger.kommune.no/botaniskhage
전화 +47 51 50 78 61
개원시기 및 시간 연중무휴 24시간 운영되며 무료이다.
면적 32.4ha

57

세계 최북단의 식물원

트롬소북극고산식물원

Tromso Arctic-Alpine Botanic Garden

극지 및 고산식물의 보금자리인 지구 최북단 식물원 풍경

노르웨이 북단의 북극권에 속하는 토롬쇠위아Tromsøy섬에 위치하고 있는 트롬소시는 북극 탐험기지와 북극의 주요 무역기지로 활용된 곳이다. 이 도시는 여러 면에서 세계 최북단이라는 수식어를 사용하고 있는데 학술적인 측면에서는 노르웨이 북극대학교The Arctic University of Norway와 트롬소북극고산식물원이 세계 최북단에 위치한 기관이라 할 수 있다. 트롬소북극고산식물원은 이전에 최북단 식물원으로 알려진 러시아 키로프스크의 극고산식물원Polar-Alpine Botanic Garden at Kirovsk과 아이슬란드 아쿠레이리식물원Akureyri Botanic Garden보다 더 북쪽에 조성된 식물원으로 보통 극한의 북극 기후를 떠올리게 하지만 북노르웨이 해안을 지나는 따뜻한 해류인 걸프 스트림Gulf Stream 해류의 영향으로 비교적 온화한 겨울(1월 평균 −4.4℃)과 서늘한 여름(7월 평균 11.7℃)을 지나게 된다. 식물원의 본격적인 관람 기간은 5월부터 10월 중순까지이며 보통 10월 말부터 4월까지는 눈이 쌓여 있게 된다. 트롬소북극고산식물원은 북반구 전역의 북극 식물과 고산식물들을 전시하고 있는데, 5월 중순부터 7월 말까지 해가 지지 않는 백야현상 기간 동안 식물들이 빠른 성장이 가능하여 여러 대륙의 고산 지대에서 수집한 다양한 식물들의 육성 환경이 좋다. 식물원은 28개의 주제원으로 구성되는데 노르웨이 북부에 자생하는 식물과 히말라야산맥, 남아메리카 최남단 식물들이 인상적이다.

트롬소북극고산식물원은 트롬소대학교 박물관이 운영하고 있으며 대학 캠퍼스의 남동쪽에 위치하고 연중무휴로 운영된다. 출입문과 울타리가 없어 입장료도 없기에 자유롭게 최북단 식물원의 북극과 고산지역의 식물을 관람할 수 있다.

식물원의 역사

식물원은 트롬소 노르웨이 북극대학교 박물관Tromsø University Museum 산하의 전시관인 노르웨이 북극대학교 박물관, 극지 박물관Polar Museum, 폴스트제르나Polstjerna와 함께 네 번째 전시관으로 1994년에 개원하였다.

원래 식물원 부지는 현재는 이전한 트롬소 노르웨이 북극대학교 박물관 건물 외부에 있었던 전시 정원으로 1920년대부터 활용되던 곳이었다. 식물원 조성계획에 따라 1991년 처음에 조성된 극고산Arctic-Alpine정원의 히말라야 고산식물 정원은 트롬소 근처 크발뢰야Kvaløya에서 온 화강암으로 만들어졌고, 비외른 톤Bjørn M. Thon이 설계하고 조성하였다. 이후 2006년부터 2012년까지 암석을 추가로 도입하여 세계 각 지역을 표현하는 주제원이 만들어져 지금의 식물원의 특징적인 모습들을 연출하게 되었다.

식물원 아래쪽 완만한 평지구역은 식물원 내 카페 이름으로 기념하고 있는 한신 한센Hansine Hansen 여사 소유의 땅으로 1947년 그녀가 사망하자 교육 목적으로 트롬소 카운티에 기증되었고, 현재 식물원 부지에 포함되어 이용되고 있다.

식물원의 구성

식물원은 고지대에 위치한 대학캠퍼스의 남동쪽에 위치하여 경사면을 따라 내려가면서 관람하도록 길게 구성되어 있으며 남쪽편 경사면 전체에는 긴 방풍림이 식물원을 보호하

온실 전경

구릉지형에 조성된 화단

고 있다. 식물원 내의 경사지고 구불구불한 관람로와 구릉 및 암석들의 조화는 자연 지형을 존중하는 디자인을 추구하고 있음을 알 수 있다. 대학 캠퍼스쪽에서 식물원으로 들어서면 철쭉원에서 70여 종의 철쭉을 만날 수 있는데 일부는 고산지역과 저온에 적응되어 이곳에서만 볼 수 있는 종도 있다.

이어서 식물원의 가장 특징적인 주제원인 히말라야정원이 나타난다. 고산지역을 표현한 이 암석 정원은 트롬소 근처 크발뢰야에 있는 그뢰트피요르덴에서 온 화강암을 배치하였으며 히말라야산맥과 인접 중국 서부의 쓰촨성과 윈난성에서 온 식물을 볼

암석원 형태의 화단

식물원의 마스코트 히말라야 청양귀비 *Meconopsis baileyi* Prain

고산지역을 표현한 알파인가든

한국과 일본에 분포하는 큰앵초 *Primula auricula* L.

수 있다. 특히 형형색색의 양귀비들이 아름다운데 이 중 한여름에 피는 히말라야 청양귀비 *Meconopsis baileyi* Prain 는 이 식물원의 마스코트로 아름다운 자태를 뽐내며 희귀한 청색꽃으로 식물 사진 애호가의 인기를 독차지하고 있다. 다른 고산식물원에서도 청양귀비를 볼 수 있으나 대개 3~4포기에 불과할 정도로 귀한 꽃이나 여기에서는 무리지어 핀 청양귀비를 맘껏 볼 수 있다. 지구에서 가장 높은 산맥의 3,000~4,000m의 고도에서 자라는 청양귀비가 트롬소의 기후에서 번성하고 있음을 알 수 있다.

키롭스크우정정원은 트롬소 북극고산식물원이 설립되기 전

까지 세계에서 가장 북쪽의 식물원을 보유했던 콜라반도의 키롭스크시와의 협력을 기리는 정원으로 노르웨이 북부와 기후적으로 유사한 극동 캄차카반도를 포함하는 동부 시베리아와 코카서스에서 온 식물을 전시하고 있으며 경사면 아래로 내려오는 관람로 옆으로는 구근 Bulbs과 덩이줄기 Corms원이 있어 튤립과 원추리 *Hemerocallis* 등의 꽃을 감상할 수 있다.

북아메리카원에서는 록키산맥과 인근 시에라네바다산맥 등에서 온 식물들과 기후가 비슷한 미국-시베리아 지역에서 온 식물들을 볼 수 있다. 파란색, 보라색 또는 빨간색의 관 모양의 꽃을 피우는 북미원산의 다양한 펜스테몬 *Penstemon*과 꽃창포류인 플록스 *Phlox*들이 대표적이다.

유럽 각지와 히말라야에서 온 앵초 *Primula*원에서는 밝은 흰색과 노란색부터 진한 빨간색과 붉은 갈색까지의 다양한 색상의 앵초꽃과 낮은 구릉을 채우고 있는 큰앵초를 감상할 수 있는데 예쁜 꽃을 피운 큰앵초 식물표지판에 적힌 '분포자 korea'에 눈이 번쩍 떠진다. 이어지는 미나리아재비 Buttercup원을 사이로 작은 연못이 나오는데 연못에 비치는 다양한 색상의 꽃을 감상하다 보면 걸음이 늦어진다.

이후 식물원의 중앙경사로를 중심으로 남쪽면에는 급한 경사를 이루는 경사면과 구릉에 북극식물과 유럽 알프스의 고산지역 식물을 전시하고 있는 극고산정원이 있어 식물원에서 가장 특징적인 모습을 연출하고 있다. 바람에 깍인 듯한 모양의 큰 바위, 자갈, 바위 더미가 히말라야와 안데스산맥의 고지대를 떠올리게 하며 세계 각지에서 수집한 고산식물들을

극고산정원 바위 사이의 화단

바위 사이에서 만나볼 수 있다. 극고산식물정원에서는 아프리카에서 수집된 식물들도 식재되어 있어 색다른 느낌을 준다. 아프리카 고지대인 북아프리카의 아틀라스산맥Atlas Mountains과 남아프리카의 드라켄스버그산맥Drakensberg Mountains의 식물들은 원산지와 유사한 트롬소의 기후에 잘 적응하여 정원의 주요 구성원이 되고 있다. 또한 뉴질랜드와 남아메리카에서 수집한 고산식물들을 전시한 정원이 연속적으로 이어져 있어 세계 각지의 고산식물들을 마음껏 즐길 수 있다.

북쪽면은 완만한 경사를 보이는 구역에 북노르웨이의 각지에서 수집한 약 700종의 식물로 구성된 북노르웨이 전통식물정원과 향료식물정원이 위치하여 자연스럽게 호흡을 가다듬으면서 여유로운 관람을 하게 된다.

식물원의 관람동선을 따라서 지질학 산책Geological Walk을 할 수 있도록 각종 암석을 전시하고 있는 것도 이채롭다. 트롬소박물관의 지원을 받아 배치한 북극권내와 노르웨이 각 지역에서 볼 수 있는 암석 표본들을 통해 지질학적 역사를 덤으로 알 수 있게 해 준다. 관람로를 따라 아래 끝까지 내려오면 여름철에 문을 여는 전통적이고 아늑한 한신 한센 카페Hansine Hansen's cafe가 방문객을 반긴다. 카페에서 휴식을 취하는 동안 주위의 아름다운 정원과 함께 식물원 전체를 아래에서 올려다보는 경치를 감상하는 것도 식물원 탐방 후 얻을 수 있는 즐거움이라 할 수 있겠다.

바위틈에서도 왕성하게 자라는 범의귀*Saxifraga longifolia* Lapeyr.

옛집의 정취를 간직한 한신 한센카페와 정원

식물원의 운영 특성

식물원은 연중무휴로 개방되어 있으며, 기본적으로 방문객이 자체적으로 관람하도록 운영된다. 이를 위해 주제원을 숫자로 표기하여 안내 지도에 표시하여 제공하며, 지리적 영역별로 표시된 주제원의 각 구간은 영어로 표지판이 구비되어 있다. 또한 지질학 산책을 위해 북극권 내에서 흔히 볼 수 있는 많은 암석 형성에 대해 자세한 안내판을 이용해 설명한다.

극지 및 고산식물과 노르웨이 자생식물 보존 연구에 많은 노력을 들이고 있어 스발바르를 포함하는 북극 또는 고산지역 식물 보존을 위한 서식지외 보존 프로그램을 수행하고 있으며 노르웨이 유전자원위원회와의 협약을 통해 자생식물 보존 재배 사업을 수행하고 있다.

방문객의 휴식을 위한 한신 한센카페는 매일 11시 30분부터 15시 30분까지 운영한다.

Travel tip

주소 Stakkevollvegen 200 9019 Tromsø, Norway
홈페이지 https://en.uit.no/tmu/botanisk
전화 +47 77 64 50 01
개원시기 및 시간 연중무휴로 24시간 운영한다.
면적 2ha

58

스웨덴 남단의 유서 깊은 대학식물원

룬드대학식물원

Botanical Garden, Lund University

체계적으로 전시되어 있는 관상식물 화단

스웨덴 최남단 도시 룬드Lund는 인근에 위치한 조선업 공업도시 말뫼Malmö에 비해 조용한 교육도시이다. 1666년 설립된 룬드대학은 스웨덴의 명문대학으로 분류학의 대가인 린네Linné가 학부를 보낸 대학이기에 룬드대학식물원의 의미가 남다르게 다가온다. 아름다운 연못과 체계적인 식물전시, 그리고 식물원 중앙에 위치한 규모가 큰 온실이 특징적이고 현재 약 1,000여 종의 식물을 보유하고 있다. 대학식물원으로는 규모, 구성체계, 수집식물 측면에서 매우 뛰어난 식물원이다. 식물원 내를 관람하다 보면 큰 나무 사이의 공간에 누워 있는 거대한 나무를 잘라서 놓아둔 자연의 놀이터에서 아이들의 웃음소리를 들을 수 있다. 식물원에서 눈길을 끄는 실제 선박에서 사용하였던 거대한 닻 조형물에서는 시간의 흐름이 주는 대비를 느낄 수 있다. 방문하기에 가장 좋은 기간은 5월에서 7월까지이며 역사에서 우러나오는 정취와 함께 아름다운 연못과 카페에서 북유럽의 여유를 즐길 수 있다.

식물원의 역사

초기 구식물원Old Botanical Garden은 1690년에 설립되었으며 현재 대학 내 광장부지에 위치하였다. 당시 식물원은 의학부에 소속되어 있었고 연구 및 교육 목적으로 사용되지 않았기에 이 대학 의학부에서 식물학과 광물학 학부과정을 수학한 칼 폰 린네Carl von Linné와의 연관 여부는 중요하게 강조되지 않지만, 그의 학문적 지식 형성에 끼친 영향은 쉽게 유추해 볼 수 있다. 1740년, 같은 장소에 새로 식물원을 설립하기 위한 노력이 시작되어 18세기 중반에 신식물원New Botanical Garden이 완공되었고 린네의 제자 중 한 명인 에릭 리드벡Eric Lidbeck이 1752년에 식물원 책임자로 임명되

방문객에 인기가 많은 향신료와 약용정원

어 활약하였으며 이후 100년 이상의 운영기간 동안 식물 수집량은 6,000종에 달했다. 1840년경부터 신식물원의 관리운영 상태가 매우 열악해졌고, 대학부지를 확보해야 하는 필요에 따라 1862년부터 1867년까지의 조성기간을 거쳐 현재 위치로 식물원이 이전하여 개원하였다. 1972년에 식물원 조직은 별도 기관으로 분리되었고 연구와 교육을 지원하면서 주로 식물학, 원예 및 환경 문제에 대한 지식을 시민에게 전달하는 역할을 수행하고 있다.

식물원의 구성

식물원에 들어서면서 안내도를 참조하면 직사각형 모양의 부지 중앙에 위치한 온실을 중심으로 방사형으로 연결되는 동선을 따라 구성되어 있는 주제정원들이 체계적으로 연결되어 있다는 느낌을 받는다. 내부로 이동하면서 나타나는 온실을 배경으로 한 아름다운 연못의 경관은 감탄을 자아내며 우측에 있는 구식물박물관 건물 앞 관상식물Ornamental Plants 화단은 다양한 색상과 높낮이가 조화로운 식물로 화단 조성의 모범을 보여준다. 룬드지역

연못에서 바라본 온실전경

온실내부 전경

의 온화한 기후는 다양한 종류의 수목이 자라는데 좋은 조건을 제공하기에 200개가 넘는 속의 나무를 볼 수 있는데 식물원 정중앙에 있는 튤립나무Liriodendron가 인상적이며 이 튤립나무 꽃은 룬드식물원의 로고로 이용되고 있다.

빅토리아수련온실

중앙 튤립나무원과 접하는 온실은 전 세계의 다양한 기후와 식물을 주제로 1. 아가티스 하우스Agathis House－오세아니아 전역의 아열대식물 종 전시, 2. 향기원Allspice House－중앙아메리카와 서인도제도의 향기 나는 식물 전시, 3. 양치식물온실Fernery, 4. 지중해기후 온실Mediterranean House, 5. 오랑제리Orang-

완만한 경사지에 위치한 암석원

암석원 내 석회석 구역

erie, 6. 난초온실Orchid House, 7. 사막다육온실Succulent House, 8. 열대야자온실Tropical Palm House, 9. 빅토리아수련온실Victoria House의 9개 구획으로 되어 있으며 오전 11시부터 오후 3시까지 관람할 수 있다.

배수가 용이한 완만한 경사지에 있는 암석원Rock Garden은 다양한 암석 사이에 자리잡고 있는 고산식물들을 만날 수 있는데 최근 석회석으로 조성된 암석원 구역이 추가되어 더욱 다채로운 형태의 암석원을 즐길 수 있다. 일반 방문객에게 친숙하여 인기 있는 장소인 향신료와 약용정원Spice and Medicinal Garden에서는 식물을 만지고 향기를 맡아 볼 수 있는 흥미로운 체험을 할 수 있고, 키친가든Kitchen Garden에서는 다양한 종류의 식용작물과 직물원료 식물을 볼 수 있다.

학술적인 흥미를 충족시켜 주는 공간인 계통분류원Systematic Section은 린네의 분류체계에서 출발하여 현재 분자생물학적 계통분류에 이르는 식물계통 체계에 따라 식물을 분류하여 전시하고 있어 통로를 이동하며 자연스럽게 식물분류체계의 과거와 현재를 경험할 수 있다.

자연스럽게 식물을 공부할 수 있는 계통분류원

쓰러진 나무를 활용한 자연놀이터

식물원의 운영 특성

룬드대학식물원은 식물과 환경 문제에 대한 지식을 시민에게 전달하는 역할 수행에 중점을 둔 프로그램을 운영한다. 지구와의 평화, 식물의 위기, 난초, 미래를 위한 문화식물 등과 같이 식물자연환경과 식물에 대한 이해를 높이기 위한 기획전시회가 5월, 7월, 9월, 12월 연 4회 개최된다. 또한 방문자의 이해를 돕기 위해 가이드 투어를 운영하는데 주로 평일 오후 7시 이후와 주말에 가이드 투어를 운영하고 있다. 외부공간은 최대 참가자 수를 25명 이하로 제한하고 온실 투어는 최대 참가자 수를 15명 이하로 제한한다. 가이드 투어의 소요시간은 1시간으로 영어로 진행되는 투어에는 추가 요금을 부담해야 한다.

Travel tip

주소 Botanical Garden, Östra Vallgatan 20 223 61 Lund, Sweden
홈페이지 https://www.botan.lu.se/en/
전화 +46 46 222 73 20
개원시기 및 시간 연중무휴로 운영한다. 3월 15일~9월 14일 동안에는 06:00~21:30까지 개원하며, 9월 15일~3월 14일 동안에는 06:00~18:00까지 개원한다.
면적 8ha

59

식물을 통해 북구의 환경을 경험하는

오울루대학식물원

Botanical Garden and Musium of Oulu University

북유럽의 정취를 느끼게 하는 관상식물원

핀란드 중서부 보트니아만에 접해 있는 오울루주의 주도인 오울루에 있는 오울루대학 식물원은 대학의 캠퍼스 중 하나인 리난마Linnanmaa 캠퍼스 지역의 북쪽 코너에 위치하고 있다. 오울루대학 생물학과에 속해 있으며, 원내 입구 부지에 생명과학실험동과 식물학박물관, 동물학박물관 등 교육시설이 설치되어 있어 대학 캠퍼스의 분위기를 느낄 수 있다. 식물원의 면적은 16ha이며, 식물 수집목록에 4,000종 이상의 다양한 식물종이 포함되어 있어 전 세계 식생 다양성에 대한 정보를 제공하며, 새롭고 희귀한 식물에 대한 연구를 진행한다. 야외 공간에서는 지역 날씨에 적합한 식물을 재배하는 한편, 현지보다 따뜻한 기후 지역에서 도입된 식물을 재배하기 위한 두 개의 피라미드 형태의 온실을 운영한다. 각각 로미오와 줄리아(줄리엣)로 불리는 피라미드 형태의 온실은 식물원의 랜드마크로 약 1,200종의 이국적인 식물이 전시되어 있다. 교육과 연구 목적으로 수집된 식물은 일반 방문자에게 공개되는데 온실은 입장료를 부담해야 관람할 수 있지만 친절한 안내와 체계적인 구성이 방문객의 기대를 충족시켜준다.

식물원의 역사

1959년에 설립된 오울루대학은 두 개의 캠퍼스 영역으로 나뉘는데 식물원은 오울루 도심에서 북쪽으로 약 5km 떨어진 리난마에 위치한 메인 캠퍼스에 있다. 식물원은 대학이 설립된 이듬해인 1960년에 설립되었다. 초기에는 오울루시 도심 근처인 후피사리Hupisaari에 있는 시 소유의 공원부지에 조성되었고, 1963년에 대학에서 식물원을 전용으로 운영하기 위해 온실과 기타 시설을 펠톨라Peltola로 이전하였다가 1983년에 현재의 위치인 리난마로 이전하여 운영하고 있다.

식물원의 구성

식물원의 야외 공간은 하절기에도 서늘함을 느낄 수 있어 북유럽의 전형적인 정원과 공원 환경을 직접 경험할 수 있다. 입구를 통과하면 과학단지와 같은 학교시설에 접해 있는 로미오와 줄리아로 명명되어 사랑스런 연인을 떠올리게 하는 두 개의 피라미드 온실이 눈에 띈다. 로미오에서는 열대 및 아열대의 과일, 난초, 식충식물, 덩굴식물, 수생식물, 식용식물들을 볼 수 있는데 아라비안 커피 *Coffea arabica* L., 코코아 *Theobroma cacao* L., 바닐라 *Vanilla planifolia* Andrews, 후추 *Piper nigrum*, 면화 *Gossypium barbadense* L., 사탕수수 *Saccharum officinarum* L., 바나나 등은 발견하는 내내 반가움을 준다. 뿐만 아니라 세계에서 가장 희귀한 나무, 가장 작은 꽃식물 또는 세계에서 가장 큰 씨앗 등과 같은 흥미 있는 주제로 방문자들을 즐겁게 해 주면서 활동적이고 쾌활한 남성미의 느낌을 준다. 줄리아에서는 올리

두 피라미드 온실, 로미오와 줄리아

아열대식물이 활동적인 느낌을 주는 로미오온실

브*Olea europaea* L., 포도*Vitis vinifera* L., 제라늄과 같은 지중해 기후의 식물과 용설란, 알로에, 선인장과 같은 사막의 초목 및 세쿼이아, 목련 및 뽕나무와 같은 온화한 기후의 식물을 전시하여 온화하고 정적인 느낌을 주어 명명자의 의도를 알 수 있게 해 준다.

야외구역은 무료로 일반에게 공개된다. 야외정원은 퀴바야비Kuivasjärvi 호숫가까지 이어지는 16ha 면적에 달하고 6개의 구역으로 나뉜다. 온실에서 나와 우측 동선으로 이동하면 경제 약용식물원Economic and Medicinal plants이 있어 과일, 채소, 향신료, 사료작물 등이 전시되어

경제 약용식물원

정갈한 구성의 연못

온화하고 정적인 느낌을 주는 줄리아온실

Turk's cap lilly로 불리우는 마르타곤백합*Lilium martagon* L.

북반구의 숲을 보여주는 수목원

있는데 개방된 공간이지만 산토끼와 같은 야생동물로부터 식물들을 보호하기 위해 메쉬 울타리로 둘러싸여 있는 것도 재미있다. 이어서 분류학적으로 진화계통적 방식으로 식물을 체계적으로 분류하여 전시한 식물분류원Systematic Section과 핀란드의 자생식물들을 전시한 자생식물원Native plants이 있어 습지와 초원 등에서 볼 수 있는 자생식물과 핀란드의 멸종위기종들을 볼 수 있다.

가장 안쪽에는 10ha에 달하는 식물원 내 가장 넓은 면적을 차지하는 수목원이 있다. 수목원의 나무들은 아시아, 유럽 및 북미 세 지역을 주제로 구성되어 있다. 수목원을 정점으로 반시계방향으로 나오면 고산식물원Mountain plants을 만나게 되는데 북반구 고산의 산악 툰드라 종들을 볼 수 있어 더 북쪽으로 여행하는 느낌을 받게 된다. 이어서 관상식물원Ornamental plants을 거치며 꽃이 피는 다양한 일년생 식물과 다년생 식물을 감상하면 다양한 기후를 지나온 것과 같은 경험을 하며 식물원 관람을 마무리하게 된다.

식물원의 운영 특성

방문객센터는 대학 소속 식물원답게 과학정원Science Garden으로 운영되어 과학 커뮤니티, 녹색 기업 및 방문객을 위한 만남의 장소로 활용되고 오울루대학의 다양한 연구결과를 포함하는 과학전시회가 개최된다. 피라미드

다양한 관상식물을 접할 수 있는 화단

온실은 콘서트홀로 활용되어 유명 아티스트의 공연이 개최되어 시민들이 부담 없이 고품격의 음악회를 즐길 수 있는 기회를 제공하고 있다.

북반구 툰드라식생을 떠올리게 하는 고산식물원

Travel tip

주소 Kaitoväylä 5, 90570 Oulu, Finland

홈페이지 https://www.oulu.fi/biodiversityunit/node/206615

전화 +358 29 4481580

개원시기 및 시간 야외정원은 매일 08:00~20:00까지 개원하며, 겨울철에는 개원시간을 조정할 수 있다. 온실은 5월 1일~9월 30일 기간에는 월요일 휴무이며 화요일~금요일 08:00~15:00, 토요일~일요일은 11:00~15:00까지 개방하며, 10월 1일~4월 30일 기간에는 월요일과 일요일 휴무이고 화요일~금요일 08:00~15:00, 일요일은 11:00~15:00까지 운영한다.

면적 16ha

60

발트해 식물원의 중심

라트비아국립식물원

National Botanical Garden of Latvia

자작나무와 마타리가 조화롭게 어우러진 풍경

라트비아는 북위 60도에 가까운 위도임에도 불구하고 발트해와 접하고 있어 비교적 온화한 기후를 지니고 있으며, 빙하의 영향으로 국토 전체가 지대가 낮고 평탄한 평원으로 이루어져 비옥하고 숲이 우거져 있다.

발트해 연안에 있는 발트 3국은 역사적 배경이 유사하다. 18세기부터 제정 러시아의 지배를 받았으며, 제1차 세계대전 후 독립하였으나 1940년 8월 소련에 강제 점령되면서 병합되었다. 이후 1991년 8월 고르바초프의 급진 개혁정책에 반대하는 소련 공산당 내 보수파의 쿠데타 실패 후, 독립을 인정받게 되었다. 이런 이유로 러시아와는 사이가 좋지 않지만, 다른 발트해 국가들과는 친분을 유지하고 있다. 그래서인지 이들 국가와는 식물원들끼리의 교류도 활발하게 이루어지며 종 보존을 위한 공유 및 확산의 중심에 서 있는 식물원이다.

라트비아국립식물원은 129ha에 5,000종 이상의 목본식물을 포함하여, 14,000종 이상의 식물이 재배되고 있는 발트해 연안 국가 중 가장 많은 식물 종을 보유한 동북 유럽에서 가장 큰 식물원이다. 식물원 내의 온실도 가장 크며, 현재 남극 대륙을 제외한 모든 대륙에서 수집된 1,700여 종의 식물이 전시되어 있다. 특히 유럽에서 가장 큰 산사나무를 비롯하여 마가목, 유채꽃, 관상용 사과나무 등을 수집·전시하고 있다.

여느 식물원과는 달리 구불구불한 자연스러운 산책로보다는 직선으로 구획된 기하학적 동선은 길을 잃지 않고 꼼꼼하게 식물원을 관람하라는 배려처럼 느껴진다. 특히 시원시원한 잔디광장과 잘 조성된 산책로 사이로 보이는 온실은 근사한 장원의 대지주가 거주하는 저택같이 랜드마크로서의 기능을 충실히

기하학적으로 곧게 뻗은 식물원의 시원한 동선

수행하고 있다. 시원시원한 이미지 때문에 가족 단위의 방문객도 많이 찾는 곳이며, 특히 어린이 놀이터나 자전거 타는 사람, 조깅하는 사람들을 위한 편리한 산책로와 피크닉 공간 등으로 시민에게 인기 있는 휴식처로 자리매김하고 있다.

식물원의 역사

1798년 요한 헤르만 시그라Johann Hermann Cigra가 과수 농장으로 이용되던 용지를 매입하여 묘목장으로 활용하기 시작하면서 본격적인 부지 개발이 시작된다. 1836년 리가 인근 목장 주변에서 묘목과 종자를 판매하던 크리스티안 빌헬름 쇼흐Christian Wilhelm Schoch는 가드닝 회사를 만들어 운영하게 되는데, 베를린의 유명한 스페트사L. Späth's company를 비롯한 서유럽에 묘목과 종자를 수출하는 등 회사를 확장하게 되면서 현재의 식물원 부지인 살라스필스Salaspils로 묘목장을 옮기게 된다. 이후 제1차 세계대전 이전까지 살라스필스 묘목장에서는 라트비아를 포함한 동유럽 국가의 정원사들에게 매년 5만~6만 그루 이상의 과수와 이보다 훨씬 많은 관상수를 판매하게 된다. 1888년부터 1918년까지 빌헬름 비어Wilhelm Beer가 관리하던 부지는, 1919년 페테리스 발로디스Pēteris Balodis에게 매입되는데, 그 당시 발트해 연안 국가 중 가장 큰 묘목장으로 성장하게 된다.

독특한 석재 전시장

제2차 세계대전이 끝나기

직전, 1944년 가을에 부지가 국유화되면서 다양한 과수를 위한 국가실험농장이 조성되었고, 이후 1947년에는 관상용 식물까지 포함하는 가드닝 실험장Gardening Experimental Station으로 이름을 바꾸게 된다. 이후 1956년 9월 1일 198ha(현재 129ha)의 면적에 과학자였던 알프레드 오졸스Alfrēds Ozols 교수를 비롯하여 갈레니에크스P. Galenieks, 칼닋즈A. Kalniņš, 수드랍스J. Sudrabs 교수 등의 주도로 2,000종 이상의 풍부한 식물들을 기반으로 한 과학아카데미식물원Botanical Garden of the Academy of Sciences이 설립된다. 이때 식물학 및 관상용 원예조사, 식물채집, 식물도입, 유전 및 육종연구를 비롯하여 조사 결과의 정보화 및 대중화를 목표로 하는 라트비아국립식물원이 개원하게 되었으며, 1968년에는 과학연구소Institute of Scientific Research의 지위를 부여받기도 한다.

1992년 라트비아 독립 후에는 교육, 문화 및 과학 분야에서 국가적 중요성을 띤 기관으로 법적 인정을 받으며 국립식물원의 지위를 얻게 된다. 2013년에는 '생물다양성 보전을 위한 현지 외 인프라 개발 사업'을 위해 유럽지역개발기금European Regional Development Fund으로부터 340만 유로를 지원받으며 온실을 조성하게 되는데, 2015년 4월 23일 완공하게 되면서 국립식물원으로서의 명성을 더하게 된다.

식물원의 구성

입구에 들어서자마자 우측에 있는 측백나무 터널은 꼭 통과해야 하는 관문처럼 관람객의 호기심을 이끄는 곳이다. 다만, 처음부터 억지로 이곳을 지나치려 하기보다는 모든 관람

어린이정원을 둘러싼 측백나무 수벽

입구 좌측의 측백나무 터널

을 마치고 나오면서 마지막 호기심을 간직한 채 편안한 휴식과 명상을 위한 장소로 통과해 보기를 권한다. 입구를 따라 좌측으로 돌아서면 화려한 수국원이 있고 이 수국원에서부터 측백나무 수벽을 따라 전면에 다양한 원예용 석재가 전시된 야외 전시장이 있다. 아마도 이 전시물은 상설은 아니고, 필자가 방문한 시기에만 전시되었던 것으로 보이며, 방문할 때마다 새로운 전시물이 전시되는 것으로 보인다.

야외 전시장과 연결되는 중심 가로를 따라 반대편에는 '올드파크Old park'로 명명된 정원이 있다. 식물원이 재조성되기 이전에 만들어진 올드파크 주변

다양한 침엽수들을 전시한 침엽수원

온실 주변을 둘러싼 아기자기한 암석원

의 나무들은 1920~1930년대에 심어진 것으로 노르웨이 단풍나무로 불리는 슈베들레리Schwedleri를 비롯하여 크리미안 린든Crimean linden과 라시네이트 린든laciniate linden 등이 식재되어 있다. 이곳 내부에 작은 계류 주변으로 48품종의 옥잠화와 비비추 등이 식재되어 있으며, 올드파크 주변으로는 화려한 꽃을 자랑하는 280품종 이상의 달리아를 비롯하여 300품종 이상의 튤립과 150품종 이상의 수선화가 전시되어 있다. 특히 아이리스 화단에는 붓꽃 40종에 150품종이 전시되어 있어 화려한 여름철, 새로운 품종을 찾는 관람객들에게 개방되고 있다. 올드파크와 온실 사이에 있는 친환경 어린이 놀이터는 아이들에게 인기가 많다. 주변에 둘러싸인 측백나무 수벽으로 어른들의 눈치를 안 보고 마음껏 뛰놀 수 있는 분위기가 조성되어 안락한 아이들만의 공간이 되어 주기 때문이다.

온실 앞 잔디광장을 사이에 두고, 건너편에는 암석원을 시작으로 넓은 숲이 조성되어 있다. 1961년에서 1965년 사이에 조성된 암석원은 여러 개의 단을 사이에 두고 400종 이상의 다채로운 다년생 식물과 희귀 구근 식물 등이 식재되어 있다. 암석원에서 시작되어 큰 호수를 끼고

온실에서 가장 오래된 나무인 용혈수*Draceae draco*와 다육식물들

수직으로 잘 조성된 철제온실

도는 산책로 주변으로는 사시나무-포플라, 단풍나무, 가문비나무, 호두나무, 벚나무, 피나무, 참나무, 버드나무 등이 수종별로 군식되어 마치 나무 박물관을 연상케 한다. 특히 군락별로 지피에 식재된 마타리 군락은 물안개 피어오르는 때에는 신비한 분위기마저 자아낸다.

식물원의 핵심은 중앙에 있는 온실로 남극을 제외한 모든 대륙에서 수집한 2,100여 종의 식물들이 다육식물홀Succulent's Hall, 온아열대식물홀Warm subtropic Hall, 냉아열대식물홀Cool subtropic Hall, 열대식물홀Tropic hall 등 4개의 홀에 전시되어 있다. 다육식물홀에는 1958년부터 이곳에서 재배된 포르투라세아*Crassula portulacea*를 비롯하여 500종 이상의 선인장, 알로에, 용설란 등을 관찰할 수 있으며, 분재 형태로 만들어진 착생형 돌나물과의 식물들도 볼 수 있다. 온실에서 가장 오래된 나무 중 하나는 카나리아제도에서 수집해 온 용혈수로, 42년이 넘고 높이도 3m 이상이다. 온실의 배후에는 라트비아대학 생물학연구소Institute of Biology, University of Latvia가 있어 식물원에서 수집되는 종의 번식과 육종을 비롯하여 전반적인 관리를 책임지고 있다.

식물원의 운영 특성

라트비아국립식물원은 식물분류의 정보화 및 대중화를 목표로 1956년 설립된 이래, 전 세계 600개 이상의 식물원과 국제 종자 교류를 위해 노력하고 있다.

식물원에서는 유아를 비롯하여 초등학교과 중학생을 위한 다양한 체험 프로그램이 운영되고 있으며, 식물에 관심 있는 방문객을 위해 1시간 반가량 영어로 제공되는 가이드 투어

온실의 습도조절 역할을 함께하는 벽천과 수직 화분

를 25유로에 제공하고 있다. 최근에는 구글플레이나 앱스토어에서 무료로 앱을 다운로드하여 라트비아어, 러시아어, 영어, 독일어 및 리투아니아어 등 5개 언어로 제공되는, 100개의 식물에 대한 설명도 제공하고 있다. 식물원의 훌륭한 경관은 피크닉과 사진 촬영 등을 위해 일반 시민들에게도 개방되어 있으며, 사전 예약을 통해 결혼식, 야외 콘서트, 영화의 밤, 교육 강의 등의 행사도 개최할 수 있다. 특히 말이 끄는 마차도 빌려 색다른 체험을 할 수 있는 기회를 제공한다.

식물원의 자랑거리 중 하나인 전통 정원 가꾸기 박람회는 4월부터 10월까지 한 달에 한 번씩 열리는데, 최신의 묘목을 비롯하여 특이한 표본의 식물들을 수집할 수 있는 좋은 기회로 시민들의 정원문화 확산에 중요한 역할을 하고 있다.

Travel tip

주소 Miera iela 3, Salaspils, Salaspils pilsēta, LV-2169, Latvia
홈페이지 https://www.nbd.gov.lv
전화 +371 67 944 988
개원시기 및 시간 하절기(4월~9월)는 09:00~20:00, 동절기(10월~3월)는 09:00~18:00(온실은 하절기 10:00~19:00, 동절기 09:00~18:00, 월요일과 화요일은 온실 휴무)까지 개원한다.
면적 129ha

61

러시아의 단단한 식물과학 기초를 보여주는

모스크바식물원

Russian Academy of Sciences' Main Botanical Gardens

'열대 아열대 식물정원'이란 이름이 붙여진 온실

모스크바식물원은 러시아의 전통이 살아 숨쉬는 자랑스러운 식물원 중 하나이다. 1945년 4월에 러시아 과학 아카데미 생물학과의 일부로 설립되었으며 총면적은 340ha인데, 그중 200ha는 참나무림의 자연보호구역으로 울창한 숲속을 연상시킬 정도로 아름다운 식물원이다. 주요 임무는 식물의 유전자 풀을 보존하고 전 세계 식물 자원 관리를 위한 식물의 도입 및 순응에 대한 이론적 원리와 방법을 개발하는 것이다.

식물원의 구성

모스크바식물원은 살아있는 식물 컬렉션으로 132속에 속하는 약 1,800종의 식물을 보유하고 있다. 초본 다년생 식물이 컬렉션의 기초를 형성하고, 전체 식물 종의 71%를 차지한다. 식물원은 수목원, 장미정원, 관상용식물원, 일본정원, 재배식물정원, 열대·아열대식물정원, 표본관으로 구성되어 있다.

수목원은 1949년에 리호보르카강으로 이어지는 길고 완만한 경사면 75ha에 만들어졌다. 식물원 내에서 가장 많은 식물(교목, 관목, 리아나)이 모여 있는 곳으로, 주로 온대기후 식물로 전 세계의 다양한 지역에서 수집되었다. 수목원의 대부분은 숲이 차지하고 있으며, 주로 자작나무, 애스펜, 가문비나무가 혼합된 참나무로 구성되어 있다.

장미정원은 식물원 남서쪽 2.5 ha 면적에 약 600여 종이 식재되어 있다.

관상식물정원은 2012년에 만들어졌으며 면적은 1.5ha이며, 약 3,000여 종의 식물이 전시되어 있다. 러시아 연방의 중부 지역에서 재배가 유망한 거의 모든 종류의 장식용 초본

식물원 입구의 넓은 진입로

식물들이 이곳에 모여 있다. 이 컬렉션은 러시아에서 가장 큰 규모이며 전시된 면적과 부피 면에서 세계 최대 규모 중 하나이다. 아스틸베, 홍채, 플록스, 모란(415품종), 수선화(343품종), 튤립(309품종), 백합(269품종) 등이 대표적이다.

일본정원은 조경사 켄 나카지마와 건축가 아다치 타케오가 설계한 곳으로 매력적인 정자와 탑과 함께 100여 종의 식물이 식재되어 있으며 이 중에는 일본 홋카이도에서 공수해 온 진달래, 벚나무, 단풍나무도 있다. 온실은 번식용을 포함하여 0.5ha 규모이며 난과식물이 많다. 재배식물원은 과일, 베리, 포도 등의 과수 식물, 야채 작물, 약용식물, 향신료와 에센셜 오일식물 등이 수집되어 있다.

열대·아열대식물 온실의 식물 수집 규모는 식물원 내에서 가장 크며, 2015년 1월 기준으로 6,768종이 수집되어 있으며, 난초, 야자나무, 사이카드, 감귤류, 진달래, 브로멜리아드, 아로이드, 양치류, 선인장, 다육류 등이다. 처음 수집된 식물들 중 선인장과와 여러해살이 초본들(베고니아, 장미, 난초, 양치식물) 일부는 현재까지도 살아남아 있다.

일반인 출입이 금지된 작약 보존원

식물원의 운영 특성

과학 센터로서 식물학 및 환경 보호 분야에서 기본 및 적용 연구를 수행하며, 세계 여러 지역의 식물 다양성을 보여주고 있다. 식물원의 과학적이고 실용적인 활동의 주요 목표 중 하나는 식물 수집과 온실 부문에 있어 가장 앞선 국가를 만드는 것이다. 식물 및 환경 지식의 보급센터, 실용적인 작물 생산 및 조경 건축 기술의 축적을 보여주는 주요 교육 센터이기도 하다.

러시아 과학아카데미 전경

수집한 식물은 연구의 기본이 되며 식물 유전다양성 수집물이기도 하다. 수집물은 생물 및 비생물적 환경 요인에 대한 식물 적응, 분류, 진화, 생화학 및 생리학에서 기초 연구를 수행하는 데 중요한 역할을 한다.

연구의 질과 수집에 대한 정보를 위해 연구원들은 수집종인 라일락, 장미, 구근, 수집 및 전시 정원(수목학 식물, 열대 및 아열대 식물, 관상용 식물)에 대한 일련의 참고 자료를 출판하기도 하였다.

Travel tip

주소 Main Botanical Garden, Russian Academy of Sciences 4 Botanicheskaya st. Russian Federation Moscow 127276 Russian Federation

홈페이지 www.gbsad.ru

전화 +7 499 9779044, 9779145

개원시기 및 시간 수요일~일요일까지 운영한다. 입장은 무료이다. 단, 식물원 내 수목원, 온실, 일본정원 관람시 소정의 입장료를 지불해야 한다. 일본정원은 겨울에 휴관할 수도 있다.

면적 75ha

62

생태역사문화 보존의 요람

빌니우스대학식물원

Botanical Garden of Vilnius University

비비추를 배경으로 한 완만한 경사의 식물원

근래 우리에게 잘 알려지게 된 발트 3국 국가 중 최남부에 있는 리투아니아는 인구와 영토가 3국 중 가장 많고 넓다. 리투아니아는 찬란한 과거의 역사를 간직한 국가다. 중세의 폴란드-리투아니아 공국은 한때 유럽에서 가장 큰 영토를 자랑하던 강국이었다. 18세기 말 폴란드 분할 때 러시아 제국에 합병된 후, 제1차 세계대전 때 독립했으나 1940년 다시 소련에 강제 점령·병합되었다. 1941년부터는 독일의 지배를 받다가 1944년 다시 소련군에 점령되면서 소비에트 공화국의 일원이 되었다. 1991년 8월 소련 쿠데타 실패 후 독립을 선언, 9월 독립을 인정받게 되었다. 중세 초강국이였던 역사에서 알 수 있듯이 리투아니아 지역에는 많은 역사 유적들이 산재해 있다. 그중에서 빌니우스대학식물원이 있는 카이레나이 Kairėnai 지역은 4~5세기경 매장유물들이 많이 발견되는 리투아니아 역사문화지구에 있어 생태적으로뿐만 아니라, 역사적으로도 보존 가치가 높은 식물원이다. 1781년에 작은 부지에 처음으로 개원한 식물원은 현재 면적 192ha에 이르는 리투아니아의 가장 큰 대표적인 식물원으로 자리하게 된다. 한편 빌니우스대학은 빌니우스 시내 중심을 흐르는 네리스Neris강을 끼고 있는 빙기스Vingis 공원 안에도 7.4ha 규모의 식물원을 운영하고 있다.

카이레나이 지역은 이사이콥스키Isaikovskiai나 사피에고스Sapiegos 가문이 지배해 오던 곳으로, 16세기부터는 콘서트, 극장, 스포츠 등의 지역문화 활동을 주관해오던 로파신스키Lopacinski 가문 영주들이 지배하게 되었다. 현재는 영국 풍경식 정원의 모습을 본뜬 연못과 하천으로 둘러싸인 식물원으로 개조되어 개방되고 있다. 휴식을 위해 적당한 곳에 삼각형으로 배치된 '볏짚The

컨벤션센터 배후에 잘 가꾸어진 허수아비정원

Straw', '언덕에서On the Hill', '섬에서At he Island'라는 이름의 3개의 서머하우스Summer house 쉼터는 식물원 관람을 돕는 대표적인 편의시설로 영국 풍경식 정원의 모습을 보여주는 시설들이다.

빌니우스대학식물원은 1974년 본격적으로 조성되기 시작하여 지금까지 11,000여 종의 식물들을 수집·전시하고 있는 대형 식물원이다. 전시되는 대표적인 수종으로는 진달래속 Rhodedendrons, 라일락Lilacs, 덩굴식물Climbers, 작약Peonies, 구근식물Bulbous plants 등이 있다.

식물원의 역사

1773년 교황 클레멘스 14세Clement XIV가 모든 주에서 예수교 수도회를 폐지한 후, 교육 업무를 담당할 교육위원회Educational Commission를 설립하여, 빌니우스대학에서도 의학 및 자연과학 발전을 위한 유리한 터전이 만들어졌다. 당시 대학총장이였던, 마르친 폭조버트 오드라니치Marcin Poczobutt-Odlanicki는 자연사학과를 만들어 질리베라스E. Žiliberas를 교수로 위촉했다. 그는 지역의 식물상 연구를 위해 1781년 빌니우스대학식물원을 개원하였지만, 2년 후인 1783년 가을 세상을 떠나고 말았다. 이듬해 저명한 박물학자이자 여행가인 요한 게오르크 아담 포스터Johann Georg Adam Forster가 자연사학과와 식물원을 이끌게 되었고, 식물원에 약 650개의 식물 종자를 더 확보하여 이식했다. 포스터 교수는 1787년 교육위원회에 요청하여 부지를 좀 더 확장하였으나, 1787년 식물원을 떠나게 되었다. 계속해서 담당자를 찾던 중 1792년 의사이자 교수인 페르디난드 스피나겔Ferdinand Spicnagel에 의해 재정비의 기회를 맞아 의학 분야를 발전시키기 위한 식물원으로 발전하게 된다. 이후 1974년 5월 14일 법령에 따라 카이레나이Kairėnai의 148ha 부지가 빌니우스대학에 할당되면서 식물원 재조성의 기회를 맞게 된다. 카레이나이 들판의 아름다운 공간뿐만 아니라 주민들이 거주하던 농가들을 계속 존치시킴으로써, 현재는 식물원의 중요한 경관 요소가 되었다.

새로운 부지는 조경가 케스투티스 라바나우스카스Kęstutis Labanauskas와 건축가 다이노라 유흐네비치우테Dainora Juchnevičiūtė에 의해 본격적인 식물원으로 조성되기 시작하여 1982년 완공되었다. 정원은 전시 구역, 실험 구역 및 경제 구역으로 구분되었다. 특히 기존의 공간들은 공원 형태로 남겨두었고 식물 수집과 전시를 위한 공간은 외곽부를 순환하며 가장자리에 설계되었다. 이후 조셉 메이다우스Juozapas Meidaus(1975~1990)와 에발다스 빌리우스 나비오 박사Dr. Evaldas-Vylius Navio(1990~2002)를 거쳐, 2002년부터 오드리우스 스크리다일라 박사Dr. Audrius Skridaila가 식물원을 관리해오면서 발전을 거듭하게 되었다. 특히 1991~1994년 정부로부터 추가 투자를 받아 정원 지역에 울타리가 쳐지고 연못 시스템이 개발되었으며, 약 3km의 농장 도로가 건설되었다. 2007~2008년 EU 구조 기금과 리투아니아 공화국의 재정 지원을 받아 관광 수요에 맞게 3개의 영주 건물 재건 등 식물원 인프라를 조성하는 또 다른 대규모 투자 프로젝트가 진행되었다. 40년이 넘는 기간 동안 정원

그린빌딩 외벽을 둘러싼 다양한 종류의 실험용 벽면녹화 식물

영국 풍경식 정원의 모습을 보여주는 한적한 식물원 전경

18세기 원형을 그대로 복원한 분수대

의 면적도 148ha에서 192ha로 확장되었으며, 재활 과학 박사 1명, 과학 박사 10명, 컬렉션 큐레이터 15명, 서비스 및 기술전문 직원 9명, 직원 48명, 행정 직원 3명 등 총 86명의 직원이 식물원 발전을 위해 꾸준히 노력하고 있다.

식물원의 구성

식물원에는 세계 각국에서 수집한 11,000여 종의 식물이 있으며, 이 중에는 리투아니아 전역에서 생육하고 있는 445개의 자생식물 종이 포함되어 있다. 식물원이 넓고 토양을 비롯한 자연환경이 좋아서 곳곳에 있는 연못에는 80여 종의 조류들이 모여들어 보금자리를 틀고 있다. 특히 토양을 깨끗하게 하는 재래종 식물 58개 종을 별도로 심어 토양을 정화하는 효능을 측정·관리하고 있다.

오래된 영주의 장원답게 입구에서부터 고전적인 건축물들을 만나볼 수 있다. 입구에 있는 방문자센터를 따라 추천 경로로 발길을 옮기게 되면 익숙한 허수아비가 있는 잘 꾸며진 박물관 후원이 나타난다. 여기서 정면에 식물원 전체를 관리하는 연구동, 그린빌딩을 만날 수 있다. 이 건물은 벽면에 각종 덩굴식물, 벽면식물, 사초류 등을 식재하고 실험하는 실습장으로 연구원들의 숙소로도 이용되는 곳이다.

조각공원의 느낌을 주는 곳곳에 위치한 조각

그린빌딩을 지나 일본정원으로 가는 산책로 좌측에는 빌니우스대학식물원에서 두 번째로 큰 연못을 만날 수 있다. 식물원 전역에는 다양한 조각들이 배치되어 있는데, 특히 이 연못 주변으로 다양한 철제, 목재 조각들이 배치되어 호수 조각공원 같은 느낌을 준다. 연못과 주변에서는 노랑꽃창포 *Iris pseudacorus* L., 미나리아재비 *Ranunculus* , 노란수련 *Nuphar lutea* (L.) Sm., 가래 *Potamogeton natans* L. 등 우리에게도 익숙한 다양한 식물들이 식재되어 있다. 조금 더 걷다 보면 식물원의 대표종인 만병초를 수집해 놓은 만병초원Rhododendron garden이 나타난다. 만병초로 둘러싸인 아늑한 포켓 쉼터에서 통나무 의자와 돌판 탁자를 중심으로 앉아 이야기를 나누다 보면 만병초의 효과 때문인지 어느새 피곤했던 몸이 회복되는 것 같다.

식물원 서측 출입구와 인접해서는 일본풍의 정갈한 다정과 함께 연못 주변을 산책하며 명상할 수 있도록 조성해 놓은 회유임천식 일본정원이 조성되어 있다. 일본 정부가 2003년부터 2007년까지 식물원 경내를 포함하여 현지에서 500톤의 자갈과 큰 돌을 운반하여 조성한 것으로, 면적 5,600m^2 규모에 일본의 대표적인 단풍나무 등을 비롯한 수목과 관목, 꽃 등 40여 종을 식재해 놓았다.

만병초로 둘러싸인 자연스러운 휴게쉼터

식물원 중앙에 있는 연못은 18세기에 만들어졌는데, 지하에 흐르는 나무 파이프가 공원 관리 과정에서 발견되면서 현대식으로 교체되었으며, 오래된 도면과 그림에 따라 분수가 복원되어 조성되었다. 별다른 인위적인 동력없이 식물원 지형에 따른 자연스러운 단차를 이용하여, 분수의 크기나 높이가 생각보다 크지 않은 것은 충분히 이해가 간다.

이어지는 커다란 캐노피 산책로와 갑자기 펼쳐지는 넓은 잔디밭은 한적한 유럽의 공원에 와 있는 느낌을 주지만, 곳곳에서 만나는 주제원들은 이곳이 식물원임을 다시 한번 상기시켜준다. 산책로 좌우로 펼쳐진 옥잠화, 비비추 등을 비롯하여 중앙에 위치한 장미원의 장미들은 폴란드, 라트비아, 핀란드 등 여러 나라 원산의 것이 종별, 색상별로 전시되어 있다. 장미원 안에는 야생 장미와 하이브리드 18종을 포함하여 140여 종의 다양한 품종의 장미를 볼 수 있다. 가장 안쪽에 위치한 라일락원 역시 중국 원산을 포함하여 120여 종이 구릉지를 덮고 있어, 늦봄 이들이 뿜어내는 짙은 향기로 발길을 끌고 있다. 또한 글라디올러스*Gladiolus* ×*gandavensis* Van Houtte나 튤립 등의 꽃들도 각각 80~450여 종에 이르는 다양한 자태를 보여주고 있다. 수목 역시 세계 주요 지역의 900여 종이 식물원 곳곳에 식재되어 있고, 특히 60ha에 이르는 별도의 수목원을 식물원 안에 조성하여, 200여 종의 활엽수, 침엽수를 다수 식재해 놓았다.

북측에는 식물원에서 가장 큰 연못이 있는데, 나무다리를 통해 접근할 수 있는 연못 가운데 위치한 '섬에서At the Island'라는 전망섬으로 인해 식물원을 찾는 많은 관람객의 인기있는 사진 촬영장소가 되고 있다. 오리와 물닭Fulica atra들이 한적하게 노니는 모습은 식물원의

회유임천식 일본정원 전경

물관리가 잘 이루어지고 있음을 짐작하게 해 준다.

'섬에서At the Island'라는 서머하우스가 있는 연못과 나무전망대

작약원에서 바라본 식물원 전경

식물원의 운영 특성

식물원은 각종 식물의 수집과 보존, 연구를 중심으로 생물다양성 보전을 위한 전문가양성 프로그램들을 운영하고 있다. 특히 온라인 데이터베이스를 사용하는 현대화된 식물수집관리 시스템이나 과학적 연구 수행과 함께 생물다양성 보전 프로그램 실행 및 식물 유전자원의 확보는 국가적인 지원을 받아 체계적으로 운영되고 있다. 일반 시민들을 대상으로 하는 환경교육, 문화, 레크리에이션 활동 등을 지원하면서 정원문화의 확산과 함께 국가 이미지 향상을 위한 수단으로 식물원을 운영하고 있다. 일반 대중을 위한 29개의 문화행사를 비롯하여 25개의 교육 행사, 9개의 강의, 2개의 식물전시회 등 총 69개의 다양한 프로그램들이 운영되고 있다.

레크리에이션, 피크닉, 결혼식, 휴일, 기념일 축하, 승마 등을 위해 식물원은 일반 대중에게 언제든지 대여되고 이용된다. 특히 식물원의 아름다운 전경으로 인해 결혼사진을 찍기 위한 촬영장소로 애용되고 있다.

Travel tip

주소 Kairėnų 43, LT-10239 Vilnius, Lithuania
홈페이지 https://www.botanikos-sodas.vu.lt/
전화 +370 5 219 3139
개원시기 및 시간 하절기(6월~12월)는 10:00~20:00, 동절기(1월~5월)는 08:00~20:00(입장시간은 관람종료 30분 전까지)까지 개원한다.
면적 192ha

63

농업 대국의 면모를 보여주는

우크라이나국립식물원

M. M. Hryshko National Botanical Garden

유명한 드네프로강이 보이는 라일락원의 전경

우크라이나국립식물원의 정식 명칭은 흐리시코국립식물원(우크라이나어: Національний ботанічний сад імені М.М. Гришка, Natsionalnyi botanichnyi sad im. M.M.Hryshko)으로 우크라이나 수도 키이우에 있으며, 우크라이나 국립과학아카데미의 식물원이다. 폴타바Poltava에서 태어난 소련 식물학자 미콜라 흐리시코Mykola Hryshko의 이름을 따서 지어졌다. 식물원은 1944년부터 조성되기 시작했으나, 제2차 세계대전으로 인해 중단되었다가 1964년 다시 조성되기 시작했다. 유럽에서 가장 큰 국립공원 중 하나이며, 겨울에도 일 년 내내 식물을 즐기고 감상할 수 있다.

식물원의 구성

1936년에 설립된 이 식물원은 면적이 120ha이며 전 세계의 교목, 관목, 초화류 및 기타 식물 약 13,000종을 보유하고 있다.

식물원은 우크라이나 카르파티아Carpathians, 우크라이나 평원, 크림, 코카서스, 중앙아시아, 알타이 및 서부 시베리아, 동아시아지역에서 온 식물들이 구역별로 식재되어 있다. 구역마다 특정 지역의 전형적인 식물을 찾을 수 있으며, 해당 지역의 지리와 풍경도 재현되어 있다. 또한 온실에는 대규모로 수집된 독특하고 희귀한 열대 및 아열대식물이 있으며, 약 350종 이상의 난초 수집으로 유명하다. 그 외 크로커스, 설강화, 수선화, 히아신스, 목련, 붓꽃, 라일락, 영춘화속, 장미, 귤속, 박달나무, 너도밤나무, 단풍나무, 호두나무, 다양한 침엽수 등이 있다.

특히 라일락원은 가장 많은 관람객이 방문하는 곳으로 약 200여 품종이 관리되고 있다. 봄의 끝자락

열대 및 아열대식물 수집을 위한 온실이 오른쪽으로 보이는 풍경

에 피는 라일락은 중앙 정원을 화려하게 장식하기도 한다. 라일락 다음으로 정원에서 가장 인기 있는 종은 목련이며, 10가지 다채로운 색깔로 구성되어 있다.

온실에는 다양한 종류의 진달래와 동백, 난초, 열대 및 아열대 과일나무(레몬, 오렌지, 피조아, 망고 등), 선인장 및 기타 다육식물, 야자수와 무화과를 볼 수 있다. 돔 온실 파빌리온에는 "에덴의 정원"이라는 상설 전시관이 있으며, 희귀한 파충류, 양서류, 새, 곤충을 관찰할 기회를 제공한다.

식물원의 운영 특성

정원의 규모, 과학적 연구 수준, 살아있는 식물 수집의 다양성 측면에서 유럽에서 가장 큰 식물원 중 하나이며, 고유 수집종으로 220과 1,347속에 속하는 약 11,180종류가 관리되고 있다.

국립식물원은 식물의 도입 및 적응의 문제에 관한 연구를 수행하는 8개의 과학 부서와 2개의 실험실로 구성되어 있으며, 풍토병의 유전자 풀 보존, 희귀 및 멸종위기에 처한 종, 과

전 세계에서 가장 규모가 크고 오래된 라일락원

일 채소 및 사료 작물, 식물의 화학적 상호작용 등에 관해 연구하고 있다.

다양한 색의 꽃을 피운 라일락원

정원에서 수집된 다른 지역 식물의 독특한 수집은 새로운 작물과 잡종의 생성 및 번식 연구의 기초가 되며, 1965년부터 2004년까지 식물원의 연구원들은 새로운 품종에 대한 262개의 저작권 인증서를 받기도 하였다.

식물원 입구로 연결되는 계단식 화단길

1980년, 식물원 수집품 중의 하나인 난초를 대상으로 나사NASA 프로그램인 "셔틀"에 참여하여 식물 생장과 개발에 있어 우주 환경조건이 미치는 영향에 관한 연구를 시행하기도 하였다. 그 외 박사 과정 연구와 대학원 연구를 지원하기도 한다.

다른 서비스 프로그램으로 실내외 조경 디자인, 교목, 관목, 초화류 심기, 겨울 정원의 계획과 실내장식 식물 디자인에 대한 교육 프로그램이 진행되며 생물학, 재배와 치료에 관한 농업 기술에 대한 다양한 상담이 이루어지기도 한다.

자원봉사자들은 전문가와 함께 식물 심기, 잡초 제거 등 식물원의 다양한 환경 활동에 참여하며, 식물원의 독특한 수집을 보존하는 데 큰 역할을 담당하고 있다.

Travel tip

주소 1, Tymiriazievska St, Kyiv, Ukraine 01014
홈페이지 http://www.nbg.kiev.ua/en/
전화 +380 44 285 4105
개원시기 및 시간 연중무휴로, 5월~8월은 08:30~21:00, 9월~4월은 08:30~20:00까지 개원한다.(온실관람시간: 화~금 10:00~16:00, 토~일 11:0~17:00, 월요일은 휴무)
면적 120ha

64

강소국 에스토니아의 강소식물원

타르투대학식물원

University of Tartu Botanical Garden

한눈에 조망이 가능한 암석원 전경

에마여기강Emajõe river 기슭에 자리한 타르투대학식물원은 도시를 보호하기 위해 쌓은 제방과 성벽으로 둘러싸인 도시의 가장자리에 있는 3ha의 작은 식물원이다. 조성 당시에는 도시의 외곽에 해당하는 곳이었지만, 도시가 발달하면서 이제는 도시 중심에 자리하여 중요한 레크리에이션 공간으로 활용되고 있다. 도시 외곽에 있는 탈린식물원과 달리 도심 한복판에 있는 식물원답게 규모보다는 편리하고 효율적인 전시를 통해 공간을 잘 활용하고 있다. 식물원 입장은 무료지만, 온실은 유료이다. 그래서인지 온실 내부는 생각보다 한적하지만, 외부는 도시공원을 이용하듯 많은 사람으로 북적이는 갤러리 같은 식물원이다.

작은 면적에 비해, 툰드라에서 열대우림에 이르기까지 에스토니아에서 가장 많은 10,000여 종의 식물을 보유하고 있는 학구적 성격이 강한 식물원이다. 입구로 들어서면서 빽빽한 측백나무 사이로 등장하는 화분 장식물들과 식물원 곳곳에 조성된 16개의 예술 조각들은 식물원이 범상치 않은 곳임을 암시한다.

식물원의 역사

타르투대학식물원은 1803년 도시 외곽의 티기 가로공원Tiigi Street Park에 최초로 설립되었다. 1806년 설립자이자 첫 원장이었던 저먼 교수Prof. G.A. Germann는 과거 도시 성벽의 모서리에 해당하는 현재의 위치로 식물원을 이전하게 된다. 이 부지는 로젠캠프A. Rosenkampff 백작 부인이 대학에 기증한 토지였다. 이전을 위한 식물원 계획부터 복원과 건설의 전 과정을 수석 정원사였던 와인만J.A. Weinmann이 감독하였다. 당시에 그가 조성한 정원의 주요 부분은 오늘날까지도 그대로 보존되고 있다.

화분을 쌓아 만든 야자수 모형의 입구 조형물

이후 1811년부터 젊고 재능있는 식물학자인 자연과학과 레드버어C. F. Ledebour 교수가 원장으로 취임하면서 식물원은 더욱 발전하게 된다. 북서쪽 토지를 매입하여 현재의 3ha에 달하는 부지를 확보하였으며, 이곳 식물원이 기점이 되어 서유럽 여러 국가에 새로운 품종들을 전파하게 된다. 또한 현재의 열대온실을 짓고 그 내부에 황제의 하사품도 전시하는 등 25년 재직기간 동안 열정적이고 활기찬 활동의 결과로 식물원은 크게 발전되었다. 레드버어 교수가 퇴임한 후 그의 제자 번지A. Bunge가 자연과학과의 교수로 부임하게 되었고, 1836년부터 1867년까지 식물원장으로서 많은 식물종을 수집하게 된다. 현재의 에스토니아와 리보니아Livonia(라트비아와 에스토니아의 옛 호칭) 및 컬랜드Courland(라트비아와 리투아니아의 옛 호칭) 지역의 식물군을 직접 여행하면서 수집하였을 뿐만 아니라, 이란과 이라크의 식물군을 연구하는데도 탁월한 재능을 발휘하였다.

1868년부터 1874년까지는 윌콤M. Willkomm(1868~1874) 원장이 재직하면서 수집보다는 식물의 체계적인 분류와 정리를 진행하여 최초로 대중들에게 식물 이름표를 제공하는 등 식물원 대중화에 힘썼다. 이후 1874부터 1895년까지 피트모스 연구자였던 루서E. Russow가 원장으로 재직하게 되었는데, 그 역시 최초로 식물을 묘사하기 위한 미시적인 분석법을 제시하여 식물 분류를 체계화하는 데 이바지했다. 1895년부터 1915년까지 재임한 쿠즈네초프N. Kuznetsov 원장은 식물원을 광범위하게 개조하면서 코카서스Caucasus, 고산식물Alpine plants, 대초원 식물Steppe plants 등 지리적 특성에 따라 전시원을 개편하였고, 앵글러시스템Engler system에 따른 10,000종 이상의 식물 품종을 확보하기에 이르렀다.

이후 1924년까지 6명의 원장이 근무하게 되었고, 1924년부터 1930년까지 스포어E. Spohr 원장이 독일 정원사 보어너F. Boerner와 함께 원장업무를 수행하게 된다. 1930년부터 1943년까지 식물원을 이끈 이는 리프마T. Lippmaa 원장으로, 그는 교육의 필요성을 중시하여 새로운 학과를 조직하였다. 그러나 제2차 세계대전 중에 도시가 폭격 되면서 본관과 온실이 파괴되었고, 이때 리프마 원장 역시 사망하게 된다. 다행히 온실 식물은 대학 구내로 이전되면서 무사히 보전될 수 있었다. 식물원 발전과 보전을 위한 그의 노력을 기리기 위해 식물원 내 유일하게 실존 인물로 조각된 테오도르 리프마Prof. Teodor Lippmaa 교수의 흉상이 식물원 후원 한복판에 세워졌다. 그가 얼마나 식물원에 많은 공헌을 했는지 다시 한번 상기시켜 주는 조각이다.

1944년부터 1956년까지 식물원 복원이라는 막중한 임무가 부여된 바가A. Vaga 원장의 노력으로 식물원은 현재의 모습으로 복원에 성공하게 된다. 이후로도 3명의 원장이 재임하게 되었고, 1969년부터 1986년까지 킴멜H. Kimmel 원장이 오랜 기간 식물원을 이끌게 된다. 식물원 재정비를 위해 노력한 그는 팜하우스Palm house의 완공이나 대대적인 연못 청소 등 대표적인 업적을 남겼다. 특히 식물원 내 상업 작물로서 장미, 튤립 및 카네이션 등도 재배하는 동시에 조직배양연구소Meristem breeding laboratory를 설계하였다. 당시 식물원은 타르투 남부의 소이나스테Soinaste 지역에 2.5ha의 부지를 추가로 매입했으며, 차기 원장인 판A. Pärn(1986~1995)에 의해 1990년, 6개의 온실과 실험실 건물로 구성된 번식 및 생산 단지 건설이 완료된다. 1995년부터 2001년까지 식물원장은 지리학자인 아인 벨락Ain Vellak이 맡았으며, 2001년부터 2013년까지는 생물학자인 하이키 탐Heiki Tamm이 식물원을 이끌었다. 2003년에는 기존의 낡은 아열대 온실을 대신하여 새로운 온실 조성에 착수했으며, 2006년에 준공하게 된다. 2014년 1월 1일부로 식물원은 자연사 박물관과 통합되었으며, 타르투대

독특한 형태의 장미원

학의 자연사 박물관과 식물원이 설립되어 오늘에 이르게 되었다.

식물원의 구성

타르투대학식물원의 식물전시는 무척 체계적이다. 입구를 중심으로 온실의 동측 전면에는 외떡잎식물들을 전시해 놓고 있으며, 서측에는 쌍떡잎식물을 품종별로 전시하고 있다.

가장 먼저 식물원 입구에 들어서면 방문자센터를 겸한 온실이 정면에 있다. 가장 좌측부터 야자수관, 다육식물관, 아열대관, 열대우림관으로 구성되어 있는데, 야자수관Palm house은 큰 높이의 야자수들을 관리하기 위해 22m 높이로 500m^{2}의 면적에 조성되었다. 아메리카, 아프리카, 아시아 및 유럽이 원산지인 58종의 야자수가 전시되고 있는데, 가장 큰 야자수는 캘리포니아 팬 야자*Washingtonia filifera* (Rafarin) H. Wendl. ex de Bary이고, 가장 오래된 야자수는 90살의 카나리아 대추야자*Phoenix canariensis* H. Wildpree이다. 야자수관의 중앙에는 열대우림지역에서 서식하는 브로멜리아드bromeliads와 바나나나무가 전시되어 있으며, 바로 아래 연못에는 물고기와 거북이가 한가로이 놀고 있는 모습을 볼 수 있다. 바로 옆 3층에는 100m^{2}의 면적에 아프리카와 중남미원산 600여 종의 식물로 구성된 다육식물관이 있다. 이곳에는 알로에*Aloe*, 아이오늄*Aeonium*, 크라술라*Crassula*, 대극과*Euphorbiaceae*, 선인장과*Cactacea*, 용설란*Agavaceae* 등이 전시되어 있는데, 이곳에서 가장 오래된 식물은 80년 된 금호선인장*Echinocactus grusonii* Hildm.이다. 아열대관에는 호주산 유칼립투스*Eucalyptus*와 헤데라케아 제비꽃*Viola hederacea* Labill.을 비롯하여 지중해산 남양삼나무*Araucaria cunninghami* Mudie와 아프리

쌍떡잎 식물 분류원과 작약원

카산 하르페필룸 카프룸 *Harpephyllum caffrum* Bernh., 동아시아산 멀구슬나무 *Melia azedarach* L., 북미산 소시지나무 *Juanulloa mexicana* (Schltdl.) Miers 등이 전시되어 전 세계 아열대 기후의 전시관 역할을 하고 있다. 가장 우측 온실인 열대우림관에는 브로멜리아드 bromeliads와 난초orchids, 덩굴식물lianas 등의 열대 착생 식물들이 전시되어 있다. 열대우림관에서 가장 잘 자라는 식물은 2006년 프랑스에서 가져온 베고니아와 헬리코니아 프시타코룸 *Heliconia psittacorum* L. f. 이며, 브라질 난초나무 *Bauhinia forficata* Link 와 페루발삼 *Myroxylon* 등의 식물도 약용으로 쓰이는 주목할 만한 식물 중 하나이다.

2000년을 살 수 있다는 웰비치아 *Welwitschia*

'misty lace'라는 이름에 어울리는 장미과의 눈개승마류 *Aruncus dioicus* (Walter) Fernal

온실을 나와 뒤편으로 돌아서면 또 다른 세계가 펼쳐져 있다. 온실 뒤에 펼쳐진 아기자기하지만 화려한 식물원의 모습은 타르투대학식물원의 매력 요소이다. 온실 바로 뒤로 진달래, 단풍나무, 주목 등으로 구성된 동아시아 목본 식물들이 전시된 산책로를 지나, 가장 먼저 만나는 암석원은 식물원 전체 규모에 비해 매우 큰 비중을 차지한다. 니콜라이 쿠즈네초프Nikolai Kuznetsov 교수의 주도로 약 100년 전에 설립된 암석원에는 고산지대의 자연 서식지에 따라 분류된 900여 종의 고산식물이 자라고 있다. 여느 식물원의 암석원에 견주어도 규모 면에서나 수집종 측면에서나 절대 뒤처지지 않는 화려함을 지니고 있다. 특히 원형무대로 잔디광장처럼 조성된 중앙에서 둘러보면 암석원의 식물들을 전체적으로 조망할 수 있는 효율적인 구조로 되어 있다.

암석원을 지나 제방 언덕으로 올라가면 북미, 유럽 등의 자생수목원이 있으며, 침엽수들로 구성된 산책로 등을 거닐 수 있다. 이들 사이로 60종 이상의 붓꽃을 전시한 붓꽃원이나 다년생 식물원, 자생식물원 등이 식물원의 서측에 자리하고 있으며, 높은 화단으로 조성된 약용식물원은 식물원의 시작이 의학적인 목적이었음을 강하게 시사해 준다.

약재용 식물을 재배하는 약초원

반대편 동측에는 큰 연못을 주변으로 화려한 식물들이 만개해 있다. 250여 품종이 전시된 모란원을 비롯하여 창포, 크로커스, 설강화 등이 화려하게 꽃을 피우기 시작하는 3월이 지나면 튤립, 프리틸라리아Fritilarias, 아이리스Tubrous iris 등이 그 뒤를 이어 식물원을 장식한다. 특히 연못 기슭을 장식하는 백합 중에서 에레무루스*Eremurus*가 가장 눈길을 많이 끄는 종이며, 여우꼬리백합*Foxtail Lily*은 자기복제를 통해 수십 년간 정원에서 가장 잘 자라는 식물 중 하나로 꼽힌다. 난초는 10여 개의 국내품종이 전시되는데, 그중 유럽과 아시아 원산의 노랑복주머니란*Cypripedium calceolus* L.이 가장 대표종으로 뽑힌다.

식물원 번영기를 이끌었던 리프마 교수 흉상

연못 중앙에 있는 원형섬에는 가제보와 함께 벤치와 이동식 의자들이 배치되어 식물원 산책으로 지친 몸을 잠시나마 쉴 수 있게 해주는 장소이다. 연못 건너 에마여기가를 따라 허브원과 클레마티스정원, 장미원이 조성되어 있는데, 이 중 장미원은 식물원의 대표적인 전시장으로 인기 있는 장소이다. 새와 소녀라는 조각이 중앙에 위치한 하트모양으로 조성된 장미원은 원형의 산책로를 따라 장미들을 자세히 관람할 수 있게 만든 효율적인 동선 구조로 되어 있다. 플로리분다 장미floribunda roses와 월계화hybrid tea roses 등 200여 품종으로 구성된 장미원은 장미꽃이 만발하는 7월, 화사한 색감과 독특한 향기로 관람객들의 발길을 붙잡는 곳이다.

식물원의 운영 특성

타르투대학식물원은 2002년부터 국제식물원보전연맹BGCI의 회원으로 가입하면서 지구식물 보전전략Global Strategy for Plant Conservation을 활발하게 수행하고 있다. 특히 멸종위기종의 75%를 유지하고, 복원 활동을 통해 보유한 멸종위기종의 20%를 유지하는 것을 목표로 하고 있다. 에스토니아에서 보호되는 261종의 식물 중 총 136종이 식물원의 여러 장소에서 관리되고 있다. 2002년부터는 국가 프로그램 '에스토니아 농업 문화의 유전자원 보존'에 참여해 왔으며, 에스토니아에서 자란 희귀한 약용 및 허브 식물들을 연구, 수집 및 보존하고 있다.

식물원의 교육 프로그램은 학교 수업에서 배운 내용을 다양화하고 실질적인 현장에서 재학습할 수 있는 기회를 제공한다. 예컨대 '에스토니아의 식물', '자생목본식물', '식물의 온실 생활', '이끼! 녹색 행성의 비밀', '식물에서 식탁까지' 등 다채로운 유아와 어린이들을 위한 교육 프로그램들이 2시간(90유로, 3시간 동안 진행되는 학습 프로그램은 135유로) 동안 진행된다. 식물의 세계와 식물원을 소개하는 관람객들을 위한 견학프로그램도 있다. '온실 식물에 대한 간략한 소개(연중무휴)', '다양한 난초의 세계(3월~5월 상순)', '야생식물에 대한 간략한 소개(4월 하순~10월 중순)', '전체 정원에 대한 간략한 소개', '목본 식물과 친해지기(연중무휴)', '국내 식물과의 만남(4월 하순~10월 중순경)' 등의 주제가 1시간 단위로 진행된다.

물리적인 규모는 작지만 잘 정리된 식물 데이터베이스는 타르투대학식물원만의 강력한 무형 자산이다. 특히 AcrGIS를 활용한 식물원 지도는 식재된 수종 하나하나에 대한 다양한 정보를 담고 있어 연구자뿐만 아니라, 관람객에게는 매우 유용한 도구로 사용될 수 있다.

Travel tip

주소 Lai 38, Tartu, Estonia
홈페이지 https://www.botaanikaaed.ut.ee/
전화 +372 737 6180
개원시기 및 시간 하절기(4월 15일~10월 15일)는 07:00~21:00, 동절기(10월 16일~4월 14일)는 07:00~19:00(온실은 10:00~17:00)까지 개원한다. 휴원일은 12월 24~26일이다.
면적 3ha

65

세계의 식물대사관

탈린식물원

Tallinn Botanic Garden

마가렛 야생화원에서 바라본 온실

제정러시아와 구소련의 지배로 인해 암울한 역사가 있는 에스토니아. 북유럽 발트해 연안 끝자락에 있는 에스토니아는 인터넷 전화 스카이프Skype로 인해 우리나라에서는 인터넷 강국으로 알려진 나라이다. 이런 이유로 제대로 된 식물원이 있을까 하고 지나치면 크게 후회하게 된다. 탈린식물원을 방문한 관람객이라면, 거대한 규모에 한번 놀라고, 곳곳을 채워 넣은 꼼꼼하고 아기자기한 손길에 다시 한번 놀라게 될 것이다. 식물원은 탁월한 자연환경을 지닌 피리타강Pirita River 북부 계곡의 낮고 평탄한 지형에 있는데, 주변은 광활한 소나무 숲으로 둘러싸여 있어서 지형은 낮지만, 아늑하고 위요된 느낌을 주는 식물원이다.

탈린 시내에서 비교적 가까운 10km 정도의 거리에 있는 데다, 피크닉장을 비롯해 넓게 펼쳐진 야생화 들판과 드넓은 잔디 등 곳곳에 잘 마련된 편의시설 덕에 주말 아이들과 함께 방문하면 좋을 것 같은 공원형 식물원이다.

식물원의 역사

제정러시아 지배하에 있던 1860년대, 처음으로 에스토니아의 수도 탈린에 식물원을 만들자는 아이디어가 등장했지만, 그 꿈은 실현되지 못했다. 이후 100년이 지난 1961년 12월 1일 에스토니아 소비에트 사회주의 공화국 과학 아카데미Institute of the Academy of Sciences of the Estonian Soviet Socialist Republic의 부속 연구기관으로 탈린식물원이 처음 설립되었고, 이듬해인 1962년에 식물표본관과 도서관이 설립되었다. 본격적인 식물원의 개발과 식물수집은 조경가 알렉산더 니네Aleksander Niine에 의해 1965년부터 시작되었다. 이때부터 1970년에 이르러서야 식물원 외부 공간 구성이 완료되었고, 1971년에는 중앙온실

아기자기한 식물원 입구

까지 건립하게 되어 온전한 식물원으로서의 모습을 갖추게 된다. 이후 1974년부터 1994년까지 계속 부지를 확장하여 사례마Saaremaa 지역에 있는 비두마에 자연보호구역 내 일부에 아다쿠 시험장Audaku experimental station을 설치하게 되었고, 이루Iru 지역의 울창한 수림대까지 식물원 부지로 확장하게 된다. 어느 정도 물리적 공간의 틀을 완성하면서 본격적인 외연 확대에 힘쓰기 시작하였는데, 1992년부터 발트해 식물원 협회Association of Baltic Botanic Gardens의 회원이 되었고 1994년부터는 국제식물원보전연맹BGCI과 발트해 지역 식물원 네트워크의 회원이 되었다. 국제적인 식물원으로 인정받게 되면서 1995년에 식물원에 대한 관리 감독과 책임은 탈린 시의회에 이관되어 시립식물원이 되었다. 이후 2002년에는 식물연구개발기관으로 에스토니아 정부의 공인을 받으면서, 2005년부터 공식적으로 탈린 환경부가 관리하는 공공기관으로 현재까지 이르게 되었다.

식물원의 구성

22.5ha 면적의 식물원은 6,500여 종의 식물들을 수집하여 전시하고 있다. 피리타강변의 경관을 배경으로 중앙의 넓은 대지에서 바라보는 온실과 식물원 전경은 탁 트인 전망과 함께 시원함을 선사한다. 식물원 곳곳에 있는 수림대는 1,500여 종의 수종들을 유사한 수종들 위주로 군락을 형성하여 조성하였는데, 두릅나무*Kalopanax septemlobus* (Thunb.) Koidz., 전나무*Abies grandis* (Douglas ex D. Don) Lindl., 새양버들*Chosenia arbutifolia* (Pall.) A. K. Skvortsov, 목련*Magnolia* 등과 같이 에스토니아에서 자생하는 수종들을 위주로 조성하였다. 식물원에서 가장 큰 나무는 식물원 남동부 버드나무과Salicaceae species 식재지에 있는 포플러나무*Populus×petrowskiana* (R. I. Schröd. ex Refal) Dippel이다. 높이 31m에 흉고직경이 124cm인데, 바로 옆에 있는 백버들*Salix sericea* Muhl.은 높이 29m로 비록 2m 작지만, 지름은 146cm로 식물원에서 가장 부피가 큰 나무로 꼽힌다.

식물원 입구에 들어서자마자 좌측에는 목재로 만들어진 이끼류와 버섯류들을 재배하는 재배사가 있다. 사계절 내내 자연 상태에서의 생육을 관찰하기 위한 상설 재배장으로, 학생들의 견학을 위한 공간이자 연구를 위한 공간으로 활용된다. 식물원 입구를 따라 숲길을 벗어나면 가장 먼저 만나게 되는 곳이 야생화로 가득 찬 암석원이다. 암석원은 체계적인 원칙

이끼류와 버섯류 재배사

에 따라 조성되었는데, 1970~1973년까지는 그로스하임 시스템A. Grossheim's system에 따라 식재의 기초를 만들었고, 1986~1989년까지는 앵글러 시스템A. Engler's system에 따라 복원을 위한 방식으로 조성되었다. 최근에는 생태지리학적 원리에 따라 고산암석원의 식물들을 정비하고 있다. 연결된 산책로를 따라 잠시 걷다 보면 다양한 라일락들을 전시해 놓은 피크닉 공간에서 향긋한 라일락 향과 함께, 만개해 있는 미스킴라일락*Syringa patula* 'Miss Kim'도 볼 수 있다. 식물원 중앙의 장식초원Ornamental Grasses에는 갈풀*Phalaris arundinacea* L. 이나 물억새*Miscanthus sacchariflorus* (Maxim.) Benth. & Hook. f. ex Franch. 등의 화본과 식물들이 널리 심어져 봄과 가을의 풍경을 담당하고 있다.

다양한 수처리 시설이 있는 아이리스원과 연못

북위 60도 지역답게 빙하로 인한, 낮고 평탄한 지형이 많아 식물원 산책은 전반적으로 힘들지 않다. 전나무, 가문비나무, 삼나무 등 침엽수 사이로 펼쳐진 넓은 대지에는 곳곳에 수선화, 붓꽃, 백합, 알리움, 크로커스, 튤립, 옥잠화, 플록스 등을 가득 품은 연못들이 존재하여 지루하지 않게 식물원 관람을 할 수 있다. 온실이 보이는 산책로를 따라 온실 남측에 있

작약원에서 바라본 온실

는 장미원에는 사비사르 총리Prime Minister Savisaar의 이름을 본뜬 새로운 장미 품종들이 개발되는 등 700여 품종의 다양한 장미들이 식재되어 있다. 장미원에서 가장 오래된 품종으로 15세기에 심겨진 'Maxima'라는 이름의 흰해당화*Rosa × alba*도 볼 수 있다.

식물원 관람의 하이라이트는 중앙온실로, 카페와 함께 다양한 열대식물과 다육식물들을 만날 수 있는 곳이다. 온실은 1971년 최초 건립되어 1998년 리모델링을 하였고, 이후 2008년에는 남쪽과 북쪽의 날개를 확장하면서 총면적 2,000m^{2}로 개축되었다. 중앙 온실에는 기후대와 원산지별로 2,000여 종의 식물들이 분류되어 전시되고 있다. 가장 큰 식물은 열대존Tropical zone에 있는 아라비아 커피나무*Coffea arabica* L.와 파파야 나무*Carica papaya* L.이다. 온실에 있는 난초 전시장에는 동남아시아지역에서 잘 자라는 심비디움*Cymbidium*과 같은 서양란이 아름다운 꽃을 피우며 전시되어 있다. 아열대존에서는 지구 반대편에 있는 호주의 유칼립투스나무Eucalyptus trees나 비교적 잘 알려진 지중해 지역의 무화과*Ficus carica* L.와 일본동백*Japa-*

식용작물원과 어우러진 온실 후원

nese Camellia 등이 화려한 자태를 뽐내고 있다.

온실 관람이 끝나고 뒤편으로 나오게 되면 3,500m^{2}에 조성된 감각의 정원이 나타난다. 각종 유용한 식물들을 재배하고 전시하는 공간이다. 삶을 주제로 조성된 이 정원에는 파고라, 벤치, 그네, 조각, 산책로 등의 아기자기한 편의시설들과 함께 채소나 과일나무와 같은 식용이 가능한 상업 식물이나 다양한 용도의 허브 약용식물 등이 전시되어 관람객들에게 인기 있는 장소가 되고 있다. 특히 정원에 취미가 있는 일반인이나 약용식물에 관심이 있는 사람들, 미식가, 학생 등이 이곳을 주로 찾는 관람객들이다. 감각의 정원에서는 모든 식물을 보고, 만지고, 냄새를 맡고, 때로는 맛도 볼 수 있는 오감 체험형 정원이다. 불편함이 있는 장애인을 위해 휠체어 높이의 화단 사이로 휠체어가 다닐 수 있는 정비된 통로와 함께 시각 장애인들을 위한 오디오 가이드나 양각으로 만들어진 안내 지도판 역시 세심한 배려를 느낄 수 있는 공간이다. 삶이라는 주제와 어울리는 '생명의 나무'도 볼거리 중 하나이다. 우르마스 푸카넨Urmas Puhkanen 감독 아래 에스토니아 예술 아카데미의 도자기 부서 직원들이 함께 준비한 '생명의 나무'는 삶의 바탕에서 나오는 에너지와 영적인 힘을 얻는 숲의 거인을 상징하는 조각이다.

식물원의 운영 특성

초기 탈린식물원은 생물다양성 보존과 함께, 과학 연구, 자연 보호, 전시 및 교육을 위

장애인을 고려한 휠체어 높이의 상업식물 재배화단

해 식물을 분류하고 수집하는 학술 연구기관에서 출발했다. 물론 현재까지도 이러한 기능을 담당하고 있지만, 아름다운 식물원 경관으로 인해 많은 일반 관람객들의 행사 장소로 이용되기도 한다. 회의나 피크닉, 전시회, 결혼식, 생일잔치 등과 같은 다양한 행사를 위해 일부 공간이 대여되기도 하며, 단체파티 등을 위해 피크닉 공간 등은 일정 시간 임대할 수도 있다. 또한 식물원 전시 식물에 대해 더 알고 싶은 관람객들은 가이드와 함께하는 1시간가량 소요되는 학습 투어를 신청할 수 있다.

숲의 거인을 상징하는 나무 형상의 조형물 '생명의 나무'

탈린식물원에는 5월부터 12월 사이에 각국의 대사관이 국가 간의 친목과 이해를 도모하기 위해, 자국의 다양한 자연환경을 소개하여 전시하는 독특한 행사가 개최된다. 아쉽게도 우리나라는 포함되지 않았지만, 5월에는 일본, 6월에는 러시아, 7월에는 미국, 8월에는 헝가리, 9월에는 폴란드, 10월에는 조지아, 11월에는 이탈리아, 12월에는 핀란드 대사관이 주체가 되어 개최된다. 언젠가 대한민국도 당당히 자리하게 될 것을 기대하며, 관심 있는 국가의 일정에 맞게 방문해보는 것도 흥미로운 볼거리가 될 것이다.

Travel tip

주소 Kloostrimetsa tee 52, 11913 Tallinn, Estonia
홈페이지 https://botaanikaaed.ee/
전화 +372 606 2679
개원시기 및 시간 하절기(5월~9월)는 10:00~19:00, 동절기(10월~4월)는 11:00~16:00까지 개원한다.
면적 22.5ha

미 국
66
67
68
69
70
71
72
73
74
칠레
76
오스트레일리아
77
78
79

아메리카

미국

66 덴버식물원
67 모튼수목원
68 버팔로식물원
69 베티포드식물원
70 오라클생물권2
71 존슨여사야생화센터
72 코넬식물원
73 클리블랜드식물원
74 톨레도식물원

브라질

75 리우데자네이루식물원

칠레

76 칼스코츠버그식물원

오세아니아

오스트레일리아

77 앨리스스프링스사막공원
78 조지브라운다윈식물원
79 케언즈식물원

66 로키산맥 고유식물 보존의 중심
덴버식물원
Denver Botanic Gardens

건조지대에서 부족한 물을 활용한 기법이 돋보이는 정원

덴버식물원은 미국 콜로라도주 덴버시에 위치하며 미국 5대 식물원 중 하나이다. 덴버식물원은 덴버 시내의 요크스트리트에 있는 식물원(40.5ha)과 챗필드에 있는 챗필드팜(2.8ha)이 운영되고 있다. 요크스트리트에 있는 식물원은 근처의 치즈만 공원, 의회 공원, 과거 프로스펙트 힐 묘지였던 곳에 자리잡고 있으며, 챗필드팜에는 자연 초원 및 오래된 농장 및 홈스테드가 조성되어 있다. 덴버식물원은 로키산맥 지역과 전 세계의 유사한 지역에서 온 식물들을 수집·전시하고 있다.

식물원의 역사

덴버식물원은 1951년 콜로라도 산림원예협회에 의해 설립되었다. 레드락스 암페어 극장과 워싱턴 공원 설계를 도왔던 건축가 사코 리엥크 드보어가 15년 계획의 일환으로 고용되면서 만들어졌다. 원래 식물원은 시티파크에 있는 40ha의 땅에 있었으나, 1959년에 치즈만 파크 근처에 있는 현재의 장소로 옮겨졌다.

덴버식물원은 북아메리카에서 관람객이 가장 많은 식물원 중 하나이며, 콜로라도에 자생하는 식물 종을 지속적으로 선보이고 있다. 43개의 독특한 공간과 전시물로 가득 차 있으며, 2017년에는 130만 명 이상의 방문객을 맞이했다. 1969년부터 엘 포마르라는 재단을 통해 전시 관련 공사, 수로정원, 과학 교육 프로그램 등을 위한 많은 보조금을 지원받고 있다.

식물원의 구성

요크스트리트의 덴버식물원은 덴버시 및 카운티와 협력하여 9.7ha

관상식물정원

에 다양한 정원과 수집식물을 제공하며, 세계 곳곳에서 자라는 다양한 식물을 수집·전시하고 있다. 이곳의 정원은 이 지역의 정체성과 독특한 고지대 기후와 지리적 특성을 반영하고 있다. 15,000여 종의 식물과 45,000개의 표본을 보유하고 있으며, 서부 건조지역과 지중해 지역의 내건성 식물을 수집하여 1986년에는 세계에서 처음으로 내건성 정원을 조성하였다.

식물원의 정원은 서부의 정원, 영감을 주는 글로벌정원, 관상식물정원, 그늘정원, 수생정원 등으로 구성되어 있다. 이 정원들은 또 다른 소정원과 부속공간으로 구성되어 있다.

서부의 정원은 18개의 건조한 정원으로 구성되며 콜로라도의 기후에서 번성하는 식물을 선보이며 계절에 따라 색상과 질감을 제공한다. 영감을 주는 글로벌 정원은 덴버식물원의 정원 디자인과 식물 선택에 영감을 주는 일본, 중국, 남아프리카 및 열대 지역 등의 국가 및 지역에서 수집된 식물이 수집·전시되고 있다. 이 정원의 대부분은 기후와 토양환경이 덴버와 유사한 대초원 지역의 식물을 전시하고 있다. 관상식물정원의 대부분은 장미, 옥잠화, 붓꽃과 같은 색이 화려한 식물들이 심겨 있으며, 이 정원의 대다수는 매년 봄에 다양한 꽃들로 새로 단장한다. 그늘정원은 다양한 기후 조건에서 번성하는 식물을 통해 다양한 색상과 질감을 제공하며 새와 곤충의 서식지를 제공하는 정원이다. 수생정원에는 수련, 연꽃과 칸나를 비롯한 수생 식물이 수집·전시되어 있으며 정원을 굽이쳐 흐르는 물길은 다른 정원을 위한 배경으로 활용되기도 한다.

투어 프로그램은 계절 탐험 투어, 전시 투어, 컨테이너 가든 투어, 한여름밤 투어, 일본

정원 투어 등 4월부터 9월까지 운영되며, 가이드와 함께 덴버식물원의 식물, 정원, 예술 등에 대한 소개를 받으며 전 세계의 새로운 식물과 풍경을 발견할 수 있다. 계절별 투어는 계절의 아름다움과 끊임없이 변화하는 식물원의 풍경을 발견하는 투어로 연중 언제든지 정원을 거닐며 체험할 수 있다. 일 년 내내 토요일 및 일요일 오후 2시에 이루어진다.

전 세계 고산식물을 수집·보전하는 '알파인 컬렉션'과 작은 온실

챗필드팜은 미국 육군 공병단과 협력하여 관리되고 있으며 제퍼슨 카운티 남부의 디어 크릭 둑을 따라 위치한 280ha의 토종 식물 보호소이자 작업 농장이다. 시설에는 얼시나몬Earl J. Sinnamon 방문자센터, 역사적인 힐드브랜드Hildebrand 목장, 1918년 복원된 유제품 헛간 및 사일로, 1874년에 설립된 디어크리크학교Deer Creek Schoolhouse, 4km의 자연 산책로 및 수많은 야생화원이 포함되어 있으며, 조류 관찰지로도 잘 알려져 있다.

챗필드팜에서는 농업 지원사업과 관련한 정원, 서양정원, 사슴 자연구역이 있다. 농업지원사업과 관련한 정원에서는 옥수수 미로, 허브 가든, 마켓 가든, 메리워 시번 오차드 등 다양한 종류의 화훼품목을 재배하여 지역 내에 공급하고 있다. 서양정원에서는 라벤더 가든과 프레리 가든의 정원관리에 관한 기술을 제공하고 있다. 사슴자연구역에는 캐롤 고사드 콜로라도 원생식물원, 킴 스턴 서바이벌 가

그늘정원에서 밖으로 보이는 정원의 모습

든, 리파리언 데모 가든이 있다.

식물원의 운영 특성

덴버식물원은 북미에서 가장 다양한 식물이 수집된 곳 중의 하나로 평가받고 있다. 살아있는 식물 수집, 자연사 수집, 도서 수집, 예술품 수집으로 이루어져 있다. 살아있는 식물 수집은 정원과 온실 내부에서 자라는 고산식물, 관상식물, 토착식물, 건조초원식물, 열대식물, 선인장 및 다육식물들이 주를 이루며, 개개의 식물은 연구 및 보존을 위해 재배된다.

고산식물 수집은 미국에서 가장 규모가 크며 식물수집 네트워크 "세계 고산 수집"의 중심지이다. 이 수집에는 서북미, 유럽 알프스, 중앙아시아 및 기타 반건조 산맥에 초점을 맞춘 전 세계의 고산식물이 있다. 이 정원에는 봄맞이꽃속 *Androsace*, 패랭이꽃속 *Dianthus*, 꽃다지속 *Draba*, 앵초속 *Primula*, 범의귀속 *Saxifraga*과 같은 전통적인 고산식물들이 많다.

관상식물 수집은 라일락, 백합, 모란, 장미 등과 같은 록키산과 그레이트플레인스 지역의 전통적인 정원 식물로 구성된다. 수집의 한 가지 목표는 다양한 나무, 관목, 다년생 식물을 사용하여 다양한 상황과 필요에 맞게 현지 식물들과 조화를 이루는 것이다. 또 하나는 반건조 스텝 기후에 적합한 새로운 품종과 하이브리드 품종의 생장주기를 보여주는 것이다. 관상식물에는 백합, 홍합, 모란, 장미, 라일락, 난쟁이 침엽수, 산분꽃나무속 *Viburnum*, 라벤더를 포함한다.

열대식물을 수집·전시하는 온실

자생식물 수집은 콜로라도와 서부의 유사한 지역에 서식하는 자생식물이 수집·전시되어 있으며, 이는 지역의 생물 다양성을 강화하고 지속가능성에 이바지한다. 수집식물은 323개 속에 속하는 700종 이상이다.

건조지대식물이 수집된 스텝 컬렉션의 일부

스텝 수집은 중앙아시아, 남아프리카공화국, 남미, 북미의 스텝 기후대의 식물로 구성되어 있다. 스텝 수집은 다른 생태계의 식물도 수집되어 있는데, 사과, 튤립, 다육식물과 구근식물과 같은 온대지방의 식물도 수집되어 있다.

열대식물 수집은 중미와 남미, 호주와 아프리카로부터 706개 속과 124개 과의 2,375종 이상을 수집·전시하고 있으며, 난초과, 브로멜리아드과, 아레카과, 생강과, 베고니아과, 게스네리아과, 아칸타과 등이 있다. 그 외에 자연사 수집Natural History Collections을 통해 로키산맥의 식물과 균류, 곤충 등 생물다양성에 대한 기록이 이루어지고 있다. 또한, 사람들에게 영감을 주고 교육하며 자연 세계와 연결하기 위해 예술품을 수집하며, 이 예술품은 자연을 표현한 판화, 그림 등 다양한 매체를 포함하고 있다.

수로를 활용한 정원의 모습

요크스트리트식물원에서는 다양한 교육 프로그램이 이루어지고 있으며, 그중에서 학교와 교사를 위한 프로그램은 다양한 체험 활동과 탐색을 통해 학생 주도의 발견을 강조하는 교차프로그램Cross-curricular으로 콜로라도 표준 교육과정에 부합한다.

건조한 콜로라도 지역 자생식물을 수집 보전하는 네이티브 컬렉션

어린이와 가족을 위한 프로그램의 경우, 정원을 주제로 한 탐색 도구, 흔들림 시트 쿠션, 소음을 줄이는 헤드폰, 수동 작동 팬, 터키석 선글라스 및 야외 담요 등으로 구성된 자폐증 리소스 키트가 마련되어 자폐증이나 감각적 처리 장애를 가진 모든 연령대의 사람들이 요크스트리트정원을 안전하게 즐길 수 있도록 배려하고 있다.

또한, 연구에 있어서는 원예연구, 생물 다양성 연구, 시민과학프로그램, 학부 실습과 인턴십 프로그램들이 있다. 원예연구에 있어서 덴버식물원에서는 수집, 구입, 교환을 통해 수집된 식물들을 연구하며, 주립 대학교 및 콜로라도의 녹색 산업과 협력하여 플랜트 도입 프로그램 또는 플랜트 판매를 위한 'Grown at the Gardens' 사업부를 통해 공공 활용을 위한 식물이 도입되기도 한다.

자연사를 보여주는 조각이 설치된 쉼터

시민과학 프로그램인 에코플로라 프로젝트는 덴버 볼더 메트로 지역의 생물다양성을 위한 프로젝트로 시민 과학자들을 참

여시키기 위해 덴버식물원, 뉴욕식물원, 박물관 및 도서관 서비스 연구소가 협력하고 있다. 이를 통해 도시 지역의 식물에 대한 새로운 관찰과 데이터를 수집하여 토지 관리 및 보전 전략에 관한 정책 결정에 활용된다. 덴버 에코플로라 프로젝트에는 누구나 참여할 수 있다. 또한 다양한 대학원 교육과 인턴쉽 프로그램이 제공되며, 여기에는 챗필드팜에서의 초원 복원, 지역의 식물 다양성 분석 프로그램에 관한 내용이 포함되어 있다.

덴버식물원은 식품프로그램을 통해 지역에 신선하고 건강한 음식에 대한 이해를 높이기 위해 노력하고 있다. 챗필드팜의 CSA프로그램Community Supporting Agriculture program은 2010년에 시작되었으며, 325 이상 가구에 1년 중 20~23주 동안 신선한 지역 농산물을 공급하고 있다. 또한, 퇴역 군인들을 위한 소규모 농업 교육 프로그램도 운영하고 있다.

Travel tip

요크스트리트의 식물원

주소 1007 York Street Denver, CO 80206
홈페이지 https://www.botanicgardens.org/york-street
전화 +1 720 865 3500
개원시기 및 시간 계절에 따라 다름. 봄, 가을은 09:00~19:00, 여름은 09:00~20:00, 겨울은 09:00~16:00까지 개원한다. 일부 시설에 대한 이용시간은 제한적이며, 다음과 같다. 보터 메모리얼 열대 음악원, 프레이어 뉴먼 아트센터 갤러리는 매일 10:00~20:00까지 이용할 수 있다. 모르데카이 어린이 정원은 6월 1일~10월 31일, 09:00~17:00까지 이용할 수 있다. 헬렌 파울러 도서관은 매주 화요일~목요일까지 10:00~15:00까지 이용할 수 있다.
면적 40.5ha

Travel tip

챗필드팜

주소 8500 W Deer Creek Canyon Road Littleton, CO 80128
홈페이지 https://www.botanicgardens.org/chatfield-farms
전화 +1 720 865 3500
개원시기 및 시간 매일 09:00~16:00까지 개원하며, 입장료는 회원은 무료, 성인은 10달러, 고령자와 군인은 7달러, 어린이(3살~15살)와 학생은 7달러, 어린이 2세 이하 무료이다. 티켓은 사전에 구매해야 하며 현장에서는 구매가 불가능하다. 투어는 5명 이상의 그룹을 대상으로 한다. 투어 가격은 성인 14달러, 학생 6달러이다. 투어 시간은 60~90분이며, 최소 3주 전에 예약해야 한다.
면적 2.8ha

67

살아있는 나무 박물관

모튼수목원

Morton Arboretum

수목원의 특성을 상징적으로 보여주는 오래된 나무들

시카고에서 약 40km 거리에 위치한 모튼수목원은 1922년 모튼소금회사의 창립자인 조이 모튼이 설립한 수목원으로 688ha에 달하는 넓은 면적에 울창한 숲과 나무가 들어찬 아름다운 풍경을 자랑한다. 수목원은 삼림지대, 대초원, 호수 등 아름다운 자연경관 속에서 다양한 식물 수집과 함께 정원을 조성하고 있으며, 4,650여 종의 222,000본의 식물을 수집·전시하고 있다. 세계 각국의 나무, 관목 등 식물을 수집·연구하여 자연 그대로의 아름다운 경관에 전시하고 사람들이 공부하고 즐길 수 있도록 하며 환경 개선과 함께 식물을 재배하는 방법을 익히게 하는 것이 이 수목원 임무이다. 더 푸르고, 더 건강하고, 더 아름다운 세상을 위해 나무와 식물을 심고 보존하려고 노력하고 있다.

수목원의 역사

시카고 실업가였던 조이 모튼은 1909년 도시에서 서쪽으로 40km 떨어진 리슬Lisle의 목가적인 환경을 발견하고 손힐Thorhill이라고 부르는 그만의 영지를 조성했다. 그는 1921년까지 그 지역을 야외 나무 박물관으로 바꾸는 작업을 하여 현재의 수목원에 이르게 되었다. 그 후, 1922년 12월 14일에 정식으로 설립하게 되었다.

조이 모튼은 이사회를 통해 7명의 가족과 2명의 모튼소금회사Morton Salt 임원을 종신 임기로 임명하여 장기적인 리더십 체제를 구축하고 목표 달성을 위해 노력하였다. 1934년 조이 모튼이 사망할 무렵의 수목원은 297ha로 많은 식물과 종묘장, 광범위한 도로와 경로 시스템, 일반적인 경관계획을 갖추게 되었으며, 농장건물과 도서관을 개조하여 운영하였다.

수목원 입구의 방문객센터

수목원의 구성

수목원 내에는 방문자센터, 교육센터와 함께 다양한 컨테이너와 디스플레이 가든, 향기정원, 미로정원, 나무와 식물 수집원, 꽃나무수집원, 버드나무수집원, 침엽수수집원, 단풍나무수집원, 참나무수집원이 있다. 또한, 하이킹코스, 자전거길, 어린이정원 등으로 구성되어 있다.

향기정원은 1984년에 조성된 곳으로 수목원 방문객들이 가장 좋아하는 곳이다. 95종 이상의 교목, 관목 및 다년생 식물로 구성되어 있으며, 켄터키 등나무, 한국회양목이 있다. 버드나무수집원은 1982년에 조성되어 2ha의 면적에 57종의 버드나무와 포플러가 수집되어 있으며, 한국 포플러인 물황철나무 *Populus koreana* Rehder 도 포함되어 있다. 참나무수집원에는 200그루의 나무가 있으며, 200년이 넘는 화이트오크 *Quercus alba* L. 는 일리노이주의 밀레니엄 랜드 마크 트리로 유명하다. 침엽수수집원은 8.8ha에 걸쳐 사이프러스, 소나무, 은행나무 등이 수집되어 있으며, 모양, 색상, 크기 및 성장 형태의 극적인 차이를 통해 수집의 다양성을 보여준다.

수목원의 주요 경관 중의 하나인 호수구역

수목원의 역할을 안내하는 전시물

수목원의 운영 특성

일반인을 대상으로 하는 다양한 교육 프로그램이 이루어지고 있다. 트레이닝 워크숍은 나무를 다루는 비임업전문가를 위한 2일간의 실습 교육으로 이루어지며, ACC 오대호 목본 식물ACC Woody plants of the Great Lakes Region은 서부 오대호 지역의 귀화식물, 토착식물, 중요한 목본 조경식물을 포함한 산림지대 식물의 식별과 생태를 배울 수 있는 교육이다. 그 외에 수목원 요가Arboretum Yoga, 숲 치유 산책Forest Theraphy Walks이 있다.

어린이 프로그램으로 여름 과학 프로그램Summer science program은 과학 예술 및 창의적인 놀이를 통해 차세대 보전 및 환경 과학자를 위한 교육 기반을 제공한다. 자연기반 조기 학습프로그램Nature-based Early Learning Program(3~5세)은 변화하는 계절에 걸쳐 자연을 배울 수 있는 기회를 제공한다. 그 외에 숲 탐험가Forest Explorers는 어린이정원에서 4주간의 야외 모험으로 이루어진다.

손힐교육센터

식물치료Plant clinic는 나무, 식물, 풍경에 대한 과학 기반 조

생태교육을 위한 전시물

언을 제공하는 선도적인 역할을 하며 시카고 지역과 전 세계의 정원사 및 조경전문가를 돕는다. 연구를 기반으로 중서부 지역의 다양한 나무와 식물을 돌보는데 있어 100년간의 경험을 바탕으로 조언을 제시한다. 또한 국제적 수목 보전 프로그램Global Tree Conservation을 통해 전 세계 나무 보존 조직을 지원하고, 미국 자생 참나무 보존에 있어서도 중요한 역할을 하고 있다.

와인과 예술 산책Wine and art walk은 메도우 호수 주변을 산책하고 와인을 마시며 자연을 주제로 한 사진, 목공예, 보석, 그림, 도자기 등의 예술품을 감상하는

어린이정원 입구

새를 잡는 모습을 형상화한 재미있는 조형물

이벤트이다. 여름 맥주 시음회 Summer beer tasting는 현지 20개 정도의 맥주 양조장과 연계하여 맥주 및 기타 음료를 마시면서 수목원 내를 산책하는 이벤트이다. 나무 저녁Abor evening은 아름다운 나무 아래에서 라이브음악을 즐기는 이벤트이다.

지피식물원의 초화류 식재

Travel tip

주소 4100 Illinois Route 53 Lisle, IL 60532
홈페이지 https://mortonarb.org/
전화 +1 630 968 0074
개원시기 및 시간 매일 07:00부터 일몰 때까지 이용 가능하다.
면적 688ha

68

버팔로의 녹색 오아시스

버팔로식물원

The Buffalo and Erie County Botanical Gardens

장식화단이 멋진 식물원 입구

버팔로와 이리 카운티식물원은 미국 뉴욕 버팔로 사우스 파크의 중심부에 있는 녹색 오아시스이다. 영국 수정궁에 기반한 1900년 빅토리아 양식의 온실과 실내외의 정원 보호구역을 즐기기 위해 매년 14만 명 이상의 사람들이 식물원을 방문한다. 식물원은 전 세계의 이국적인 식물 수집과 함께 국립 사적지이자 관광명소로 유명하다. 전 세계에서 수집한 다양한 식물들의 본거지이며, 전 세계로부터 운송되어 온 각 지역과 대륙의 토착식물들을 볼 수 있다.

식물원의 역사

사우스 파크는 버팔로에 있는 많은 공원들 중 하나로, 1894년부터 1900년까지 63ha의 농지에 조성되었다. 조경가인 프레드릭 로 옴스테드에 의해 사우스 파크 내의 4.5ha에 열대 식물의 전시가 가능한 온실과 주변 야외정원이 계획되었으며, 온실을 둘러싼 주변 정원을 포함해 공식적인 식물원이 설계되었다. 사우스 파크의 나머지 부분은 수목원, 소나무원, 관목정원 및 습지정원으로 계획·설계되었다. 오늘날 공원에 있는 대부분 나무는 1894년에서 1910년 사이에 심어진 나무들을 바탕으로 한다.

목재 및 강철 건물인 세 개의 돔형 유리온실은 당시 최고의 온실 디자이너였던 로드 앤 번 햄Lord&Burnham에 의해 설계되었으며, 건축 방법은 영국의 유명한 수정궁Crystal Palace와 큐식물원 팜 하우스에 기반을 두고 있다. 1900년에 문을 열었을 때, 이 온실은 미국에서 세 번째로 큰 공공 온실이었고 세계에서 아

열대식물온실

홉 번째로 큰 온실이었으며, 1982년에 국립역사유적등록부와 뉴욕주 역사유적등록부에 등재되었다.

1990년대 들어서서는 야외 관목정원의 복원을 시작하였으며, 2000년에는 메인 팜 돔의 개조 및 수집품 중 세계 최대 크기의 담쟁이덩굴을 전시할 9호 온실의 개조가 이루어졌다. 2011년에는 포괄적인 전략 계획을 통해 지역사회 문화기관으로서 볼거리와 프로그램, 다양한 서비스를 통해 서부 뉴욕의 원예 허브이자 커뮤니티 문화기관으로서 자리매김하였으며, 2013년 말까지 수십 개의 커뮤니티 공동 작업과 함께 흥미로운 새로운 프로그램이 등장했다.

식물원의 구성

식물원은 대형온실과 야외정원으로 구성되어 있으며, 온실에는 수생식물온실, 아시아 열대우림온실, 선인장과 다육식물온실, 열대식물온실, 이벤트온실, 파나마우림온실, 플로리다 에버글레이즈온실 등이 있다. 야외정원으로는 정문정원, 평화의 정원, 치유정원, 야외 어린이정원, 파티오사계절정원, 수목원 등이 있다.

온실 안의 팜 돔 온실1은 20m 높이의 팜 돔으로 웅장한 야자수와 열대 과일나무가 전시되어 있으며, 장기 개선 프로젝트인 "The Buffalo Meridian"이 여기서 시작되었다. 이 계획은 방문객을 전 세계의 다양한 식물과 사람들을 연결해 준다.

식물 형상으로 만든 폭포

아시아 열대우림온실3은 동남아시아에서 발견되는 대나무를 비롯하여, 난초 수집, 분재 등이 전시되어 있다. 파나마우림온실11에서는 열대우림과 이국적인 난초, 브로멜리아드 및 틸란드시아 품종이 전시되어 있다.

야외정원인 정문정원은 3월부터 10월까지 공모전 수상자 Proven Winners 시그니처 정원으로 방문객이 정문에서 수천 개의 봄 구근식물, 다년생 식물, 관목으로 구성된 훌륭한 수집원을 볼 수 있다. 평화의 정원은 명예 국제평화정원으로 지정된 아름다운 정원으로 특별한 날, 혹은 특별한 사람을 위해 나무 심기 등을 통해 기도할 수 있는 야외 안식처의 기능을 하고 있다. 야외어린이정원은 어린이의 감각을 자극하도록 설계되었으며 향기로운 허브, 다채로운 나비정원, 대형 모래상자, 계단식 폭포, 조각품 등이 있다. 파티오사계절정원은 따뜻한 계절에는 풍성한 녹지와 다채로운 꽃이 있으며 추운 계절에는 흥미로운 모양의 나무와 겨울 단풍이 특징적이다. 온실과 정원을 포함한 공원 내에는 보트를 타기 위한 큰 연못, 보트 하

선인장 및 다육식물온실 내의 식물들

아시아 열대우림온실 내의 분재 전시

우스, 밴드 스탠드, 마차용 순환 도로 및 초원 등이 포함되어 있으며, 공원 내 순환 도로를 따라가며 중앙의 작은 호수와 주변 초원을 포함한 다양한 전망을 즐길 수 있다.

식물원의 운영 특성

직원들, 250명이 넘는 자원봉사자, 역동적인 이사회로 구성된 '버팔로 및 이리 카운티 식물원협회Buffalo and Erie County Botanical Gardens Society'가 운영한다. 버팔로 및 이리 카운티 식물원협회는 비영리단체이며 '버팔로 및 이리 카운티 식물원협회 유한회사Buffalo and Erie County Botical Gardens Society, Inc.'를 설립하여 운영 관리하며, 부분적으로 이리Erie 카운티의 공공 자금이 지원된다. 또한, 미국원예협회American Horticultural Society, 미국공공정원협회American Public Garden Association, 버팔로주Buffalo State의 환경교육부Environment Education Department 등 지역 및 전국의 조직과 기업들과도 지속적으로 협력하고 있다.

온실과 온실 사이 야외에 조성된 수생식물원

다양한 온라인 워크숍과 프로그램이 진행되며, 티미 워크숍TIMI Workshops, 원예 수업Horticulture Classes, 예술 워크숍Art Workshops, 아이를 위한 즐거운 시간Fun For Kids, 가상 학교 프로그램Virtual School Programs 등이 있으며, 가능한 가장 안전한 프로그램 진행 환경을 유지하기 위해 줌회의Zoom Meeting를 통해 수업이 제공되고 있다.

어린이의 감각을 자극하는 모래놀이 공간

원예 수업의 모든 성인 수업과 워크숍은 녹화되며 수업 후 4주 동안 이용할 수 있다. 아이를 위한 즐거운 시간의 워크숍은 어린이와 보호자를 위한 것으로 가상 학교 교육, 홈 스쿨 커리큘럼에 따라 훌륭한 보충 자료로도 이용할 수 있다.

가상학교 프로그램은 인기 있는 가상 실습 프로그램이며, 방문교육 프로그램Outreach Programs은 강의 기반 성인 프로그램과 어린이 및 가족을 위한 프로그램으로 가상 옵션과 가상 실습 키트 옵션이 제공된다. 가상강의 프레젠테이션 및 인쇄 가능한 PDF 자료, 필요 수업 물품이 제공되며, 도서관, 노인생활센터, 커뮤니티 센터 및 기타 커뮤니티 그룹에 적합하게 활용된다.

식물원 방문객들은 온실 전체를 둘러보는 셀프 가이드 투어를 통해, 다양한 전시물과 식물 수집을 즐길 수 있다. 시간은 대략 45~120분 이상 소요된다. 식물원은 치유정원의 요가, 현지 알코올음료의 저녁 시음회 등 일 년 내내 다양한 전시회와 행사를 개최하고 있다.

Travel tip

주소 2655 South Park Avenue, Buffalo, NY 14218
홈페이지 www.buffalogardens.com
전화 +1 716 827 1584
개원시기 및 시간 월요일부터 일요일까지 10:00~16:00까지 운영된다. 개최되는 이벤트에 따라 운영시간에 차이가 있으며, 여름시즌의 경우 5월 6일부터 8월 26까지 화요일마다 19:00까지 운영한다.
면적 63ha

69

세련된 도시 디자인과 어울리는

베티포드식물원

Betty Ford Botanical Garden

조각 작품 같은 식물원의 문

베티포드식물원은 고산 원예, 교육 및 보존으로 국제적으로 유명한 식물원이다. 스키와 야외 레크리에이션으로 전 세계 방문객을 끌어들이는 콜로라도주 베일의 작은 리조트 타운에 위치하며, 북미에서 가장 높은 록키산맥 중심부의 2,700m에 위치한 식물원이다. 전 세계에서 수집된 독특한 고산식물과 산악 식물을 보기 위해 매년 12만 명 이상의 방문객들이 찾아온다. 이 식물원의 임무는 고산식물과 취약한 산악 환경에 대한 이해를 높이고 보존을 촉진하는 것이다.

식물원의 역사

1983년 베일주의 거주자인 경관 디자이너 마티 존스와 헬렌 프리치의 아이디어로 기획되었고, 1985년 베일 알파인 가든 재단에 의해 설립되었다. 베일에서 정기적으로 휴가를 보내며 정원에 많은 관심을 보였던 제럴드 포드 전 대통령의 영부인의 이름을 따서 베티포드식물원으로 명명되었다. 포드 여사는 "원예를 항상 좋아하는 사람으로서 이 구불구불한 길을 따라 걷는 것만으로도 정원의 아름다움과 함께 우리의 삶에서 너무나 자주 놓치게 되는 내면의 평온함이 느껴진다."라는 말을 남기기도 했다. 1시간여 동안의 투어를 통해 호수, 풀과 개울로 이어지는 아름다운 자연에서 고산식물의 독특한 아름다움을 감상할 수 있다.

식물원의 구성

베티포드식물원은 4개의 뚜렷한 구역으로 구성되어 있다. 마운틴 다년생 정원(1989), 마운틴 명상정원(1991), 고산암석원(1999), 그리고 어

고산지대의 풍경을 보여주는 식물원 전경

린이 정원(2002)이 있다. 500종이 넘는 야생화와 약 2,000종 이상의 고지대 식물들을 수집·전시하고 있으며, 로키산맥에서 수집한 것뿐만 아니라 세계의 다른 지역에서 수집된 식물들도 전시되고 있다.

로키산맥 지붕의 2,700m 지점에 있는 베티포드식물원은 고산 환경의 보존을 위해 독특한 곳에 위치하고 있으며, 덴버식물원과 제휴하여 북미 식물 보존 전략을 작성하여 북미의 고산식물 보호 계획을 수립하는 것을 목표로 하고 있다. 현지 내 보전 및 현지 외 보전 활동에 적극적이며, 다양한 식물 컬렉션이 이루어지고 있다.

남아프리카, 유럽의 고산, 코카서스, 중앙아시아와 실크로드, 히말라야산맥, 폰데로사 소나무숲, 콜로라도 알파인 등 다양한 지역에서 식물 수집이 이루어지고 있다.

원예체험 및 교육을 위한 정원

유럽의 고산에서는 산과 툰드라에서 발견된 특수적응형 식물들이 많다. 그중에 하나인 에델바이스도 베티포드식물원에서 7~8월에 만나볼 수 있다.

베티포드식물원에는 히말

라야 식물도 수집되어 있으며, 희귀한 히말라야 청양귀비 Meconopsis 도 수집되어 있다.

콜로라도 고산식물 수집은 1879년 미국 농무부에서 시작되었으며, 베티포드식물원에서는 콜로라도의 고산식물군을 독점적으로 보유하고 있다.

고산 숲속 풍경을 재현한 식물원

그 외 식물원에는 다양한 시설들이 있으며, 알파인온실은 온도 제어를 통해 모니터링되고 관리된다.

식물원의 운영 특성

베티포드식물원은 다양성 및 포용 정책을 바탕으로 지속적으로 정원의 가치를 재검토하여 지역 사회와 협력하여 소외된 사람들에게 자연의 즐거움을 소개하고 있다.

식물원은 식물 보존과 미국 토지 관리국, 식물 정원 보존 국제 및 콜로라도 자연 유산 프로그램과 같은 다른 기관과 협력하여 콜로라도의 희귀 동식물을 연구하고 보존하기 위해 노

습지 암석에 자라는 다양한 식물을 보여주는 벽천과 연못

식물원 한가운데 잔디광장에 조성된 자연 조형물

력하고 있다. 현지 내·외 보전을 위한 노력과 함께 2004년 그랑 카나리아 선언을 계기로 글로벌 운동에도 참여하고 있다.

베일 주변의 아름다운 환경을 탐험할 수 있는 다양한 가족 친화적 활동프로그램이 제공되며, 셀프가이드 경험을 원하는 가족은 어린이 정원에서 체험이 가능하다.

대부분의 공공 정원처럼 베티포드식물원 역시 교육에 대한 관심이 높으며, 특히, 어린이 프로그램은 일주일 중 거의 매일 이루어진다. 교육센터는 고산지대의 환경과 식물에 대한 정보를 제공하며 모든 연령대의 방문객은 다양한 교육의 기회를 얻을 수 있다.

인턴십 프로그램을 통해 차세대 원예가, 학자, 교육자들에게 실습 및 경험을 통해 전문 기술을 구축할 기회를 제공한다. 또한, 공공 정원에 관심이 있는 사람들에게 자신의 기술을 실천할 수 있는 기회를 제공한다. 정원 관리, 교육, 운영, 홍보 등에서 5명의 직원이 근무하며, 자원봉사자들의 연간 3,500시간 이상의 활동을 통해 지원받고 있다.

북미 고산 숲속의 계류 식생을 재현한 모습

고산 암석 지대의 폭포를 재현한 모습

정원 활동으로 요가, 사진촬영, 정원투어, 워크숍, 요리프로그램, 가족체험활동 등이 운영된다. 정원투어를 통해 고산식물 및 산악 환경, 지역의 역사에 대해 알 수 있으며, 요리프로그램은 참여하는 모든 셰프들의 재능 기부를 통해 이루어지며 모금행사로 이어진다. 가족체험활동을 통해 고산지대의 다양한 생태환경을 체험하고, 정원 내 채소밭에서의 먹거리를 맛볼 수도 있다.

베티포드식물원은 고산 환경에 대한 대중의 이해와 인식을 확대하여 북미 고산 환경을 보존하기 위한 커뮤니티 및 개인 행동을 촉진하기 위한 교육 및 해설 프로그램을 운영하고 있다. 또한 식물원 내의 도서관은 베일 공공도서관과 협력하여 직원의 연구 및 회원의 정원 가꾸기에 관련된 정보와 요구 사항을 지원한다.

Travel tip

주소 Betty Ford Alpine Gardens 522 S. Frontage Rd. E. Vail, CO 81657
홈페이지 https://bettyfordalpinegardens.org/
전화 +1 970 476 0103
개원시기 및 시간 연중무휴이며, 입장은 무료이다. 월요일~금요일 10:00~16:00까지 운영한다.
면적 1ha

70

인류를 위한 희망제작소

오라클생물권2

Biosphere 2 of Oracle

오라클생물권2 역사를 알려주는 해설판과 전경

2015년 개봉한 리들리 스콧 감독의 마션을 본 적이 있는가? 마션은 우주 생존 영화로 아무것도 생존할 수 없는 황량한 화성에 불시착하면서 시작된다. 구조될 가능성이 없는 상황에서도 끝까지 포기하지 않고 희망의 씨앗을 뿌려 생존의 열매를 거두는 맷데이먼의 생존 노력을 그린 재난 영화이다. 영화에 등장하는 생물 생존 실험실이 이 지구상에도 있다. 바로 애리조나주 투손Tucson에 위치한 오라클생물권2이다. 극한 상황에서 인류 생존이 가능할지를 실험하기 위해 만들어진 전 지구적 차원의 실험실이다. 그만큼 전 세계 다양한 유형의 기후대와 식물 심지어 바다까지 재현하여 실험하고 또 번식시키는 연구 중심의 인공생태공간이다.

황량한 사막에 건설된 인공돔 속에서 1991년 9월 26일부터 2년 동안 남녀 8명이 생존 거주 실험을 하는 인공생태계 프로젝트가 수행되었으며, 현재도 지구에서의 생존을 위한 다양한 프로젝트가 진행되고 있다.

오라클생물권2의 역사

1800년대 당시 오라클생물권2의 부지는 사마니 목장Samaniego CDO Ranch 소유의 농장이었다. 이후 소유권이 몇 차례 변경되면서 다양한 주체들이 소유하게 되었으나, 결국 학술적인 연구를 위한 대상지의 특성으로 애리조나대학The University of Arizona이 이곳의 소유권을 가지며 현재의 모습을 갖추게 되었다. 이전의 소유자 중 우주 생물권 벤처Space Biospheres Ventures가 1984년 이 부동산을 매입하고 1986년에 현재 시설을 건설하기 시작하여 자립형 우주 식민지화 기술을 연구하고 개발하였다. 이후 1991년 인류의 생존 가능성 실험이 실패한 후, 1994년 투자결정공사Decisions Investments Corporation가 이곳을 인수했다. 이후 컬럼비아대학Columbia University은 1996년부터 2003년까지 자산을 관리하고 이산화탄소가 식물에 미치는 영향 등에 관한 연구를 진행하며 다른 형태의 과학 연구를 위해 오라클생물권2의 구조를 재구성했다. 2007년 6월 4일 씨디오 란칭CDO Ranching과 그 개발 파트너가 인수한 이후, 2007년부터 2011년까지 애리조나대학교에서 임대하여 과학자들을 위한 연구 지원시설로 발전하게 된다. 특히 LEO Landscape Evolution Observatory 와 같은 대규모 프로젝트를 위한 실험실로써, 지구 기후 변화의 결과를 측정하고 연구하기 위한 주요 실험을 수행하게 되었다. 임대가 종료되는 2011년 7월, 오라클생물권 2의 소유권을 인수한 애리조나대학교는 언어학재단Philecology Foundation을 비롯하여 국립과학재단National Science Foundation 등의 기부를 통해 이곳의 운영에서부터 여러 연구 프로젝트에 이르기까지 막대한 자금을 지원받으며, 지구에서의 마지막 생존을 위한 다양한 연구를 진행하는 생물권 실험실로 발전을 거듭하고 있다.

오라클생물권2의 구성

1991년부터 2년간 실험이 진행된 인공돔은 약 1.3ha 면적이 외부와 격리되어 있고, 모든 시설은 최대한 지구의 현 상태와 비슷한 환경을 갖추도록 조성되었다. 또한 내부의 생태계 유지를 위해서 천장 부분을 유리로 만들어 외부의 태양광선을 받아들일 수 있도록 했다. 인공돔 내부는 전체적으로는 유리 온실과 같은 구조로 철골과 유리, 콘크리트 구조물로 이루어져 있다. 외부와는 완전히 격리되어 있었으며 물질의 교환이 없도록 만들어졌다. 내부

조각이 인상적인 사막 속에 만들어진 오라클생물권2의 입구 전경

에는 약 4,000여 종의 생물을 넣었으며, 열대우림에는 아마존에서 직접 가져온 300종의 식물이 심어졌다. 바다에 넣을 산호초를 카리브해에서 직접 가져왔으며, 다양한 종류의 척추동물도 함께 넣어 실제와 같은 지구환경을 만들었다.

지구생존 실험 당시 사용된 식당과 식물 재배현장

인공돔 내부는 거주구역·농업구역·자연구역으로 구분되어 있다. 자연구역에는 열대우림·사바나·습지대·바다·사막의 다섯 생물권을 재현하여 만들어졌다. 자급자족할 수 있도록 농업구역과 거주지도 함께 만들어졌다. 농업구역에는 벼를 비롯하여 밀, 상추, 토마토, 오이 등 150여 종의 농작물과 돼지와 닭 등 4,000여 종의 생물 등이 생태계를 이루어 자급자족하며 생활할 수 있도록 구성하였다.

격리된 공간을 만들어 햇빛을 제외한 모든 에너지와 물질의 외부와의 상호작용을 차단한 뒤 인공생태계를 만든 것이다. 그러나 인류가 미처 생각하지 못한 문제에 봉착한다. 탄산가스의 증가나 산소 부족 등이 발생하여 애초 계획대로 실험을 마치고, 생활을 마무리할 수 없게 된 것이다. 오라클생물권2의 콘크리트 구조물이 7톤의 산소를 흡수해 버렸고, 구조물 자체의 결함과 외부 날씨로 인해 태양광선 유입량이 충분하지 못해 식물들이 산소를 만들 수 없게 되었다. 특히 열대우림지역에 조성된 흙에 함께 포함된 미생물들이 흙 속의 탄소를 이산화탄소로 합성하면서 산소를 많이 소비했기 때문이다. 실제로 8명으로 구성된 실험자들이 들어가고 시스템이 밀폐된 지 얼마 지나지 않아 공기 중 산소 농도가 약 15%까지 급격하게 하락했다. 게다가 이산화탄소의 농도는 대기 중 농도의 두세 배로 치솟아 오르게 되었다. 낮에는 그래도 식물들의 광합성으로 인해 산소 농도가 회복되었다가도 밤이 되면 급격하게 저하되는 현상이 발생했고, 토양을 비옥하게 만들려고 일부러 유기물 함유량이 많은 흙을 넣었던 것도, 토양 속의 박테리아 활동을 왕성하게 만들어 산소 농도를 급격히 감소시켰다. 그 박테리아들이 내뿜는 이산화탄소로 인해 공기 중의 이산화탄소 농도가 급격하게 올라가면

실험을 위한 과학자들의 거주지 전경

서 식물들의 광합성만으로는 이산화탄소 농도의 조절이 불가능한 지경이 되었고, 바닷물의 이산화탄소 흡수능력도 너무 작은 규모로 인해 제 역할을 하지 못했다. 오히려 바닷물에 이산화탄소가 많이 녹게 되면서 물이 산성화되어 산호들이 녹기 시작했고, 이로 인해 실험자들은 중탄산염을 넣어서 바닷물을 중화시켜야만 했다. 이산화탄소 흡수를 촉진하기 위해 심은 나팔꽃은 이상증식을 하면서 다른 식물들의 생장을 저해하기 시작했고, 변화된 기후로 인해 곤충들이 죽고 불개미 등이 대량으로 번식했다. 곤충들이 죽어 가면서 꽃가루 운반이 안 되어 식물들의 수정이 어려워졌고 이는 다시 이산화탄소 증가의 악순환을 유발했다. 더불어 실험자들에게 공급될 식량의 생산도 점차 줄기 시작했고, 실험자들은 영양부족으로 말라가기 시작했다. 이런 열악한 상황에 부닥치게 되자, 실험자들의 심리에도 영향이 미치기 시작했고 결국 약속했던 2년을 겨우 채우고서 실험자들이 나올 때쯤에는 실험자들 사이에 파벌이 조성되고 서로 다투게 되는 등 다양한 문제가 발생하게 되었다. 결국 실험자들은 더욱 피폐해져서 인공돔을 나오게 되었다.

오라클생물권2의 실험은 생태계를 모방하고 창조해내는 것이 얼마나 어려운 것인지를 말해주는 동시에 절묘한 지구 생태계의 균형을 파괴해서는 안 된다는 것을 철저하게 알려주고 있다.

오라클생물권2의 운영 특성

비록 1차 실험은 실패했지만 오라클생물권2는 지구 문제에 관한 연구와 해결에 대해

해양생태계, 사막기후, 온대기후 등 다양한 기후대 재현을 위한 인공돔 내부의 모습

가장 고민하는 세계에서 가장 중요한 시설 중 하나로 운영되고 있다. 통제된 실험실 속에서 지구, 생명, 우주에 관한 연구를 진행하며, 각종 교육을 통해 평생 학습 센터의 역할을 훌륭히 수행하고 있다. 이곳의 과학 프로그램은 각 생태계 모델에서 대규모 실험 설계를 통해 물, 환경 및 에너지 관리와 관련된 문제들의 해결책을 모색하고 있다. 환경 변화에 대한 생태계 반응을 예측하기 위해 생물학적, 물리적 및 화학적 프로세스를 시뮬레이션하는 컴퓨터 모델의 개발 등을 통해 복잡한 지구환경에 대한 이해도를 높이고 있다.

Travel tip

주소 University Of Arizona Biosphere 2, 32540 S. Biosphere Road, Oracle, AZ 85623
홈페이지 https://biosphere2.org/
전화 +1 520 621 4800(예약), 520 838 6200(안내)
개원시기 및 시간 연중 09:00~16:00까지 개원하며, 추수감사절과 크리스마스는 휴원한다.
면적 1.3ha

71

땅에 대한 사랑을 담은

존슨여사야생화센터

Lady Bird Johnson Wildflower Center

야생화센터 입구를 장식한 깊이를 알 수 없는 투명연못

“우리 센터에서는 아름답고 사랑스러운 꽃과 더불어 그 이상의 자연을 위해 노력합니다. 가장 작은 새싹에서부터 거대한 큰 나무에 이르기까지 북미의 모든 토착식물에 대해 배려하고자 합니다. Our Center works for more than the lovely blossoms in our open spaces. We are concerned for all of North America's native plants, from the smallest sprout to the tallest tree.”

–레이디 버드 존슨 Lady Bird Johnson

주차장에 차를 대고 입구에 다가가면 마치 고대 로마시대 유적지를 관람하러 온 것인가 하는 착각이 든다. 입구를 따라 들어가면 현지에서 생산된 돌들로 만들어진 아치형 회랑과 이로 둘러싸인 중정이 나타난다. 이곳 입구의 중앙정원에는 카페와 기념품숍, 갤러리 등이 있고, 다양한 정원용품도 구매할 수 있다. 이곳까지만 관람하더라도 충분한 의미가 있을 수 있는 곳이 존슨여사야생화센터이다. 사실 존슨여사야생화센터는 지역의 자연과 문화유산을 가꾸고 보전하겠다는 한 여인의 열정으로 설립된 연구 센터의 기능을 겸한 아름다운 지역 정원이다.

텍사스 천혜의 아름다움을 보전한다는 목적을 가지고 1982년 개장하였다. 113ha 면적의 센터 안에 토착 희귀 지역 식물과 거북이, 나비와 같은 현지 동물들이 서식하고 있는 거대한 자연 정원이다. 지속 가능한 지역 정원 경관, 계몽적인 교육 및 지역 봉사프로그램, 생물다양성 보전을 위한 연구 프로젝트 등을 통해 토착 식물의 보존과 확산에 주력하고 있다. 센터 전체를 둘러보려면 적어도 두 시간 이상은 비워두어야 하지만, 중앙정원과 내부의 수목원만

지역재료로 조성된 고즈넉한 입구 전경

존슨 여사의 철학을 보여주는 조형물과 다양한 기부시설

을 관찰하는 것만으로도 존슨여사의 지역에 대한 애착과 노력의 흔적을 엿볼 수 있다. 특히 곳곳에 놓인 여성 특유의 아기자기한 소품들은 연구소라기보다는 친한 친구의 정원을 방문한 느낌이 들게 만든다. 참나무, 물푸레나무, 향나무와 느릅나무 등 다양한 종류의 토착 나무가 많고, 이들 속에서 산책을 하다보면 거대한 나무 위로 지붕처럼 우거진 나뭇가지에서 자라는 풍성한 겨우살이들도 볼 수 있다. 안쪽 깊숙이 생태보전구역에 위치한 트레일코스Hill Country Trails는 텍사스 지역의 기후에 적응해 온 토착 식물의 생존 방식과 함께 자연경관을 감상하기에 최적의 산책 코스가 된다.

식물원의 역사

존슨 여사는 유년 시절부터 삶의 많은 부분을, 이 땅에 적응해온 야생화와 토착 식물들을 보전하고 확산시키겠다는 투철한 신념 속에서 살아왔다.

텍사스 출신의 린든 존스 대통령의 영부인 레이디 버드 존슨 여사는 남편이 대통령직을 맡는 동안 환경보호와 관련된 다양한 활동을 하였고, 남편이 은퇴한 후에는 다시 텍사스로 내려와 텍사스의 자연미를 소중히 보전하기 위해 이 야생화 센터를 본격적으로 만들고 운영하기 시작했다. 1980년대 초, 존슨 여사는 미국이 도시 개발로 인해 자연의 아름다움을 잃어가고 있다는 걱정에 빠졌다. 그녀는 1982년 여배우 헬렌 헤이즈Helen Hayes와 의기투합하여 대책을 마련하기로 하였고, 두 사람은 레이디 버드 존슨 야생화 센터의 전신인 국립야생화연구센터National Wildflower Research Center를 만들기로 합의한다. 새나 나비 등 자생종 야생동물에게는 자생종 식물이 더 적합하다는 철학 아래 지역 고유의 자연과 경관을 보전하자는 것이 센터 설립의 목적이었다. 애초 오스틴Austin 동부에 문을 연 이 센터는 1995년 에드워드 플래춰 Edwards Plateau와 텍사스 블랙랜드 프레리Texas Blackland Prairies 생태지역 사이의 전환 구역에 있는 현재 위치로 이전하게 되었고, 이후 1997년 존슨여사야생화센터Lady Bird Johnson Wildflower Center로 이름을 바꾸게 된다.

텍사스 고유의 건축 양식을 반영한 구조

센터의 다양한 연구과제들을 전시한 갤러리 전경

오늘날 센터는 텍사스주의 야생화 보전에 초점을 맞추고 있으며, 대학 및 비영리기관과의 다양한 교육 및 연구 프로그램을 비롯하여 지역사회 봉사활동을 통해 텍사스주와 국가뿐만 아니라, 전 세계적인 변화와 지구환경 보전을 위한 꾸준한 노력을 진행하고 있다. 특히 수자원 보전, 토양 보호와 살충제 사용 필요성을 줄이는 데에도 이바지하고 있다. 센터는 토착식물을 보존하기 위해 다각적인 접근 방식을 취하고 있다. 예를 들어 지역 주민들과의 파트너십, 세계 유수 기관과의 정보 공유, 종자 수집 및 종자은행 업무, 희귀식물 모니터링 및 연구, 식물 전문 지식의 전파 등 텍사스주에서 식물 보존 분야에서 인정받는 지도자가 되어 지역사회 보전 운동을 이끌고 있다.

식물원의 구성

113ha 면적의 평탄지에 잘 정비된 중앙정원과 수목원, 토착 풍경을 잘 간직하고 있는 자연 지역 및 에드워드 플래춰와 텍사스 블랙랜드 프레리 생태지역이 센터를 구성하고 있다. 우선 입구 3.6ha 면적에 조성된 중앙정원Central Gardens과 중앙 홀Central Complex, 루시와 이안 가족정원Luci&Ian Family Garden은 현지에서 채굴한 돌로 스페인 양식이 이식된 텍사스 고유의 건축 양식을 반영하고 있다. 이곳 중앙정원은 곤충정원A pollinator habitat garden, 숲, 주제정원, 주택 소유자를 위한 조경설계 예제 등이 전시되어 있으며, 루시와 이안 가족정원은 지속 가능한 지역 설계 모델로 개발되어 모든 교육과 아이들을 위한 비공식 놀

900여 종의 텍사스 토착식물이 재배되는 몰리 스티브 재커리 텍사스 수목원

이와 탐구 기회를 제공하고 있다. 안쪽에 펼쳐진 몰리 스티브 재커리 텍사스 수목원Mollie Steves Zachary Texas Arboretum은 6.5ha 면적에 900여 종의 다양한 텍사스 토착식물이 재배되거나 자연 상태에서 자라고 있으며, 텍사스주에서 발견되는 50종 이상의 참나무들이 잘 수집·보전되어 있다. 수자원 보전과 친환경적인 식물 재배를 위해 만들어진 빗물저장 구조물은 68,500갤런의 저장용량을 가지며, 야생화센터 전반의 재배용수를 공급하고 있다. 특히 내부 대평야에 펼쳐진 트레일 코스에서는 140종 이상의 조류와 15종의 포유류,

생태보전구역 탐방을 위한 트레일 코스

텍사스 고유 자생종들의 보존을 위한 실험분

1,800여 종의 자생 곤충들을 목격할 수 있다. 이 모든 센터의 구성물들은 자생식물을 보존하고 지속 가능한 경관을 만들어 자원을 보존하려는 노력을 보여준다.

식물원의 운영 특성

존슨여사야생화센터는 텍사스 식물 보존 활동의 전초기지로서 지역의 자생 희귀식물 및 외래종 모니터링과 함께 다양한 연구 복원 프로젝트를 수행하면서 종자 수집 및 보전을 통해 자연 유산과 생물다양성 보전에 기여하고 있다. 특히 생물종다양성과 건강한 토착 생태계에 대한 위협을 해결하고자 텍사스 식물의 종자 수집 및 종자은행 프로그램을 운영하고 있으며, 화재나 홍수와 같은 재앙에 대비하여 손상된 경관 복원, 멸종위기식물에 대한 전파를 위해 노력하고 있다. 특히 지역에 침입하고 있는 외래종에 대한 통제를 위해 애쓰고 있으며, 국립공원 서비스 및 기타 단체들과 함께 시민 과학자를 육성하기 위한 교육활동을 벌이고 있다.

센터에서 진행되는 생태 연구 및 설계는 환경 문제, 특히 물 부족, 기후 변화 및 생태계 훼손을 해결하기 위해 토착 식물과 이들을 활용한 설계에 중점을 두고 있다. 예컨대 중부 텍사스 생태계에 대한 화재 영향 연구나 침입종 퇴치, 건조 및 반건조 기후를 위해 설계된 녹색 지붕에서 다양한 토착식물 및 재배 매체의 효과 테스트 등이 진행되고 있다. 이러한 연구 프로그램의 성과로 덥고 건조한 지붕에서 자생식물을 재배하기 위해 특별히 개발된 물 절약 잔디 '헤비터프Habiturf®'의 개발을 들 수 있다. 현재 이 제품은 씨앗으로 판매되며, 상업적으로도 이용 가능한 수준에 이르렀다. 또한 황폐지 복원은 센터에서 제공하는 또 다른 서비스로 센터 연구원들은 국립공원이나 기타 정부 기관에 식물 조사 및 상담을 제공하면서 지속 가능한 조경 설계 및 유지 관리 계획을 만들고 설치 및 성능을 감독하고 있다.

텍사스 고유의 자생종들을 위한 화단

센터의 현장 교육 프로그램에는 어린이와 성인 학습자를 위한 프로그램과 특별 이벤트가 있다. 성인을 위한 토착식물, 자연의 예술 및 지속 가능한 조경과 원예에 대한 수업을 제공하고 있는데, 야생화센터의 인기 있는 성인 프로그램 중 하나인 토착식물 가드닝 시리즈 수업은 일반적으로 봄과 가을에 진행되며, 토착식물, 정원 가꾸기, 자연 예술, 사진, 글쓰기 등의 다른 프로그램은 연중 내내 진행되고 있다. 다양한 연례 교육 행사도 성인 학습자를 끌어들이는 데 일조하고 있는데, 대지의 지속 가능성 원칙에 기반한 교육 프로그램인 '삶을 위한 조경Landscape for Life™'은 주로 주택 소유자를 위해 설계된 웹기반 프로그램이다. 센터는 수많은 전문 워크숍과 컨퍼런스를 주최하고 온라인 정보 및 대화형 웨비나를 통해 지속 가능한 생태계 기반 설계 및 기타 주제에 대한 전문 교육을 꾸준히 제공하고 있다. 이들 웹 사이트는 과학자, 학생, 정원사, 토착 식물 애호가, 조경사 등에게 유용한 정보를 제공하는 동시에 9,000개 이상의 토착식물에 대한 정보와 50,000개 이상의 식물 이미지, 식물과 자연 원예 질문에 대한 답변 등을 무료로 검색할 수 있는 데이터베이스도 제공하고 있다.

야생화센터는 다양한 규모의 학생들에게 풍부한 학습 기회를 맞춤형으로 제공하며 요구 조건에 맞는 현장학습 옵션도 제공하고 있다.

Travel tip

주소 4801 La Crosse Ave. Austin, TX 78739, USA
홈페이지 https://www.wildflower.org/
전화 +1 512 232 0100
개원시기 및 시간 매일 09:00~17:00(3월 19일~5월 28일에는 20:00까지)까지 개원한다. 추수감사절, 12월 24일~25일, 12월 31일~1월 1일은 휴원한다.
면적 113ha

72 생물문화 다양성을 높이는 코넬식물원 Cornell Botanic Gardens

코넬농장 시절에 건축된 루이스 빌딩Lewis Building과 주택 정원

코넬식물원은 미국 뉴욕주 이타카에 위치한 코넬대학 캠퍼스 내에 있으며, 10ha의 식물원과 61ha의 F. R. 뉴먼수목원으로 이루어져 있다. 또한, 코넬대학을 포함한 이타카 주변의 40개의 다른 자연 지역도 함께 관리하고 있는데, 그 면적은 1,700ha에 이른다. 코넬식물원은 재배, 보존 및 교육을 통해 사람들이 식물과 그들이 유지하는 문화를 이해하고, 감사히 여기며, 육성하도록 고무시켜야 한다는 임무 아래 운영되고 있다.

식물원의 역사

식물원의 시작은 19세기 중반 코넬대학의 시작으로 거슬러 올라가며 농업, 임업 및 자연과학에 대한 대학의 관심에서 출발했다. 코넬대 설립자 에즈라 코넬Ezra Cornell은 농업생명과학 연구 촉진을 위해 캠퍼스 주변의 환경을 활용할 수 있도록 자신이 가지고 있는 대규모 농장을 기부하여 1875년식물원을 조성하였으며. 그 면적은 1,753ha에 이른다. 식물원은 1930년대에 식재를 시작하여 1944년에 코넬농장Cornell Plantations이라는 이름을 사용하게 되었다. 식물원 내 정원과 주변의 기반 시설은 21세기 초 건설 프로그램을 통하여 지속해서 확장되었다. 현재 식물원의 이름은 2016년에 변경되었다.

초기의 코넬농장은 현재 캠퍼스 양쪽에 나란히 위치한 두 개의 깊은 협곡들을 끼고 있었는데, 캠퍼스가 개발되면서 협곡들은 개발되지 않은 채 토착식물들과 야생동물들로 가득 차 있었다. 이것이 캠퍼스 내 정원과 수목원의 시초가 되었다.

1965년에는 농장은 610ha 규모였으며, 1970년대 초에는 석유 산업

다양한 식물과 정원을 해설하는 안내판

계의 사업가 플로이드 R.의 재정지원을 받아 새로운 도로와 식물이 개선되었다. 21세기 초에 뉴먼수목원F. R. Newman Arboretum(2000년), 원예원(2001년), 멀리스틴 겨울정원(2002년), 라민행정빌딩(2003년), 로울리 카펜터숍(2004년), 식물생산시설(2007년), 루이스 교육센터(2008년) 등이 만들어졌으며, 네빈웰컴센터는 2010년에 완공되어 현재의 모습에 이르고 있다.

식물원의 구성

식물원은 코넬대 캠퍼스 내에 위치하며, 네빈 웰컴 센터, 뉴먼수목원과 이들을 둘러싸고 있는 11개의 아름다운 자연구역이 있다. 또한, 코넬대학교 캠퍼스 외부를 둘러싸고 있는 협곡에서부터 늪, 목초지, 오래된 숲, 야생화 보호구역에 이르기까지 뉴욕 중심부에 있는 1,440ha 이상의 자연 구역을 함께 관리하고 있다.

네빈웰컴센터는 코넬식물원 방문을 시작하는 곳으로 2011년에 개소하였으며, 방문자 서비스, 미술품 전시, 해설 전시, 화장실 및 다목적실 등이 있다. 그 주변에는 허브, 꽃, 지피식물, 열대식물, 필로덴드론, 겨울 정원 식물 등을 중심으로 하는 정원들이 있다.

뉴먼수목원은 가장 아름다운 대학 수목원 1위로 선정된 바 있다. 40.5ha의 규모에 단풍나무, 참나무, 층층나무, 호두나무 등 다양한 나무들이 수집되어 있으며, 그 외에 관목수집원, 수변정원 등 많은 정원을 가지고 있다. 단풍나무원의 경우, 핵심적인 수집종 중 하나로 레드 메이플, 슈가 메이플, 실버 메이플, 일본단풍나무와 같은 주로 작은 아시아 단풍나무도 전시되어 있다. 호두나무는 1960년대 초에 심어진 가장 오래된 20품종이 전시되어 있다. 방문객들은 코넬식물원에서 토착종뿐만 아니라 전 세계 유사한 기후대에서 자라는 종에 대한 정보를 얻는 동시에 수목들이 만드는 자연의 아름다움을 만끽할 수 있다.

또한, 수목원 내에는 구불구불한 언덕과 계곡을 통과하는 수 마일의 오솔길이 만들어져 있다. 이곳의 오솔길은 네빈웰컴센터, 코넬 캠퍼스, 야생화 가든 및 폴 크리크 밸리 자연 지역 주변의 오솔길과 연결된다.

주요 수집 식물인 부추속*Allium*을 형상화한 조형물

뉴먼수목원의 습지원

코넬농장 시절에 건축된 루이스 빌딩과 주변 정원

살아있는 오래된 개오동나무의 수간을 뚫고 풍경을 설치한 독특한 작품

식물원의 운영 특성

유치원생부터 청소년을 위한 실습프로그램들이 제공된다. 야생화 탐험을 통해 놀라운 토착식물의 세계에 관해서 탐구하기도 하고, 30만 개가 넘는 식물 종을 대상으로 식물의 진화에 대해 배우기도 한다. 허브 정원에서 오감을 사용하여 식물을 느낄 수 있는 기회를 얻을 수 있다.

가이드 투어, 워크숍, 식물 예술 수업, 강의 및 특별 이벤트를 포함하여 일 년 내내 성인을 위한 다양한 교육 프로그램을 제공한다. 가이드 투어는 정원 워킹 투어, 수목원 해설 버스 투어, 개별 투어의 선택이 가능하며 자

오랜 세월을 보여주는 암석원

원봉사자와 직원들로부터 다양하고 아름다운 식물을 소개받을 수 있다.

코넬대학의 통합 식물과학학교의 원예과정과의 제휴를 통해 식물원, 수목 재배 등에 관심이 있는 개인을 위해 1년의 전문 연구 석사 학위 프로그램을 제공하기도 한다.

다양한 식물에 관한 과학적 연구가 이루어지며, 아메리카금매화와 프린지드 용담을 포함한 지역적이며 세계적인 희귀식물들을 보존하고 있다. 재배식물 컬렉션을 통해 10,000개 이상의 식물을 재배하고 연구 및 보존에 힘쓰고 있으며, 자연 지역을 보호하고 복원하는 방법의 하나로 사슴사냥프로그램을 통해 지속적으로 사슴 관리를 하고 있다.

코넬대학식물원은 "생물 문화적 다양성"을 유지해야 할 필요성에 대한 인식을 높이고, 생물 다양성 손실의 영향을 받는 지역 사회와 협력하는 다양한 활동들을 펼치고 있다.

Travel tip

주소 124 Comstock Knoll Drive Ithaca New York, 14850

홈페이지 https://cornellbotanicgardens.org/

전화 +1 607 255 2400

개원시기 및 시간 입장은 무료이며, The Nevin Welcome Center는 추후 특별한 공지가 있을 때까지 운영하지 않음.

면적 1,700ha

73

도심 속의 오아시스

클리블랜드식물원

Cleveland Botanical Garden

게이트웨이정원

클리블랜드의 문화 중심지인 유니버시티 서클에 자리잡고 있는 클리블랜드식물원은 미국에서 시민들의 주도로 조성된 최초의 공공 식물원이다. 미국 오하이오주 북동쪽, 이리호 남단 호반에 위치한 클리블랜드는 예전에는 오대호의 수운과 내륙 철도가 교차하는 편리한 교통의 입지로 손꼽히는 공업도시였으나 20세기 말에 이르러 제조업의 쇠퇴와 더불어 경제적으로 사양길에 들어선 도시였다. 시당국은 문화산업의 중흥을 통해 옛 영광을 되찾고자 노력해왔는데, 클리블랜드식물원은 그 같은 도시 재건의 한 축을 형성하고 있다.

식물원이 들어서 있는 유니버시티 서클에는 유수한 사립대학인 케이스 웨스턴 리저브 대학을 비롯하여 클리블랜드미술관, 클리블랜드관현악단, 클리블랜드미술연구소, 클리블랜드음악연구소, 클리블랜드현대미술관, 클리블랜드자연사박물관이 모여 있다. 클리블랜드식물원은 이 복합문화 공간을 찾는 사람들이 예술 감상 후에 들러 산책을 즐기고 휴식을 취하는 명소로 거듭나고 있다.

식물원의 역사

클리블랜드식물원은 1930년 클리블랜드 가든 클럽의 몇몇 회원들의 주도로 만들어진 클리블랜드 가든센터Garden Center of Greater Cleveland를 모체로 한다. 이리 호반의 보트 계류장 부지에 문을 연 가든센터는 원예학 도서관을 마련하고 정원사를 위한 강의와 워크숍을 개최하고 도시 미화작업에 적극 참여하면서 식물들을 수집하여 식재하기 시작했다.

부지가 협소해지자 1966년 가든센터는 유니버시티 서클 내의 현재의 장소로 이전하여 본격적으로 식물원으로서의 체제를 갖추기 시작했다. 1994년 가든센터 이사회는

코스타리카 열대우림지역 식물상을 재현한 열대생태관

확장된 기구의 규모에 걸맞게 현재의 명칭인 클리블랜드식물원으로 개칭하기로 결정하고 더욱 내실 있는 식물원으로 발전할 수 있도록 시설을 확충하고 식물 개체 수를 확대하는 노력을 하기로 결의한다. 그런 노력의 한 결실로 2003년 5천만 달러의 예산으로 엘리노어 암스트롱 스미스 열대생태관을 증축함으로써 클리블랜드식물원은 식물의 수집을 더욱 늘리고 프로그램을 확충하여 오하이오는 물론 미국 내에서 손꼽히는 유수한 식물원으로 비약하는 계기를 맞는다.

2014년 클리블랜드식물원은 커틀랜드 소재의 홀덴수목원Holden Forests과 합병을 하여 식물원의 외연을 더욱 넓힌다. '홀덴 숲과 정원'이라는 명칭으로 개편된 클리블랜드식물원은 식물원 본래의 기능을 충실히 구현하면서 오하이오 주민들에게 더욱 효과적인 생태서비스를 제공하는 길을 모색하며 오늘에 이르고 있다.

어린이정원 분수놀이터

식물원의 구성

클리블랜드 문화 중심지에 위치한 클리블랜드식물원은 시민들의 문화적 욕구와 연계시켜 식물원이 휴식과 여가활동의 공간이 될 수 있도록 조경에 각별한 주의를 기울였다는 점에서 특히 인상적인 식물원이다. 식물원 입구에 들어서자마자 곧바로 같은 열대 지역에 속하면서도 서로 대비되는 두 개의 생태 환경을 재현한 열대생태관을 배치한 것도 그런 고려의 소산이라 할 수 있다.

거대한 열대생태관(엘리노어 암스트롱 스미스 글래스하우스)은 연면적 1,700m^{2}에 이르는 두 개의 서로 다른 생태관으로 이루어져 있는데, 하나는 마다가스카르 사막지역의 식물상을, 다른 하나는 코스타리카 열대우림지역의 식물상을 재현하고 있다. 관람객들은 사막 기후에 속하는 마다가스카르 생태관과 열대우림지역인 코스타리카의 생태관을 나란히 관람함으로써 열대의 식물상은 물론 열대 지역 전반에 대한 호기심을 자극받을 수 있다. 거대한 유리 온실 속의 두 열대관에는 수백 종의 나비를 포함하여 350종 이상의 식물과 50여 종의 동물이 서식하고 있어서 열대 자연에 대한 관람객의 지적 욕구를 충족시켜준다.

어린이정원 학습공간

숲속 나무집

이 열대생태관을 관람하고 야외로 나가게 되면 여러 개의 주제정원이 펼쳐진다. 그중에서 가장 인상적인 것은 어린이 눈높이에 맞춘 아담하면서도 다채로운 화단과 아기자기한 놀이시설, 나무 위의 통나무집 등이 조성되어 있는 허쉬 어린이정원Hershey

테라스정원

Children's Garden이다. 오하이오 최초로 만들어진 어린이를 위한 이 정원에서 어린이들은 꿀벌의 생태나 연못 속의 물고기, 개구리, 거북이의 생태에 대해 친숙해지고 다양한 채소와 허브를 직접 관찰함으로써 자연과 친화될 수 있는 기회를 가질 수 있게 된다.

이 밖에도 클리블랜드식물원에는 장미정원, 토피어리정원, 참나무정원, 허브정원, 일본정원, 폭포정원 등이 갖춰져 있다. 뿐만 아니라 다양한 꽃들이 서로 잘 어우러져 있어서 자연의 아름다움과 조화를 한눈에 조감할 수 있는 하경정원, 그리고 도시의 현대적 삶을 돌아보고 지친 심신을 회복시킬 수 있도록 조용히 물이 흐르고 허브 향이 감도는 분위기를 연출하는 회복의 정원Restorative Garden도 관람객을 끌어 모은다.

클리블랜드식물원은 2개의 큰 열대생태관과 15개의 특색있고 다양한 정원이 전개되어 볼거리가 많으면서도 울창한 수목이 만들어주는 우묵한 그늘에서 조용하게 휴식할 수 있고,

허브가든

분수와 연못, 작은 계류를 끌어들여 정원을 분리하거나 이어주며 흥미롭게 동선을 이끌어주어 4ha보다 훨씬 커 보일뿐만 아니라 도심에 있다는 것을 실감할 수 없을 정도로 조경설계가 뛰어나다.

개구리가 지키고 있는 다리

식물원의 운영 특성

여느 식물원처럼 클리블랜드식물원도 가이드를 따라 식물원을 관람하는 프로그램을 제공하고 있고 일반인과 관람객을 위한 다양한 교육 프로그램도 마련되어 있다. 식물원은 또한 식물 전시회나 대중 강연도 수시로 열고 있고 여러 가지 연구 프로그램도 진행하고 있다. 클리블랜드식물원의 또 다른 특징은 식물과 자연 세계로부터 영감을 받은 그림, 사진, 조각, 그 밖의 비전통적인 매체의 작품들을 전시하는 화랑을 운영하고 있다는 점이다. 클리블랜드식물원은 또한 2년마다 꽃박람회를 개최하고 있는데, 이는 야외 꽃박람회로는 미국에서 제일 큰 규모를 자랑한다.

조형물이 반사되는 작은 연못 풍경

Travel tip

주소 Cleveland Botanical Garden 11030 East Boulevard Cleveland Ohio 44106 United States of America

홈페이지 www.cbgarden.org

전화 +1 216 721 1600

개원시기 및 시간 화요일~금요일은 10:00~17:00, 토요일은 12:00~17:00까지 개원하며, 월요일은 휴관한다.

면적 4ha

74

정원, 예술과 자연이 조화된

톨레도식물원

Toledo Botanical Garden

히비스커스가 심겨진 경재화단

톨레도식물원은 미국 오하이오주 톨레도에 위치하는 식물원이며, 톨레도 메트로파크 공원시스템을 구축하는 하나의 구성요소이기도 하다. 24ha 이상의 전시 정원과 관련 식물 수집을 갖추고 있으며, 이웃한 두 공립학교인 호킨스아카데미Hawkins STEM Academy와 자연과학기술센터Natural Sciences Technology Center와 함께 원예, 미술, 교육 캠퍼스로 활용된다. 식물을 위한 박물관인 톨레도식물원은 방문객들에게 아름다움을 공유하고, 발견하게 하고, 즐길 수 있는 기회를 제공한다.

식물원의 역사

톨레도식물원은 1964년 조지 크로스비George P. Crosby가 공공 공원을 만들기 위해 톨레도시에 사유지 8ha를 기부하면서 시작되었다. 크로스비는 350그루가 넘는 다양한 종류의 교목과 관목을 심었으며, 현재 20ha 이상으로 확장되었다. 초기 이 부지에 대한 비전은 지역 사회의 정원과 예술 센터를 만드는 것이었다. 1967년에 톨레도시는 새로 식물원을 개원한 후 운영 및 프로그램을 감독하기 위해 조지 크로스비 공원 위원회George P. Crosby Park Board를 설립했다.

톨레도식물원이 지역의 예술 디자인의 중심지가 되면서 1970년대 초에는 소규모의 주택들이 들어서고 미술 스튜디오와 화랑, 도예가, 유리공예가, 사진작가, 화가 등이 모이는 오늘날의 예술가 마을의 기원이 되었다. 실제로 많은 다양한 조형물들이 설치되기도 하였다. 40년이 넘는 세월 동안 정원, 예술, 자연을 통해 삶을 풍요롭게 한 톨레도식

식물원 중심에 있는 평온한 휴식을 주는 호수

넓은 잔디광장 한가운데 있는 그늘 쉼터

숲정원 한가운데 있는 화단

물원은 끊임없이 진화하며 톨레도 지역에 새로운 경험과 아름다움을 선사하며 원예, 예술, 자연에 대한 영감을 고취시키고 육성하는 운영 목표를 달성해 나가고 있다.

식물원의 구성

톨레도식물원은 예술인 마을, 허브원, 장미원, 작약원, 다알리아원, 다년초원, 숲정원, 회의장 등으로 구성되어 있다. 숲정원에는 국가 공인 비비추 수집을 보유하고 있으며, 500종류 이상의 식물이 있는 등 미국공공정원협회의 식물수집 네트워크에서 인정한 '전시된 살아있는 식물 저장소'이다. 수상 경력에 빛

나는 '원추리 길Daylily Walk'은 400여 종의 품종들을 모아 놓은 것으로 미국 원추리 협회American Hemerocallis Society의 전시 정원과 AHS의 역사적인 전시 정원으로 인정받고 있다. 식물원 내에는 지역 예술의 중심지답게 수많은 조각상들이 배치되어 있다.

시원한 비스타를 보여주는 나무들

식물원의 운영 특성

톨레도식물원은 이 지역에서 유일한 식물원이며 매년 12만 명 이상이 방문하고 있다.

예술가 마을이 함께 있음을 알려주는 식물원 입구와 조형물

정원 전체에 위치한 지역 최대의 공공 조각품 수집인 예술인 마을Artisan Village이 있으며, 지역의 로컬샵과 예술인들을 지원한다. 매년 열리는 크로스비 예술 축제Crosby Festival of the Arts는 주목할 만한 계절 축제 행사 중 하나이며, 비밀의 숲The Secret Forest은 어린 방문객을 자연과 모험에 빠져들게 한다. 0.8ha 규모의 도시농장과 24ha가 넘는 전시정원, 관련된 다양한 식물수집을 갖추고 있으며, 아름다운 경관과 함께 지역 교육의 장으로 활용되고 있다. 식물원의 도시농업센터는 이 지역의 125개 이상의 커뮤니티 정원을 지원한다. 직원과 함께 자원봉사자들은 정원 관리와 원예 및 도시 농업에 대한 1일 지원을 제공하기도 한다.

Travel tip

주소 5403 Elmer Drive Toledo, Ohio 43615
홈페이지 https://metroparkstoledo.com/explore-your-parks/toledo-botanical-garden-metropark/
전화 +1 419 407 9810
개원시기 및 시간 무료로 이용가능하며, 개원시간은 매일 07:00부터 어두워질 때까지이다.
면적 24ha

75

생물다양성 보전에 앞장선

리우데자네이루식물원

Jardim Botânico do Rio de Janeiro

코르코바두산의 예수상이 보이는 뮤즈분수

리우데자네이루식물원(이하 리우 데 자네이루는 약자로 리우라고 함)은 리우 남쪽, 레블롱 해안가의 석호 북쪽에 위치하고 있는 다채롭고 아름다운 식물원이다.

리우는 1565년에 유럽에서 건너온 포르투갈인에 의해서 건설되었으며, 17세기 후반까지만 해도 사탕수수 재배 지역에 불과했지만, 금, 다이아몬드, 철광석 등이 발견되면서 비약적으로 발전했다. 1808년에 나폴레옹에게 포르투갈 본국 영토를 빼앗긴 포르투갈 왕실이 이곳으로 천도한 적이 있었는데, 포르투갈 국왕인 주앙 6세가 1821년 리스본으로 다시 돌아가면서 리우는 포르투갈 임시 수도의 지위를 상실하게 되었다. 리우는 1822년 브라질 독립 이후부터 1960년에 브라질리아로 천도할 때까지 38년간 브라질의 수도였다. 제2차 세계대전 이후 상공업이 발전하면서, 내륙과 북동부에서 일자리를 찾는 사람들이 많이 유입되었으나 점차 브라질 경제의 중심은 상파울루로 옮겨갔고, 1950년대에는 인구도 상파울루에 추월당해 브라질 제2의 도시가 되었다.

리우식물원은 세계적 휴양지 코파카바나 해변과 인접한 이파네마 해변, 1961년 국립공원으로 지정된 티주카국립공원, 코르코바두산, 구아나바라만 주변 언덕과 함께 유네스코 세계문화유산으로 지정된 "리우 데 자네이루: 산과 바다 사이의 카리오카 경관Rio de Janeiro: Carioca Landscapes between the Mountain and the Sea"의 일부를 구성한다.

리우식물원은 1808년 설립되어 이제 개원 200년을 넘긴 브라질에서 가장 역사가 오래된 식물원이다. 리우는 열대사바나기후에 속하기 때문에 연간 온난한 기후를 유지하고 있다. 연평균 기온은 23℃이며, 연간 평균 강수량은 1,175mm로 식물들

식물원의 역사를 보여주는 둥치가 굵은 고목이 줄지어 선 길

식물원 내부를 흐르며 맑은 물을 공급하는 레바다수로

이 잘 자랄 수 있는 환경이다. 식물원은 자연식생면적 70ha, 조성면적 75ha, 총면적 145ha라는 넓은 규모로 현재 약 9천여 종의 식물들이 식재되어 있다.

『세계의 식물원 산책 2』에 브라질리아식물원(542쪽~)과 상파울루식물원(548쪽~)이 소개되어 있는데, 브라질의 중심 도시에 자리잡아 오랜 역사를 자랑하는 리우식물원이 식물종의 보유, 전시, 연구, 교육 어느 측면으로 보나 가장 앞선 식물원이라고 생각된다.

식물원의 역사

리우식물원은 1808년 포르투갈의 주앙 섭정왕자Prince Regent D. João(훗날 주앙 6세)가 주도하여 서인도제도에서 수입하고 있던 바닐라, 계피, 후추, 육두구와 같은 향신료 식물들을 토착화시킬 목적에서 설립되었다. 또 포르투갈의 다른 식민지에서 자라는 각종 야채류를 들여와 시험 재배하고 그중 환금성이 높은 작물을 선별하여 널리 보급시킴으로써 식민지의 경제적 이익을 도모하고자 하는 동기도 있었다. 가령 식물원 개원 직후 차나무*Camellia sinensis* (L.) Kuntze를 집중적으로 재배한 적이 있는데 이는 차나무 종자와 묘목을 생산하여 제국의 다른 식민지에 배포하여 수출 증가를 도모하고자 한 것이었다. 이 밖에도 일대의 늪을 메워 호수를 만들고 폭포를 조성하는 조경 사업을 통해 식물원을 주민들이 여가를 즐기는 공간으로 활용하기 위한 목적도 있었다.

설립자인 국왕 주앙 6세가 리스본으로 돌아간 1821년 이후 식물원은 플루미넨시 농업연구소Imperial Fluminense Institute of Agriculture가 관리하였다. 1890년에 브라질 정부는 식물원을 플루미넨시 농업연구소에서 분리하여 농업부에 소속시키며 보다 체계적이고 과학적인 식물 연구의 길을 열었다. 이로부터 한 세기가 흐른 1980년대 중반부터 식물원은 환경 위기에 대응하여 연구 기능을 강화하고 특히 화훼 연구에 박차를 가했다. 1995년 식물원은 공식적으로 리우데자네이루식물연구소Instituto de Pesquisas Jardim Botânico do Rio de Janeiro로 개명되었는데 명칭에서도 연구를 강조하고 있음을 알 수 있다.

개명 이후에도 여전히 옛 이름으로 통용되고 있는 리우식물연구소는 오늘날 환경부 산하의 연방기관이며, 식물학 및 생물다양성 보전 분야에서 세계에서 가장 중요한 연구센터 중 하나로 발전하였다. 현재 연간 약 60만 명이 식물원을 찾고 있고 이들의 탐방을 돕는 자원봉사자만도 150여 명에 이르고 있다.

식물원의 구성

식물원의 넓은 부지에는 숲과 정원, 호수, 연못, 수로 등 다양한 자연환경이 조성되어 있다. 여기에 각종 수목과 브라질의 토착 식물 및 열대와 아열대식물 등 9천여 종이 식재되어 있다. 또 역사가 오랜 식물원인 만큼 오래된 고목들도 많고 식민지시대 건축된 화학 공장과 같은 역사 유적, 설립자 주앙 6세의 흉상을 비롯해 200여 년 동안 식물원 발전에 기여한 인물들의 동상이 곳곳에 설치되어 있다.

식물원 부지는 남북으로 길게 뻗은 장방형의 형태이다. 정문 입구에서 코르코바두산 방향으로 직선으로 뻗은 도로를 중심으로 서쪽에는 역사적 건물과 여러 개의 온실, 호수, 교육센터, 방문객센터 등의 시설이 있고, 동쪽에는 장미원, 일본정원, 아마존 식물정원과 오랜 고목들이 자리잡고 있다. 정원에 맑은 물을 공급하는 레바다수로는 식물원을 둘러싸며 조용히 흐르면서 평온하고 고요한 분위기를 선사한다.

식물원에서 가장 감탄을 자아내는 곳은 중앙 직선도로 가운데에 있는 그리스 신화에 나

바르보사 로드리게스 야자수길

오는 예술과 학문의 여신 이름을 붙인 뮤즈분수이다. 시원하게 솟아오르는 분수 물길 사이로는 코르코바두산에서 두 팔을 벌리고 서 있는 리우의 랜드마크인 예수상이 보인다. 뮤즈분수 뒤로는 높이가 약 30m에 달하는 거대한 야자수들이 늘어서 있는 경이로운 야자수길이 이어진다. 이곳에 야자수가 처음 식재된 것이 1842년이니 대다수가 180년에 가까운 고목들이다. 이 길은 현재 1890년~1909년까지 식물원 원장으로 재직하며 식물원 발전을 이끈 바보사 로드리게스 Barbosa Rodrigues를 기려 그의 이름으로 명명되어 있다.

서쪽 편에서 눈여겨보아야 할 것은 방문객센터 위쪽에 위치한 선인장온실과 그 앞 길가에 서 있는 브라질나무 *Paubrasilia echinata* (Larn.) Gagnon H. C. Lim & G. P. Lewis이다. 식민지 초창기에 이 나무는 브라질 해변에 풍부하게 자라고 있었다. 나무껍질을 벗겨내면 드러나는 광택나는 붉은 심재가 벨벳과 같은 고급 직물을 물들이는 적색 염료의 원료로 쓰였기 때문에 브라질 나무는 16세기에 가장 인기 있는 식민지 물품이었다. '붉은'이라는 의미의 이 나무 이름은 이내 이 나무들이 자라는 땅Terra do Brasil의 명칭으로 전용되었고 그것이 그대로 나라 이름이 되었다.

리우식물원의 선인장 수집의 역사는 식물원에 있던 선인장 표본을 조직하고 체계화한 1912년경에 시작되었다. 선인장 수집은 브라질 북동부의 반건조 지역, 북서부의 내륙고원, 열대 및 아열대 초원 탐험을 통해 이루어졌다. 선인장 온실은 식물원 동쪽 장미정원 근처에 있는 파울로 캄포스 포르토 길Aleia Paulo Campos Porto의 주인공인 파울로 캄포스 포르토(1934~1938)의 관리 기간 동안 만들어졌다. 이후 브라질 외 중남미 등 여러 곳에서 중요한 외래종도 수집하였다. 2020년 컬렉션 기록에 따르면 약 400종의 선인장과 다육식물이 있는데 그중 230종이 선인장과를 대표하며 이 중 64종이 멸종위기종이다.

브라질나무를 지나 조금 더 올라가면 부채처럼 넓은 잎을 가진 부채파초Traveler's Tree(*Ravenala madagascariensis* Sonn.)로 둘러싸인 프라이어 레안드로호수를 볼 수 있다. 호수의 물은 약간 탁한 황토색이지만 빅토리아수련을 비롯한 여러 가지 수생식물이 싱싱하게 자라고 있고 1862년에 세운 여신 테티스Thetis의 상까지 어우러져 풍경이 아름답다.

호수 위쪽에는 식충식물온실이 있다. 화려한 꽃으로 벌과 나비를 불러들이는 대다수의 꽃과 달리 곤충들을 잡아먹는 식충식물들은 기이하게 생긴 형상도 많아 어린이들에게 인기가 많고

브라질 국가명의 기원인 브라질나무

부채파초가 둘러싸고 있는 프라이어 레안드로 호수

호수에 뿌리를 내리고 있는 알로카시아

1878년에 만들어진 고풍스러운 음수대

식물과 곤충의 세계를 이해하는 계기가 되기도 한다.

서쪽 부지에는 19세기에 건축된 화약공장 건물과 그 터가 있다. 건물 하나는 환경박물관으로, 또 하나는 고고학적 사이트로 박물관 역할을 하고 있다. 1808년에 건축되었으나 1831년 대폭발로 벽만 남은 화학공장 터는 약용식물원과 어린이놀이터로 사용되고 있다.

서쪽 부지 끝에는 이 식물원이 자랑하는 난초온실과 브로멜리아드온실 그리고 식물표본관이 있다. 난초는 꽃의 색상, 형태, 향기 등이 아주 다양해 관람객들에게 인기가 높은 식물이다.

리우식물원에는 브라질난초뿐만 아니라 대서양의 여러 섬, 열대 아메리카, 아시아와 오세아니아, 아프리카와 마다가스카르, 아마존 등 세계 각지에서 수집한 난을 볼 수 있다. 2020년 컬렉션에는 약 7,300개의 표본이 있는데 토착종난이 90속 470종으로 가장 많다.

웬만한 식물원에는 크든 작든 대부분 난초온실이 있지만, 브로멜리아드 전용 온실은 이곳에서 처음 보았다. 브로멜리아드는 꽃이 화려하고 잎도 특이해서 많은 식물원에서 정원 이곳저곳에 배식하여 정원을 장식하는 데 이용한다. 리우식물원의 식물연구자들은 100년이 넘는 기간 동안 브로멜리아드를 수집하기 위해 지속적으로 노력했는데, 그 덕분에 이 같은 특화된 온실을 만들 수 있었다. 브로멜리아드온실은 1975년 개장되었는데, 그 후로도 지속적으로 브로멜리아드 종 수가 증가해 2022년 온실과 화단에 분재된 표본만도 약 1만 5천 주에 이른다.

식물원 동편 조용한 어부의 호수 옆에는 아마존숲이 조성되어 있고, 이어 장미원, 일본정원이 자리잡고 있다. 아마존숲에는 브라질 토착종의 나무들을 포함하여 오래된 기념비적인 나무들을 볼 수 있다. 또한 환금성 수목으로 다른 열대지방에서 도입한 나무들도 있다. 빵나무, 브라질넛, 야자수, 정향, 계피, 대포알나무, 차나무, 커피나무, 카폭, 망고나무, 고무나무, 유칼립투스, 잭프룻, 칼라바시나무 등이 그것들인데, 이들 중 대포알나무와 칼라바시나무는 크고 강렬한 색의 꽃을 피워 눈길을 끈다. 식물원에는 나무늘보, 큰귀주머니쥐와 게를 먹는 너구리가 서식하고 있고, 멸종위기의 영장류인 검은 카푸친, 채널부리 투칸 같은 이국적인 조류도 볼 수 있다.

브로멜리아드온실

리우식물원은 그 이름을 리우식물연구소로 변경하면서 연구가 강조되고 그에 따른 성과가 큰 곳이다. 리우식물연구소에서 식물원은 연구가 진행되는 시험포이기도 하고 또 연구의 결과가 전시되는 곳이기도 해서 어느 식물원보다도 식물종이 다채롭고 풍요롭다. 리우식물원은 생물다양성과 지구생명체의 지속에 식물이 얼마나 중요한지를 보여주는 살아있는 박물관으로 손색이 없는 세계적으로도 매우 중요한 식물원이라 할 수 있다.

크고 기이한 칼라바시나무꽃

대포알같은 열매와 예쁜 꽃을 달고 있는 대포알나무

나무등걸이에 핀 틸란드시아

식물원의 운영 특성

리우식물원은 다양한 식물을 멋지게 전시하는 식물원이기도 하지만 기관의 명칭에서 보여주는 바와 같이 연구중심 식물원으로 뛰어난 식물표본관과 종자은행을 보유하고 있다. 바르보사 로드리게스 식물표본관은 남미 최대 규모이자 132년의 역사를 자랑한다. 여기에 3만 3천 종의 식물표본이 소장되어 있는데, 상당수가 멸종되었거나 희귀종이다. 표본관에 이름을 남긴 바르보사 로드리게스는 식물원 원장으로 재임하면서 1890년 식물표본관을 개소하고 원정대를 조직하여 국내외에서 새로운 표본을 획득하고 국내 및 국제 식물표본관과의 표본 교환을 추진하는 등 식물표본관의 기반을 구축한 인물이다. 현재 식물표본관에는 식물, 조류, 곰팡이류를 포괄하는 75만여 개의 표본이 있으며 매년 2~3만 개의 새로운 표본이 추가되고 있다.

리우식물원은 종자은행을

운영하면서 지구의 생물다양성 보전에 기여하고 있다. 특별한 기술과 지속적인 재정의 뒷받침을 요구하는 종자 저장은 일차적으로는 현지 식물 보전을 위한 것이지만 일부 희귀종 및 멸종위기에 처한 종의 유일한 보전 수단이기도 하다. 현재 이곳에는 48만 종의 종자가 보존되어 있고, 특히 브라질 토착종의 종자 보존을 위한 브라질 식물종 DNA 은행도 운영하고 있다. 리우식물원은 식물도서관도 갖추고 있는데, 이는 브라질에서 제일 큰 규모이다.

열대사바나기후대에서 볼 수 있는 정열적이고 강렬한 꽃이 핀 나무

리우식물원은 이처럼 연구에 충실하면서 교육 프로그램도 활발하게 운영하고 있다. 교육센터를 중심으로 공개 강의, 토크 쇼, 상설 전시, 특별 전시회를 개최할뿐만 아니라 초중고학생과 대학생 및 대학원생 그리고 일반 대중을 위한 교육과정이 잘 개발되어 있으며 국립열대식물학교도 운영하고 있다.

Travel tip

주소 Instituto de Pesquisa Jardim Botânico do Rio de Janeiro
Rua Jardim Botânico 1008, Jardim Botânico
Rio de Janeiro 22460-030 Brazil

홈페이지 www.jbrj.gov.br

전화 +55 21 3204-2070

개원시기 및 시간 매일 08:00~17:00까지 개원하며, 크리스마스와 1월 1일은 휴원한다.

면적 145ha(자연식생면적 70ha, 조성면적 75ha)

76

남극풍이 거센 지구 최남단 식물원

칼스코츠버그식물원

Jardin Botanico Carl Skottsberg

칼스코츠버그식물원 입구

칼스코츠버그식물원은 칠레의 최남단 중심도시 푼타아레나스(53°S)에 있다. 위도상으로는 아르헨티나의 우수아이아(55°S)가 남미의 최남단 도시이나 우수아이아는 마젤란해협 건너 티에라 델 푸에고 섬에 있으므로 육로로는 '곶의 끝'이라는 의미의 이름을 가진 푼타아레나스가 남미 대륙 최남단 도시라 할 수 있다. 푼타아레나스는 또한 남극으로 가는 관문이기도 하다. 남미 최남단 도시이지만 해류의 영향으로 푼타아레나스의 계절별 기온 차이는 그다지 크지 않다. 2014년~2022년 가장 추운 7월 평균기온은 2℃, 따뜻한 1월 평균기온은 11℃ 이다. 그러나 폭풍의 대지라 하는 파타고니아 지역인 만큼 사계절 내내 강한 바람이 분다.

푼타아레나스 공항에 가까워지니 비행기가 흔들리고 착륙 이후에도 문을 열지 않고 꽤 오랜 시간 대기시켰다. 바람이 강해서 승객과 짐이 한꺼번에 내리면 비행기도 바람을 이기지 못하므로 먼저 짐을 내린 후 다음 탑승객의 짐을 싣고 그다음 승객이 내린 후 다음 탑승객을 태우는 것이었다. 승무원은 바람에 날려가니 안경을 벗으라고 권하며 출입구를 열어주었다. 비행기 밖으로 나오니 몸을 가누기 어려울 정도로 바람이 강했고 체격 좋은 남자 직원이 붙잡아주어 겨우 공항 건물 안으로 들어갈 수 있었다. 공항 밖에 나가니 길가의 가로수도 모두 한 방향으로 기울어져 있어 바람이 강한 지역임을 실감할 수 있었다.

칼스코츠버그식물원은 지구 최남단에 있는 식물원이다. 남극에 가까운 최남단 식물원을 가보기로 한 것은 지구 최북단에 있는 노르웨이의 트롬소북극고산식물원(67.7°N)을 답사하고 난 후 자연스럽게 결정된 것이었다. 트롬소북극고산식물원은 그야말로 일류 고산식물원이라고 할 수 있을 정도로 전 세계 고산지대 식물을 폭넓게 수집하여 아름답게 전시하고 있었다. 그러나 칼스코츠버그식물원은 황량하였다. 식물원명이 써 있는 표지목만 서 있을 뿐, 색 바랜 잡풀들 사이사이에 관목들이 듬성듬성 서 있는 것이 전부였다. 관련 자료를 찾기 어려워서 트롬소식물원과는 다를 것이라고 예상은 하였지만 이렇게 버려진 듯이 손길이 미치지 못할 것이라는 생각은 하지 못했다.

애초에 자료도 찾기 어려운 칼스코츠버그식물원을 이 책에 소개시킬 것인지의 여부에 대해 논란이 많았었다. 『세계의 식물원 산책』 시리즈에 포함된 다른 식물원들에 비한다면 이곳은 식물원이라고 부르기에 민망할 정도이다. 그러나 지구 최남단에 식물원을 만들고자 많은 공을 들였을 식물학자와 식물애호가들의 노고를 기리기 위해 포함시키기로 결정하였다. 식물원의 자취만 남아 있는 이곳을 소개함으로써 어쨌든 어려움 속에서도 식물원을 지켜내고자 하는 현지의 노력을 응원하고, 또 최남단의 식물원이 폐쇄되지 않고 유지되는데도 일조하길 바랄 뿐이다. 또 한 가지 의의는 최북단 식물원의 대척점에 존재하고 있는 최남단 식물원에 대한 일반의 호기심을 풀어 줄 수 있다는 점이다.

식물원의 역사

칼스코츠버그식물원은 1970년 에드문도 피시노 발데스 박사가 설립하였다. 식물원명은 스웨덴의 저명한 식물학자이자 남극탐험가인 칼 요한 프레드릭 스코츠버그Carl Johan Fredrik Skottsberg(1880~1963) 박사를 기려 그의 이름을 따라 지은 것이다.

설립자 에드문도 피시노 발데스 박사 동상

칼 스코츠버그 박사는 1898년 웁살라대학에 입학하여 식물학을 전공하였고, 1907년 박사학위를 취득한 후 웁살라대학의 식물표본관 관리자가 되었다. 1901~1903년까지 식물학자로 스웨덴 남극 탐험팀에 참여하였고, 스웨덴으로 돌아와 남부 파타고니아와 티에라 델 푸에고 식물군에 대한 최초의 포괄적인 식물지리학적 연구서를 출판했다(1905년). 1907년~1909년 그는 스웨덴의 마젤란 원정대를 이끌고 파타고니아 탐험을 하고, 이후 후안페르난데스제도와 하와이를 탐험하기도 했다. 1915년부터 예테보리식물원 설계를 맡아 1919년 식물

식물원 전경

원을 설립하여 개원하고 이후 1948년까지 예테보리식물원 원장으로 재직했다. 『세계의 식물원 산책 2』(436쪽~)에 소개된 예테보리식물원이 바로 그 식물원이다. 그는 예테보리식물원에서 칠레의 이스타섬에서 멸종한 토로미로라는 나무를 복원하여 원래 서식지인 이스타섬에 보내어 육종하도록 돕기도 하였다. 칠레국립식물원에도 그의 이름을 딴 코너가 있을 정도로 그를 기리는 것을 보면 파타고니아지역에서 칼 스코츠버그 박사가 매우 존경받고 있다는 것을 알 수 있다.

식물원의 구성

답사 시기가 평균 최고기온이 14℃, 평균 최저기온 7℃, 평균 11℃가 되는 여름철인 1월이었음에도 불구하고 남위 53.15°에 위치한 지구 최남단 식물원은 식물로 무성한 곳이 아니었다. 키가 크지 않은 관목들이 넓지 않은 식물원을 둘러싸고 있고 그 안은 잡풀과 나무 몇 그루가 서 있는 것이 전부였다. 국제식물원보전연맹BGCI에는 마젤란식물협회가 관리하는 식물지리원A Phyteogeographic Garden of the Magellanic Plant Associations으로 소개되어 있으나 그에 관한 안내나 표지판도 없고 식물명과 학명을 적은 표지판이 꽂혀 있는 식물이 10개가 채 되지 않았고 그들 중엔 바싹 말라 생명의 흔적이 없는 것들도 있었다.

푼타아레나스 중심가에 있는 아르마스광장 둘레는 키 큰 상록침엽수가 당당하게 서 있었고 꽃을 피운 식물로 꾸며진 화단이 있었음을 상기하면 이곳이 식물원을 표방하면서도 이런 관리 부실은 아쉽기 짝이 없다. 식물원의 수준은 그 나라의 국민소득과 비례한다는

황량한 식물원을 장식해 주는 빠라멜라Paramela. *Adesmia boronioides* Hook.f.

가장자리에 자리잡은 푸른 노토파쿠스
Nothofagus antarctica (G Forsten) Oersted

일반 상식을 새삼 확인하는 계기였다. 전 세계의 고산식물을 수집하여 화려한 고산식물 경관을 자랑하는 노르웨이의 트롬소북극식물원과 대비해보면서 노르웨이의 1인당 국민소득이 칠레의 그것보다 5배가 넘는다는 것을 상기하게 된다. 남극식물을 보존하는 온실을 가진 태즈메니아왕립식물원이 있는 오스트레일리아의 경우도 1인당 국민소득이 칠레의 4배를 넘는다.

표찰이 꽂힌 식물들은 우리가 익히 아는 이름을 가진 것은 없고 학명으로 찾아 들어가 확인할 수밖에 없는 것들이 대부분이었다. 그나마 황량함을 상쇄시키는 꽃이 핀 초본식물이 몇 그루 있었으나 표찰이 없어 국화과 식물이라고 유추할 수 있을 뿐이었다. 여기에 실린 사진의 식물명은 표찰에 쓰인 그대로이다.

메테너스*Maytenus magellanica* (Lam.) Hook.F.

킬리오트리키움*Chiliotrichium diffusum* (Forster) Kuntze

노토파쿠스*Nothofagus pumilio* (Poepp. et End)

만나서 반가운 생명력이 강한 국화과식물

지금 칼스코츠버그식물원은 관리도 제대로 되지 않고 찾는 사람도 별로 없는 식물원이지만 국제식물원보전연맹BGCI 데이터에 존재하는 엄연한 식물원이다. 가까이 있는 오스트레일리아의 태즈메니아왕립식물원(42°S)이 남극 주변에 분포하는 특별한 식물들을 보호하기 위해 만든 아남극식물전시관Subantarctic Plant House이 떠올라 안타깝기 그지없다(『세계의 식물원 산책 1』 426쪽~). 칼스코츠버그식물원의 위치라면 온실에 넣지 않아도 잘 자라는 파타고니아식물들을 수집, 분류하여 특성에 맞추어 관리하면 특성화된 식물원으로 적어도 관련자 1인이 상주할 수 있는 정도로는 자립할 수 있을 것이라는 생각도 해 본다.

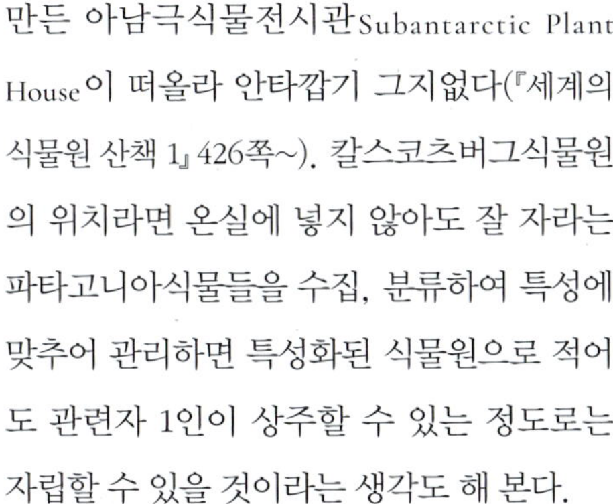

심한 바람에도 꽃을 피운 국화과 톱풀

푼타아레나스를 찾는 사람들은 대체로 펭귄을 가까이서 보기 위해 막달레나섬을 가거나 또는 토레스 델 파이네 트래킹을 가거나 빙하를 보고자 한다. 혹시 바람이 너무 불어 배가 뜨지 않아 목적지에 갈 수 없어 시간이 남는다면 칼스코츠버그식물원을 찾아가 보기를 권한다. 사람들이 자주 찾는다면 이 지구 최남단 식물원이 애초의 설립 취지에 걸맞는 모습으로 거듭날지도 모르지 않겠는가.

Travel tip

주소 Jardin Botanico "Carl Skottsberg" Instituto de la Patagonia, Casilla 102-D, Punta Arenas Chile

전화 +55 061 223 039

개원시기 및 시간 제한없음

77

오스트레일리아 사막 생태의 보고

앨리스스프링스사막공원

Alice Springs Desert Park

수분이 증발되고 소금이 남은 소금호

앨리스스프링스는 붉은 흙으로 상징되는 오스트레일리아 중부 내륙의 중심지로 '아웃백Outback'이라고 불리고 있는 황량한 대지와 사막으로 둘러싸여 있으며, 여름이 되면 40~45℃까지 오르는 뜨거운 날씨가 계속되고, 건기인 4~9월에 해당하는 겨울철도 기온분포가 5~30℃로 따뜻하며 연평균 강수량이 240mm에 불과한 건조사막지역이다.

앨리스스프링스사막공원은 1997년에 개원하였으며 앨리스 스프링스 도심에서 10분 거리 약 7km 정도 떨어진 맥도넬산맥Macdonnell Range 서쪽 기슭에 자리잡고 있다. 1,300ha의 큰 규모에 중앙 오스트레일리아 건조사막지역 생태를 재현하여 이 지역에 자생하는 식물과 멸종위기의 조류, 파충류, 포유류 등을 보존하고 번식시키고, 이곳에 서식하는 동식물을 이해하고 애호하도록 교육하는 등의 환경교육시설이자 사막생태환경을 보호하는 종합센터의 기능을 가진 곳이다.

『세계의 식물원 산책』 1권과 3권에 소개되는 오스트레일리아 식물원은 대부분 온대나 아열대 지역에 위치해 식물의 성장이 양호하고 번성하는 기후대의 식물원들이고 건조사막지대의 식물원은 앨리스스프링스사막공원이 유일하다.

사막공원의 구성

햇빛이 따가운 앨리스스프링스 사막공원 입구에서 노란 버들강아지 같은 꽃을 달고 서 있는 멀가와 여기저기 돌아다니는 도마뱀을 만나게 되면 중앙 오스트레일리아의 사막공원에서 보게 될 새로운 식물과 동물에 대한 기대감이 커진다.

사막공원은 입구에서 왼쪽 방향으로 붉은색 토양으로 다져진 트레일로 이어지는 세 개의 특징있는 서식처로 구성되어 있다. 차례로 사막

노란 버들강아지 같은 멀가Mulga, *Acacia aneura*

사막공원의 상징물인 도마뱀

의 강Desert River, 사막지구Sand Country, 삼림지대Wood land가 전개되며, 사막지구와 숲의 경계에 사막공원이 자랑하는 야생동물관Nocturnal House이 있다. 앨리스스프링스사막공원에서 만나는 식물과 동물은 모두 오스트레일리아의 사막에서 서식하는 토착종들이다.

먼저 사막의 강에 들어서면 강물은 찾아볼 수 없고 거의 마른 강바닥과 얕은 웅덩이만 보인다. 비가 오면 잠깐 동안 물이 흐르다가 여기저기 얕은 웅덩이들이 생기고 대부분의 물은 모래 아래에 스며들기 때문이다. 그러나 물웅덩이나 이 모래 속 수분에 의지하여 살아가는 동식물이 많기 때문에 이곳의 풍경은 제법 푸르고 활력이 있다. 예를 들면, 강물이 마르면 물고기는 죽지만 그들이 낳은 알들은 모래 속에 살아남았다가 다음에 비가 올 때 부화하여 생명의 순환이 이어지게 되는 것이다. 또 오스트레일리아 건조지역에 가장 넓게 퍼져 있는 유칼립투스인 리버레드검River red gum, *Eucalytus camaldulensis* Dehnh.도 모래 속에 깊이 뿌리를 내

사막공원의 지도와 이동 동선 안내판

사막의 강 구역 식생

리고 자라 앵무새와 부엉이, 올빼미, 물총새, 백정새Butcher-bird, 쐐기꼬리독수리Wedge tailed eagle 등 여러 종류 새들의 보금자리가 되어 준다.

매우 적은 강우량에도 불구하고 사막지구에도 놀라울 정도로 식물이 잘 자라고 있다. 흔히 사막이라 하면 대단히 건조하고 지표면에 수분이 거의 없어 생물은 거의 찾아볼 수 없는 모래벌판을 떠올리지만『세계의 식물원 산책 1』에 소개된 애리조나소노라사막박물관이 있는 소노라사막처럼 겨울이 온화하고 드물게라도 비가 내리는 사막은 식물과 동물이 성공적으로 적응하여 생물종이 풍부한 편이다. 소노라

사막지구 식생

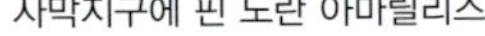
사막지구에 핀 노란 아마릴리스

사막지구에 핀 오스트레일리아 특산식물 스웨인소니아*Swainsonia*

사막에서 자생하는 팔로 베르데Palo Verde라는 나무는 줄기와 가지가 연녹색인데 잎이 다 떨어진 건기에도 줄기로 광합성을 하며 살다가, 비가 오면 신속하게 잎을 내고 노란꽃을 피워 짧은 기간에 수분까지 마치는 막강한 생존력으로 사막지대에서도 군락을 이루기도 한다.

앨리스스프링스 사막지구는 연평균 강수량이 240mm에 불과하다. 그래도 사초과의 여러 가지 풀이 자라고 국화과나 백합과, 콩과에 속하는 초본식물과 야생화들이 꽃을 피우고, 크고 작은 나무들이 자라고 있어 우리가 흔히 상상하는 사막을 벗어난 풍경이다. 오스트레일리아 사막이 사하라사막과 같은 전형적인 모랫벌이 되는 것을 막아주는 것은 스피넥스잔디Spinex grass이다. 스피넥스잔디는 오스트레일리아에서 가장 광범위한 단일 식생유형으로 그 초원은 대륙의 22%를 차지한다. 스피넥스의 뿌리는 약 3m 깊이까지 내려가 물을 빨아들이고, 뾰족한 잎은 뻣뻣하고 단단해서 흰개미를 제외한 다른 동물은 소화하지 못한다. 흰개미는 스피넥스 잎을 먹으며 번성하고, 흰개미는 도마뱀류의 먹이가 되어 사막공원에서는 도마뱀류를 많이 볼 수 있다.

이처럼 다양한 생태사슬이 형성되어 사막공원에서는 우리에게 익숙하지 않은 포유류와 파충류, 어류, 에뮤를 비롯한 다양한 조류도 만나 볼 수 있다. 사막지구에서 또 한 가지 놓칠 수 없는 풍경이 있다. 염분이 있는 붉은 토양에 물이 고여 수분은 자연 증발하고 가장자리는 소금이 하얗게 남아 있는 소금호Salt Pan는 매우 이색적이고 신기하다.

사막지구와 삼림지 경계에 앨리스스프링스사막공원이 자랑하는 멸종위기에 처한 야행성동물을 보존하고 전시하는 야행성동물관Octurnal House이 있다. 태양이 작렬하는 야외에서 이곳으로 들어가면 시원한데다 어두워 딴 세상에 온 것 같다. 이 책에 소개되는 스위스의 파필리오라마열대정원의 야행성동물을 관찰할 수 있는 녹투라마보다 규모는 작으나 실내

야행성동물관 내부

설계가 멋지고 구성이 알차며 그곳에서 볼 수 없는 야행성동물과 희귀동물을 볼 수 있다는 점에서 매우 흥미롭다.

사막공원 대부분을 차지하는 개방형 삼림지대Woodland에서는 오스트레일리아 건조지역에 서식하는 여러 종류의 교목과 관목들이 어울려 자라고 그 아래에는 다양한 풀과 허브가 자라고 있고 야생동물들도 이 숲에 살고 있어서 사막지구가 아닌 온대지역의 산과 크게 달라 보이지 않는다. 삼림지대는 원주민에게 풍부한 목재의 공급원이었으며, 과일과 꿀 등의 식품 공급원이 되었다. 꽃이 만발한 나무에는 꿀을 먹는 새가 모여들어 사막지구보다 더 많은 새들이 살고 있는 것을 볼 수 있다. 삼림지대에는 호주를 상징하는 동물인 에뮤와 캥거루 그리고 말레이반도에서 호주로 유입되어 야생화됐다고 하는 들개 딩고가 야생상태의 서식지와 흡사한 넓은 울타리 안에 살고 있어 가까이에서 볼 수 있다.

평범해 보이는 삼림지대 식생

2월의 이곳은 햇볕이 너무 따갑고 더웠으나 그늘막들이 곳곳에 설치되어 있고 거기에 동식물 정보도 제공하고 있어서 힘들지 않게 돌아볼 수 있었다. 그래서인지 뜨거운 햇볕이 작렬하는 사막지대임에도 불구하고 연간

조류 관찰시설

8만여 명의 관람객이 방문하고 있다.

사막공원의 운영 특성

앨리스스프링사막공원은 오스트레일리아 중앙을 포함하는 오스트레일리아 북부지역Nothern Territory 생물다양성 보전에 전념하고 있다. 야생에서 멸종되었거나 멸종위기에 있는 말라Mala, 빌비Bilby, 슬레이터 스킨크Slater's skink 등과 같은 동물들을 보존하고 번식시켜 이들이 야생에서 생존할 수 있도록 하는 회복 프로그램도 운영하고 있다.

2017년부터 사막공원의 양묘장에서는 큐왕립식물원의 종자 보존부서에서 구상하고 개발·관리하는 글로벌 보존 프로그램의 일환인 Millenium Seed Bank Project 내에서 수집된 종자의 생존가능성과 장기저장을 위한 발아연구를 진행하고 있다. 또한 오스트레일리아 고유종의 멸종에 대한 방비 대책을 강구하여 고유식물 다양성을 보다 효과적으로 보존하기 위하여 북부지역 정부와 파트너십을 체결하였다.

오스트레일리아 특산 대형조류인 사막의 노마드 에뮤

교육 프로그램으로는 공개강의와 특별전시회를 개최하며, 가이드 및 셀프가이드 투어프로그램에 참여하면 오스트레일리아 중앙 특유의 동식물, 지리, 역사 및 과학을 체험하게 된다.

다른 곳에서 찾아보기 쉽지 않은 사막공원의 운영 특성은 이 지역에서 살아온 원주민이 가이드하는 '사막에서의 생존'이라는 프로그램을 매일 진행한다는 것이다. 이 지역의 원주민 가이드

그늘막이자 교육공간

로부터 사막에서 식용식물이나 약초를 찾는 방법과 그들이 사용하는 중요한 식물과 동물을 식별하는 방법 등 그들이 사막에서 어떻게 생존해 왔는지를 배우는 귀한 교육 프로그램이다.

이 프로그램은 이 지역에서 수천년간 살아온 원주민 아렌테족이 사막지역에서 그들 방식으로 생존하는 것이야말로 생태환경의 보존이라는 인식하에 추진되는 것이다. 그들의 언어와 생활문화, 사람과 환경 사이의 균형을 이루는 효과적인 환경관리 방식과 실용적 기술을 보존하고 활용하는 데 목적을 두고 실천되고 있다. 또한 사막공원에서는 종사자의 30%를 지역 원주민으로 채용하여 그들과 더불어 발전하는 실질적인 정책을 실현하고 있다.

Travel tip

주소 Alice Springs Desert Park Larapinta Drive
Mailing Dept. of Natural Resources, Environment the Arts and Sport, P.O. Box 1120
Alice Springs Northern Territory 0871 Australia

홈페이지 www.alicespringsdesertpark.com.au

전화 +61 08 8951 8788

개원시기 및 시간 매일 07:30~18:00까지 개원하며, 크리스마스는 휴원한다. 야행성동물관은 09:00~17:30까지 운영한다.

면적 1,300ha(조성면적 50ha, 자연림 1,250ha)

78

열대식물의 전시장

조지브라운다윈식물원

George Brown Darwin Botanic Gardens

소철정원을 감싸는 야자수

조지브라운다윈식물원은 오스트레일리아 북쪽 노던주Northern Teritorry의 주도인 다윈Darwin에 있는 식물원이다. 다윈은 1869년에 세워진 도시로, 유명한 영국의 생물학자 찰스 다윈을 기리기 위해 그의 이름을 따서 도시명이 지어졌다. 다윈이 이곳에 들른 적은 없으나 비글호가 3차 항해 중 1839년 9월 이곳에 정박하였을 때 선장이었던 존 위크햄이 찰스 다윈을 기리기 위하여 이곳을 다윈항Port Darwin으로 명명한 데서 유래하였다.

적도에 가까운 다윈은 전체적으로 열대성 기후대에 속해 연평균 기온이 31℃로 높은 편이고 연강우량이 1,800mm나 된다. 5월~10월까지는 계절이 겨울인 '건기'로 고온이지만 비가 적고 쾌청한 날씨가 이어지며, 11월~4월까지는 계절이 '열대성 여름'으로 40℃를 웃도는 고온 다습한 날이 계속되며 비가 많이 내린다. 이런 열대성 기후의 영향을 받은 다윈의 주변 경관은 뛰어나다. 동쪽의 카카두국립공원Kakadu National Park만 하더라도 호주 최대의 국립공원이자 유네스코의 세계자연유산으로 지정된 빼어난 풍광을 자랑한다.

다윈식물원은 시내 중심가에서 북쪽으로 2km만 걸어가면 닿을 수 있는 가까운 거리에 있다. 식물원은 42ha의 넓은 면적에 열대우림, 맹그로브숲, 오스트레일리아 원시 야생식물 등 다양한 식물과 특색있는 정원, 울창한 삼림 속을 걸을 수 있는 산책로와 관람객을 배려한 편의시설이 많다. 우거진 숲에 숨어 있는 폭포와 시원한 물줄기를 뿜는 분수가에서 뜨거운 적도의 햇살을 피해 시원하게 쉴 수도 있고, 곳곳에 있는 멋진 이름을 가진 넓은 잔디밭에서 파란 하늘과 강렬한 햇빛도 즐길 수 있다. 오스트레일리아 토착식물이 약 30%를 차지하고 있고 자세히 설명되어 있으므로 북오스트레일리아에서만 자라는 식물을 구별하여 알아보는 재미도 있다. 이런 식물원을 매일 아무 때나 무료로 찾을 수 있으니 다윈 시민들은 복도 많다는 생각이 든다.

식물원의 역사

노던주 정부는 식용식물을 재배하여 이를 활용하려는 목적에서 1886년 식물원을 만들었다. 시민들의 휴양 욕구가 높아지고 식물에 대한 체계적인 관리와 보존의 필요성이 제고되면서 식물원은 자연스레 확대되어 왔다. 그러나 제2차 세계대전 중 일본의 폭격과 여러 번의 강한 태풍으로 식물의 80%가 죽고 시설이 파괴되는 등 식물원은 거의 폐허가 되었다.

이 식물원에서 1971년부터 1990년까지 가장 오랜 기간 큐레이터로 재직한 조지 브라운은 1974년 태풍 재해 후 다윈을 4가지 방향으로 발전시키는 계획을 수립하였다. 첫째, 다윈을 열대풍의 도시로 바꾼다. 둘째, 사람들이 공원을 찾도록 한다. 셋째, 교육에 집중한다. 넷째, 식물원을 세계 최고의 열대식물원으로 발전시킨다는 것이다. 그는 1992년 '브라운과 함께 초록으로 가자Go Green with Brown'라는 슬로건으로 다윈의 시장으로 선출되었고 이에 힘입어 그가 수립했던 계획들이 성공적으로 실현되었다. 그의 주도로 식물원 부지는 해안에서 내륙 쪽으로 확장되었고 한 부지에서 해양식물과 하천식물이 공존할 수 있는 서식환경도 구

식물원 중앙의 잔디밭과 야자수

오스트레일리아에서만 자라는 잔디목
Grass Tree, *Xanthorrhoea*

오스트레일리아 북부지역 원산 소철나무류 *Cycas arenicola* K. D. Hill

축되었다. 2002년 그가 사망하자 주정부는 그를 기리기 위해 식물원 명칭에 그의 이름을 넣어 조지브라운다윈식물원으로 개명하였다.

식물원의 구성

다윈식물원은 식물원 부지 내에 남북 방향으로 큰 도로가 관통하여 정규 노선 버스가 다니고 작은 자동차 도로도 있을 정도로 부지가 넓고, 여기에 오스트레일리아 북부 토착식물을 비롯한 열대식물들이 꽉 들어차 있다. 식물원의 서쪽은 다윈 최고의 비치라는 민딜비치에 면해 있고, 나머지 삼면은 수목이 울창해 외지와 자연경계를 이루고 있다. 전체적으로 조망해 보면 북쪽에는 여러 가지 수목이 군락을 이루고 있는 삼림지대이고, 중앙은 잔디가 초록빛 융단처럼 펼쳐진 잔디밭과 아프리카 마다가스카르 원산인 바오밥나무들이 자리잡고 있다. 식물원 남동쪽에는 다양한 정원과 분수, 연못, 식물전시관, 오리엔테이션센터 등 대부분의 관람시설이 모여 있고, 식물원 남쪽 입구 가까이에는 코코넛군락지와 카페가 있다.

탐방객은 제라늄 도로Geranium St.에 면한 쪽 입구에서 관람을 시작하는 것이 편하다. 우선 주차장이 가깝고 식물원의 핵심적 정원과 시설이 모여 있는 남동쪽 부지로 바로 연결되기 때문이다. 여기서 처음 만나게 되는 정원은 큰 키의 야자수가 둘러싼 나지막한 구릉에 북호주지역 특산인 여러 종류의 소철이 위용을 자랑하는 소철정원이다.

가까이에 어린이와 부모를 위한 쾌적하고 재미있는 어린이정원이 있다. “이곳은 어린이

사막장미 Desert Rose, *Adenium obesum* (Forssk.) Roem. & Schult

와 어린이 같은 마음을 가진 사람들을 위한 장소입니다"라고 소개하는 표지판이 재미있다. 이곳에는 그늘을 만들어주는 열대정원과 어린이를 위한 놀이터가 있어 야자열매와 바나나 등 열대과일이 열린 것을 볼 수 있고 무성한 나무 사이로 숨을 수도 있다. 어린이들이 좋아하는 나무집도 있고, 수목으로 만든 미로원도 있으며, 풀에 덮인 비탈에서는 안전하게 미끄럼도 탈 수 있다. 또 어린이정원을 감싸고 흐르는 개울가 모래사장에서는 모래동굴을 파고 모래성을 만들며 놀 수 있어 어린이에게는 아마 이곳이 파라다이스일 것이다.

여기서 북쪽 방향으로 올라가면서 분수, 백합연못, 오감정원, 뱀콩정원 Snakebean Garden 등이 저마다 특색있는 모습으로 관심을 끈다. 또 이 구역에는 오리엔테이션센터, 직원사무실, 홀츠하우스 등 방문객을 위한 서비스를 제공하는 기능을 가진 센터와 사무실들이 자리잡고 있다.

오리엔테이션센터 위쪽에는 눈길을 사로잡는 예쁜 꽃나무가 있다. 멀리서 볼 때 배롱

시원스레 물을 뿜는 분수

나무와 비슷한 모양새인데 진분홍색 꽃을 피운 이 나무는 이름도 멋진 '사막장미'다. 사막에서 만난 고혹적인 여인같아 한참 쳐다보고 수없이 사진을 찍게 된다.

위쪽으로 조금 더 이동하면 식물전시관이 있다. 식물전시관에는 다윈식물원이 집중 수집하는 화려한 열대난과 다채로운 브로멜리아드를 비롯해 형형색색의 이색적인 식물들이 전시되어 있다. 식물전시관 옆에는 낭만적인 이름을 가진 달빛정원이 있다. 다윈식물원에서는 시민들의 필요에 따라 정원에서 행사를 할 수 있도록 개방하는데 보름달이 뜨는 날 밤에 달빛정원에서 결혼식을 하거나 파티를 한다면 열대의 낭만에 푹 빠져들 것 같다.

열대우림 속 폭포

이보다 위 북쪽으로는 거의 450종이 되는 야자류를 포함하여 환상적인 열대 생태계가 형성되어 있다. 하늘을 가린 큰 나무들, 숲속에 감추어진 폭포, 햇빛이 가리워져 하늘이 반사될 틈이 없는 어두컴컴한 작은 연못들, 나뭇가지와 덩굴들이 서로 얽힌 열대우림 숲이 펼쳐진다. 북쪽 상부에는 오스트레일리아 북쪽 끝Top End 토착식물의 본보기가 되는 티위습지 삼림과 북쪽지역 토착식물 수집종으로 만들어진 삼림이 깊은 그늘을 만들어주고 있으며, 그 옆 식물원 중앙부지 쪽에는 바오밥나무를 비롯해 아프리카 마다가스카르에서 수집한 수목들이 군락을 이루고 있다.

여기서 큰 길 건너 서쪽에는 몬순해안지역 덩굴식물Coastal Monsoon Vine Thicket 군락이 식물원 경계를 지키고 있다. 민딜비치 쪽으로 나아가면 인도양을 조망할 수 있는 전망대가 있고 약 1km 길이의 해변산책로가 있다. 해변산책로는 망그로브 숲속으로 통해 있어서 신선하고 싱그러운 공기를 맘껏 들이마시며 가볍게 발걸음을 옮길 수 있다.

다윈식물원은 하늘이 열려 있는 잔디밭과 열대사바나기후 생태를 보여주는 공간 외에는 대부분 큰나무들로 그늘이 드리워져 걷기에 좋으며, 곳곳에 벤치나 그늘막 등이 설치되

바오밥나무

어 있어 잠깐 앉아 휴식하기도 좋다. 그렇다 하더라도 하루에 식물원을 다 돌아보기에는 벅차다. 그래서 첫날은 동쪽을, 둘째날은 가든로드쪽 입구로 들어와 남쪽과 서쪽을 돌아보고 민딜비치로 내려가 인도양에 발을 담궈 보고 모래사장을 거닐어 보는 것이 좋을 것 같다. 아름다운 식물원을 맘껏 즐길 수 있는 다윈은 요즘 유행하는 한 달 살기를 해 볼만 한 가치가 충분한 도시이다.

식물원의 운영 특성

식물원에는 종자은행도 갖춰져 있고 교육 프로그램도 다양하게 마련되어 있다. 특이한 것

열대사바나기후지역

산책길 쉼터

은 시민들이 식물원에 와서 식물 속에서 휴식하고 배우는 데 그치지 않고 삶에 적극적으로 활용할 수 있도록 실내외 시설을 개방하고 있다는 점이다. 가든 이벤트 코디네이터를 두고 시민들이 이곳을 활용할 수 있도록 적극적인 서비스를 하고 있다. 방문객 및 이벤트센터, 소형원형극장 등 실내시설에서는 전시, 강연회, 공연, 결혼식, 파티 등을 할 수 있으며 규모에 따라 최대 500명까지 수용할 수 있다. 또한 실외의 여러 개의 잔디밭, 정원, 분수가, 코코넛 숲, 소철정원 등에서도 크고 작은 행사가 이루어질 수 있도록 안내하고 지원하여 다윈 시민들의 삶의 한 공간으로 자리매김하고 있다.

Travel tip

주소 George Brown Darwin Botanic Gardens
PO Box 1448, Darwin, NT, 0801. Darwin NT 0801 Australia

홈페이지 https://nt.gov.au/leisure/parks-reserves/george-brown-darwin-botanic-gardens

전화 +61 08 8999 4418

개원시기 및 시간 매일 07:00~19:00까지 개원한다.(방문자 및 이벤트센터: 매일 09:00~17:00, 공휴일 휴무. 식물전시관: 매일 08:30~15:30)

면적 42ha

79

식물의 진화과정을 거시적으로 조망할 수 있는

케언즈식물원

Cairns Botanic Gardens

하늘 높이 솟은 야자수

케언즈식물원은 케언즈 도심에서 4km 떨어진 울창한 숲속에 자리잡고 있는 열대식물원이다. 오스트레일리아 북동쪽 퀸즈랜드주의 북쪽 해안에 위치한 케언즈는 원래 인근에서 발견된 금광 채굴을 위해 형성된 도시였으나 지금은 열대의 풍부한 농수산물이 집산되어 수출되는 항구 도시이자 유수한 관광지로 발전했다. 1981년 유네스코 세계자연문화유산에 등재된 세계 최대 산호초지대인 그레이트 배리어 리프Great Barrier Reef를 마주보는 해안의 중심에 위치한 케언즈에는 매년 200만 명 이상의 관광객들이 주변의 울창한 열대우림과 아름다운 산호가 서식하는 해양 탐험을 즐기기 위해 몰려들고 있다. 케언즈식물원 또한 이런 관광 수요의 일익을 담당하고 있다.

케언즈식물원은 1887년 설립되었다. 케언즈가 항구 도시로 조성된 것이 1876년이니 도시가 만들어진 지 불과 10여 년 만에 설립된 셈이다. 주변 자연이 그만큼 경관이 아름답고 다채로운 식물상을 지니고 있었던 것이다. 거의 자연 상태나 다름없는 울창한 열대우림에 둘러싸인 케언즈식물원은 총면적이 345ha에 이르는 방대한 부지에 44ha 규모의 식물원이 조성되어 있다. 오스트레일리아에서 열대식물원으로 으뜸가는 명성을 자랑하는 케언즈식물원은 주로 열대식물과 지역의 자생식물을 수집하여 특성별로 구분하여 전시하고 있다. 원내에는 다양한 정원과 산책로, 대나무숲, 온실 그리고 도서관, 아트센터, 어린이 놀이터, 다목적 방문객센터 등이 있어 식물 탐구는 물론 다양한 여가 활동을 즐길 수 있어서 연간 대략 29만여 명이 식물원을 방문하고 있다.

한눈에 열대식물원임을 알 수 있는 케언즈식물원 입구

식물원의 역사

케언즈식물원은 1884년 케언즈발전위원회가 여가 활동을 위한 공간으로 설정한 부지를 모체로 하여 조성되었다. 1886년 인근의 벌목 사업에 참여하고 있던 아일랜드 태생의 식물학자 유진 핏찰란Eugene Fitzalan이 부지의 북동쪽에 2ha의 관상용정원을 만들면서 케언즈식물원이 시작되었다. 시 당국은 이곳으로 사람들을 끌어모으기 위한 방편으로 핏찰란의 식물원 조성에 적극 협조했다. 1897년까지 식물원의 책임자로 일한 핏찰란은 식물원에 50종의 장미, 11종의 히비스커스, 난, 고사리, 도금양을 심고 인근 산간에서 수집한 토착식물들도 옮겨 심는 한편 커피, 오렌지, 레몬, 망고 등을 재배했다. 아름다운 야자수로 이루어진 케언즈식물원의 '핏찰란정원'은 오늘날 9종의 식물의 학명에 자신의 이름을 남긴 핏찰란의 업적을 기려 조성된 것이다.

케언즈식물원은 1930년대에 이르러 도시의 공식적인 식물원 조성의 필요성이 제기되면서 비약적으로 발전하는 계기를 맞는다. 박물학과 독초식물에 관심이 많던 멜버른 출신의 의사 휴고 플렉커Hugo Flecker와 퀸즈랜드주의 식물주무관인 시릴 화이트Cyril White의 선도로 식물원에 관상과 경관미가 뛰어난 '영구적인' 식물들이 일정한 거리를 두고 가로가 형성되도록 대거 식재되었다. 또한 플렉커의 주도로 창립된 북퀸즈랜드 자연주의자 클럽이 식물원 부지 내에 식물표본관을 건립하면서 수많은 식물종의 표본이 수집·전시되었는데, 1937년에 이미 1,600종에 이르렀던 표본은 1950년에 5,000종으로 증가했고, 오늘날 그것은 10,680종으로 확장되어 식물학 연구와 관람객들의 식물에 대한 이해 증진에 기여하고 있다.

샌드박스 나무 Sandbox Tree, *Hura crepitans* L.

1967년에 북서쪽 사면의 3.2ha의 부지에 8자 형상의 산책로를 중심으로 토착 난초들과 야자수를 주로 식재하는 새로운 정원이 조성되어 1971년에 마무리되었는데, 시 당국은 이 정원을 식물원 발전에 큰 기여를 한 플렉커 박사를 기려 '플렉커정원'으로 명명하였다.

1968년에 먼로-마틴가가 수집해 기증한 양치식물을 전시하는 먼로-마틴 양치식물관이 건립되고, 그 서쪽에 1986년에 조지 왓킨스 난초관이 건립되면서 식물원은 지속적으로 확충되었다. 2007년에 퀸즈랜드 유산목록으로 등재된 플렉커정원을 중심으로 케언즈식물원은 오늘날 퀸즈랜드의 역사적 발전 과정을 보여주는 지역문화 유산으로의 역할을 수행함과

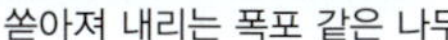

쏟아져 내리는 폭포 같은 나무

오스트레일리아 케언즈식물원과 쿡타운식물원에서 발견한 쉬나무류*Euodia hortensis* J. R. Forst. & G. Forst.

동시에 야자수, 난, 생강, 토란을 포함한 독특한 열대식물종의 수집에 앞장선 식물원으로 국제적 명성을 쌓아가며 날로 발전하고 있다.

식물원의 구성

케언즈 지역은 11월경에 시작하여 5월경에 끝나는 습한 여름(24~34℃)과 6월부터 10월까지 건조한 겨울(14~26℃)이 교대하는 열대몬순 기후대에 속한다. 케언즈식물원은 전 세계적으로 이런 기후에 적응하여 자라는 다양한 열대식물들이 특화되어 있는 식물원이다.

지구의 장구한 식물 진화를 보여주는 곤드와나 헤리티지정원Gondwanan Heritage Garden은 케언즈식물원의 특별한 자랑거리이다. 곤드와나는 약 3억 년 전인 고생대 후기부터 1억 년 전인 중생대 중반까지 남반구에 존재했을 것으로 추측되는 대륙이다. 이는 남극, 남아메리카, 아프리카, 마다가스카르, 오스트레일리아-뉴기니, 뉴질랜드를 비롯하여 아라비아 반도와 인도아대륙이 포함된 초대륙으로 추정된다. '오스트레일리아의 곤드와나 열대우림Gondwana Rainforests of Australia'은 오스트레일리아 동부 해안을 따라 펼쳐진 열대우림지역으로 퀸즈랜드주와 뉴사우스웨일스주에 걸쳐 있다. 이 지역은 지구 진화의 역사, 지속적인 지질학적·생물학적 진화, 생물다양성의 주요 단계를 보여주는 뛰어난 사례로서 1986년 유네스코 세계자연유산으로 등재되었다. 곤드와나 헤리티지정원은 이 열대우림지역의 화석 기

곤드와나 헤리티지정원 입구

록과 식물상의 분포와 변화상을 탐구하여 지구 대륙이 어떻게 변화했고, 그 변화를 따라 식물들이 어떻게 진화했는지를 보여주는 식물 진화 루트를 제공한다.

이 지역 원주민이 사용하던 식물을 모아 놓은 원주민식물정원Aboriginal Plant Use Garden 또한 케언즈식물원의 또 다른 특화 정원이다. 케언즈 마리바 지역의 열대림에 4만 년 넘게 거주했던 원주민들은 열대우림 식물의 특성과 용도에 대한 광범위하고 상세한 지식을 바탕으로 식물을 식량, 약, 의복, 도구, 무기 및 피난 주거지로 이용해왔는데, 원주민식물정원에는 이들이 활용하고 의존했던 많은 지역 식물들이 수집되어 있다.

또한 식물원 내에 담수호와 염수호가 있어 서로 다른 동식물의 생태를 비교해 볼 수 있는 기회도 제공한다. 1975년 케언즈 시의회 100주년을 기념하기 위해 원래 있던 3ha의 담수늪을 확충하여 만든 담수호에는 여러 종의 개구리, 물고기 및 거북이에게 피난처를 제공하는 수련들이 패치워크를 이루며 심어져 있다. 이 호수에는 또한 까치, 기러기, 검은 오리, 검은목 황새, 가마우지를 포함한 많은 조류들이 서식하고 있어서 방문객들은 탐조의 즐거움도 만끽할 수 있다. 염수호는 케언즈 인근 해안에서 발견되는 다양한 바닷물 생태계가 재현되어 있다. 인접한 솔트워터 크릭Saltwater Creek의 조수를 활용한 이 호수는 식물, 동물, 서식지가 어우러진 해양생태계의 섬세한 균형을 잘 보여준다. 호수를 둘러싸고 있는 맹그로브숲은 새우, 진흙 게와 같은 해양 동물의 번식지이자 많은 바닷새들의 서식지이기도 하다.

식물원에서 가장 오래된 핏찰란정원 그리고 식물원의 핵심을 이루는 플렉커정원은 동남아시아, 남미, 아프리카 및 퀸즈랜드 북부의 정글에서 자라는 식물을 포함하여 전 세계 열대지역에서 볼 수 있는 열대식물의 다양성을 잘 보여주고 있는 중요한 정원이다. 담수호 옆에 케언즈와 중국 광동성의 심강시와의 자매결연을 기념하여 만든 중국정원도 또 다른 볼거리이다. 식물원의 중요한 실내 공간인 왓킨스 먼로 마틴 온실Watkins Munro Martin Conservatory은 퀸즈랜드 북동부의 열대우림 고유종인 퀸즈랜드 부채야자수*Licuala ramsayi* (F. Muell.) Domin의 잎을 모티브로 설계된 아름다운 온실이다. 2015년에 건축된 이 온실에는 브로멜리아드, 틸란드시아, 식충식물, 소철, 양치류, 야자수, 난초 등이 부채야자수 잎 모양 디자인을 따른 유려한 곡선을 따라 전시되어 있으며 현지 나비들도 온실에서 볼 수 있다.

케언즈식물원은 등록번호 5,174종과 재배품종 4,409종을 보유하고 있다. 관람하면서 특히 눈에 띈 것은 어느 식물원보다도 생강의 종류가 많다는 것이다. 생강과 헬리코니아는 강렬하고 화려한 꽃과 싱싱한 잎으로 정원을 다채롭게 만들어 주므로 열대식물원에는 거의 생강과 헬리코니아 화단이 있기 마련이지만 케언즈식물원만큼 다양하고 화려한 생강꽃을 보여주는 곳은 찾기 힘들다. 인구 15만 명에 불과한 작은 도시에 이처럼 큰 규모의 화려한 식물원이 있다는

케언즈시 심벌 퀸즈랜드 부채야자수

곤드와나 헤리티지정원의 고사리나무

다양한 색과 형태의 생강꽃

것은 케언즈시의 문화 수준과 역량이 그만큼 높다는 것을 말해 주는 것이라 할 수 있다.

식물원의 운영 특성

케언즈식물원은 지역의 발전사를 한눈에 엿볼 수 있는 지역 식물원이면서 또한 지구의 변화상과 '식물들의 진화 과정을 거시적으로 조망할 수 있는' 이색적인 공간을 지니고 있는 세계사적인 식물원이기도 하다. 뿐만 아니라 케언즈식물원은 문화 예술 공간과 학술적 시설까지 갖춘 다목적 종합문화공간이라고 할 수 있다. 식물원 내의 탱크아트센터Tanks Arts Center는 다양한 식물들과 연계하여 음악, 연극 및 시각 예술 공연이 열리는 공연장이다. 중국정원 근처 담수호 인근에는 색다른 어린이 놀이터가 있다. 자연적인 호숫가 환경과 창의적인 놀이 요소를 통합한 자연놀이터는 아이들이 자연과 상호 작용하고 주변 환경을 탐색하고 배울 수 있는 교육 공간으로 마련되어 있다.

건축 관련 다양한 분야로 상을 받은 다목적 방문객센터

케언즈식물원의 방문객센터는 식물원에서 가장 멋지고 태양광 시설을 갖춘 에너지 절약형 건물이다. 이곳에는 방문객안내센터 이외에도 기념품, 전시 공간, 각종 교육 프로그램이 열리는 공간도 있다. 케언즈식물원은 또한 열대정원 가꾸기와 관련된 식물 및 원예 관련 서적과 기타 출판물을 구비한 식물도서관도 갖추고 있다.

케언즈식물원에서 특기할 만한 또 다른 것은 방대한 식물원 운영을 지원하는 자원봉사자회의 적극적인 활동이다. 이들은 식물 자료를 수집, 정리, 보존하는 일을 도울뿐만 아니라 식물원을 위한 기금 모금, 식물원의 각종 행사의 기획과 전시에도 적극적으로 참여하여 케언즈식물원을 세계적인 식물원으로 만들어가는 원동력이 되고 있다.

Travel tip

주소 119-145 Spence Street, Cairns Queensland 4870 Australia
Postal address PO Box 359, Cairns Queensland 4870 Australia
홈페이지 www.cairns.qld.gov.au
전화 +61 1300 69 22 47
개원시기 및 시간 연중무휴로 입·퇴장 시간 제한 없음(플렉커정원과 왓킨스 먼로 마틴 온실만 매일 07:30~17:30까지 개원한다.)
면적 345ha(자연림 300ha, 조성면적 44ha)

찾아보기

찾아보기는 1, 2, 3권 전체에 수록된 식물원 총 260곳을 대륙별로 가나다 순으로 국가별, 식물원명 순으로 제시하고 식물원명 뒤에 각 권의 수록 페이지를 권별 색깔로 구분하여 넣었다.

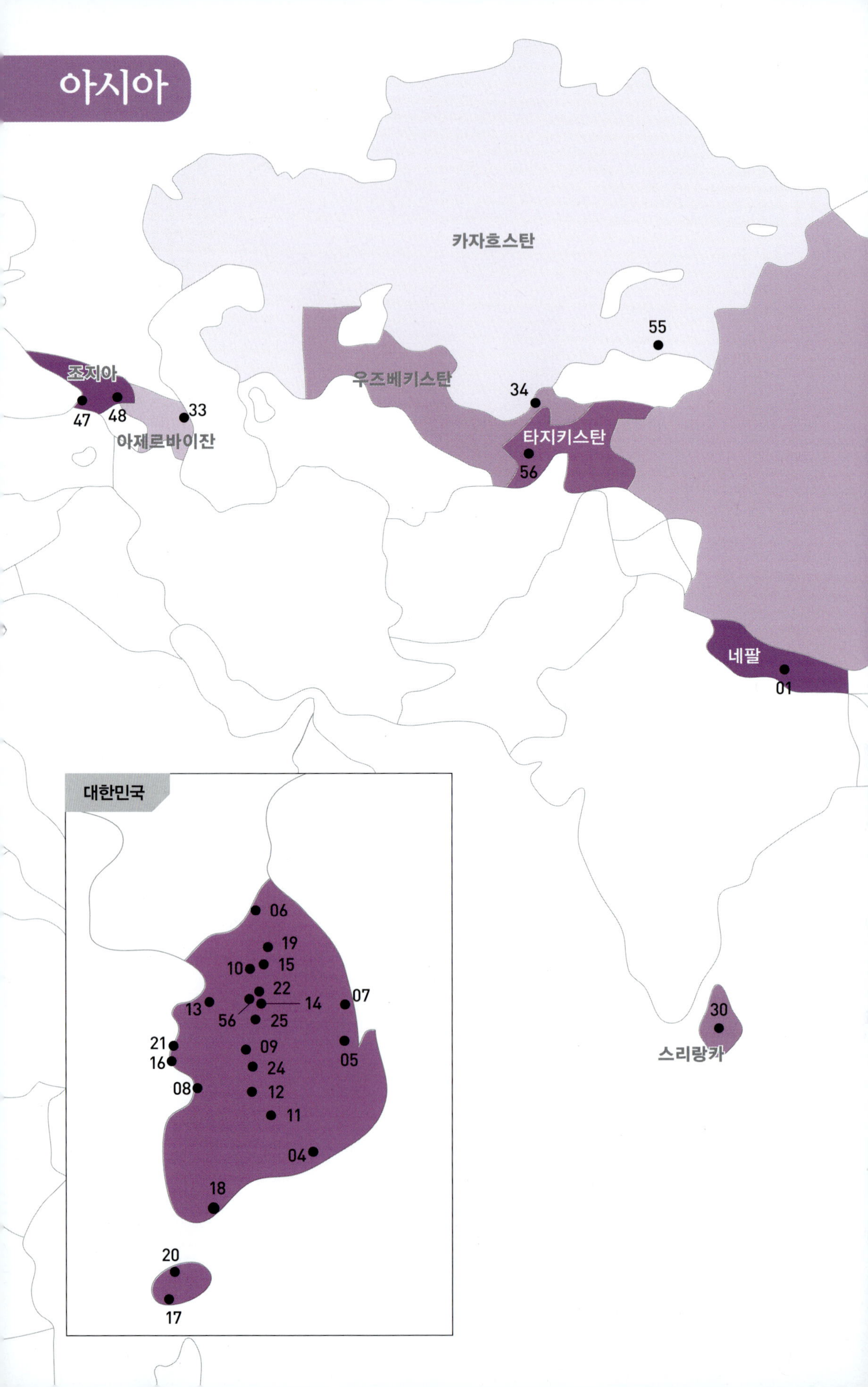

아시아
카자흐스탄
55
조지아
47
48
33
아제르바이잔
우즈베키스탄
34
타지키스탄
56
네팔
01
대한민국
06
19
10
15
22
13
56
14
25
07
21
09
05
16
24
08
12
11
04
18
20
17
30
스리랑카

42
50
대한
민국
43
41
일본
40
37
49
51
46
44
45
38
중 국
39
53
02
03
52
54
대만
58
태 국
57
27
29
말레이시아
26
28
싱가포르
32
31
인도네시아
35
36

아시아

세계의 식물원 산책 1권 2권 3권

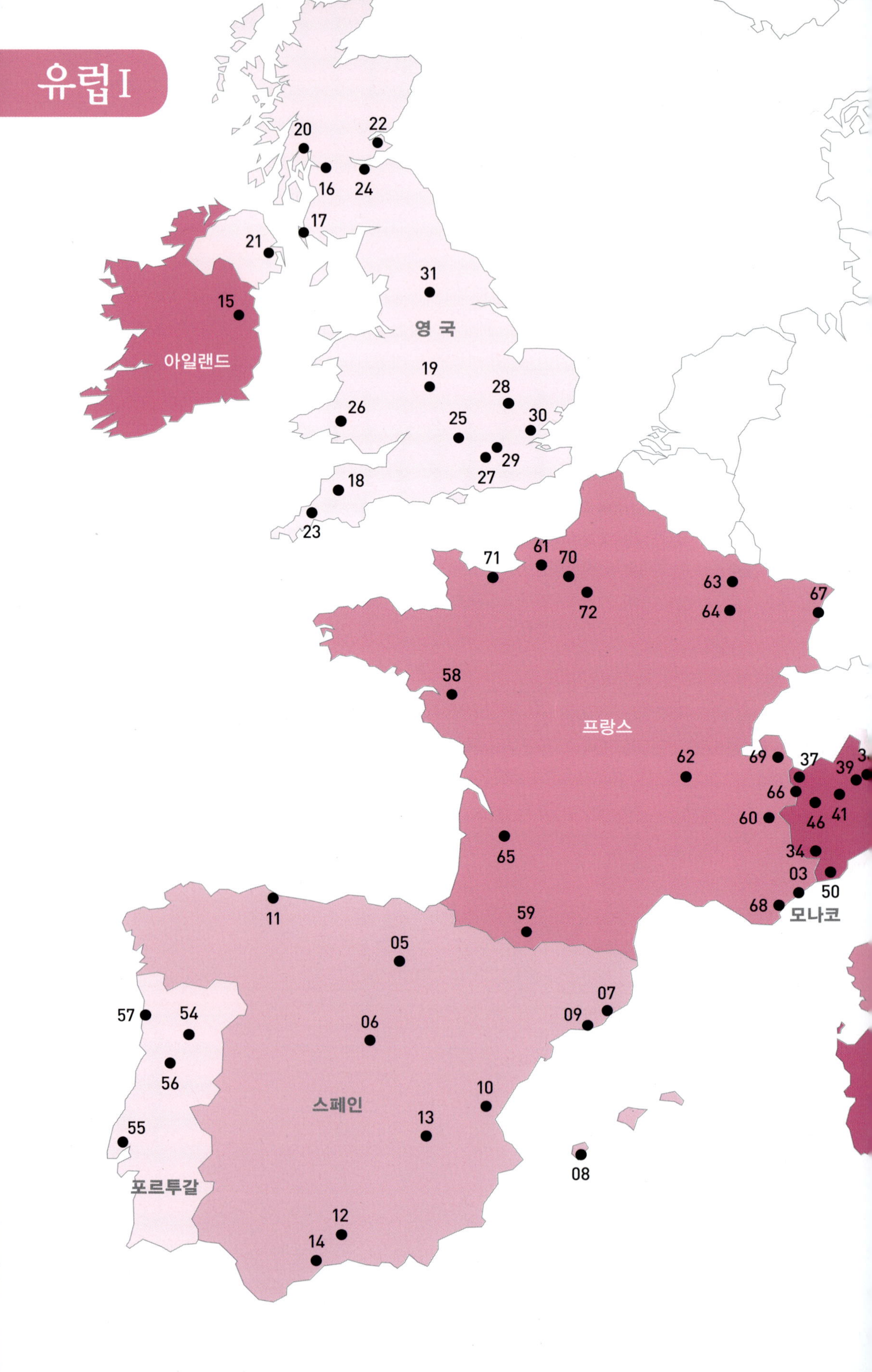
유럽 I
20
22
16
24
17
21
15
아일랜드
31
영 국
19
28
26
25
30
29
27
18
23
71
61
70
72
63
64
67
58
프랑스
62
69
37
39
66
60
46
41
65
34
03
50
68
모나코
11
59
05
07
09
57
54
06
56
10
스페인
13
55
08
포르투갈
12
14

44
32
35
42
45
9
40
38
48
이탈리아
47
33
43
04
불가리아
53
51
02
그리스
52
01
터 키

유럽 I

세계의 식물원 산책 1권 2권 3권

유럽Ⅱ

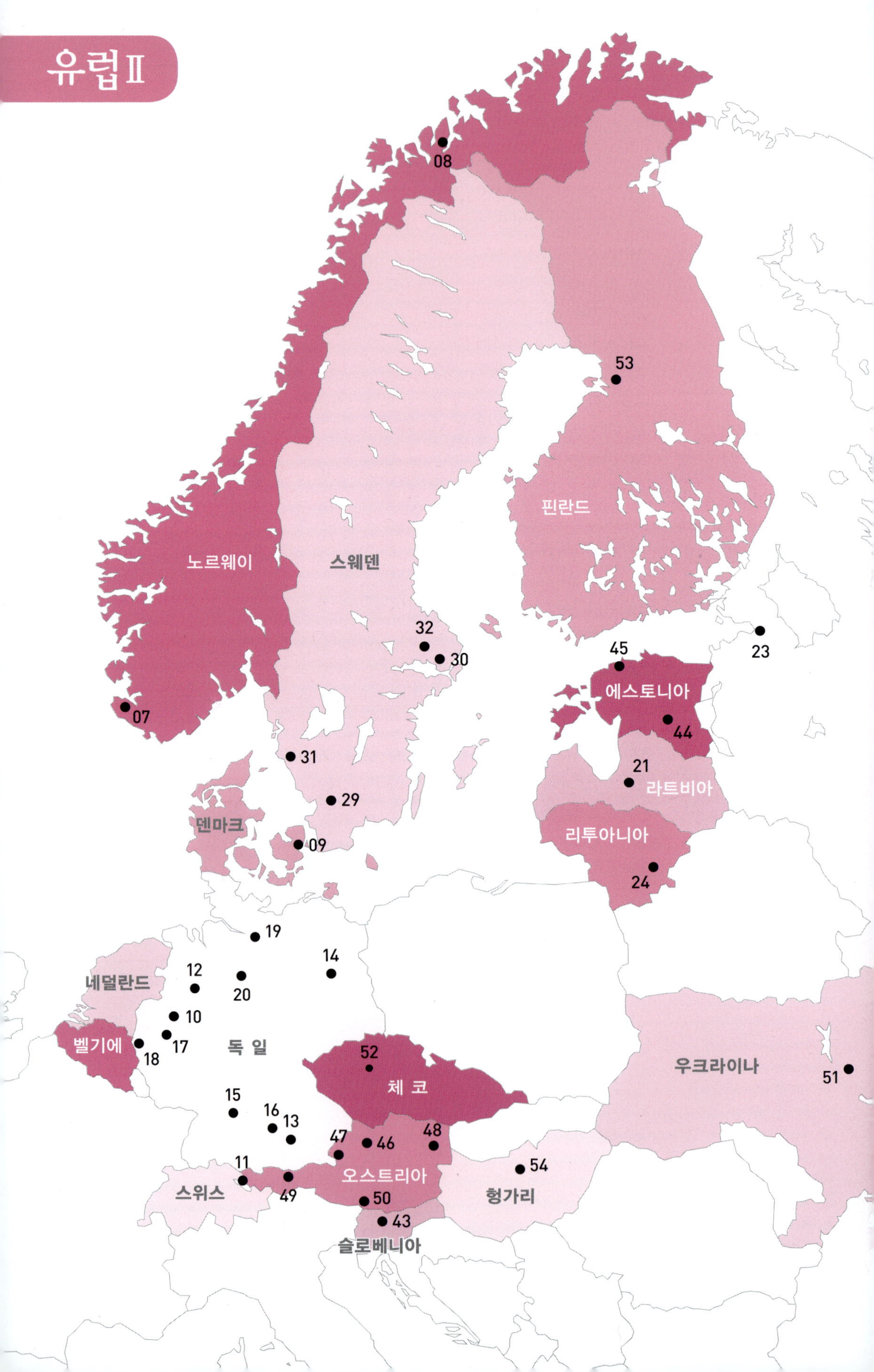
08
53
핀란드
노르웨이
스웨덴
32
30
23
45
에스토니아
07
44
31
21
라트비아
29
덴마크
09
리투아니아
24
19
14
12
네덜란드
20
10
17
벨기에
18
독 일
52
체 코
51
우크라이나
15
16
13
47
46
48
11
오스트리아
54
스위스
49
50
헝가리
43
슬로베니아

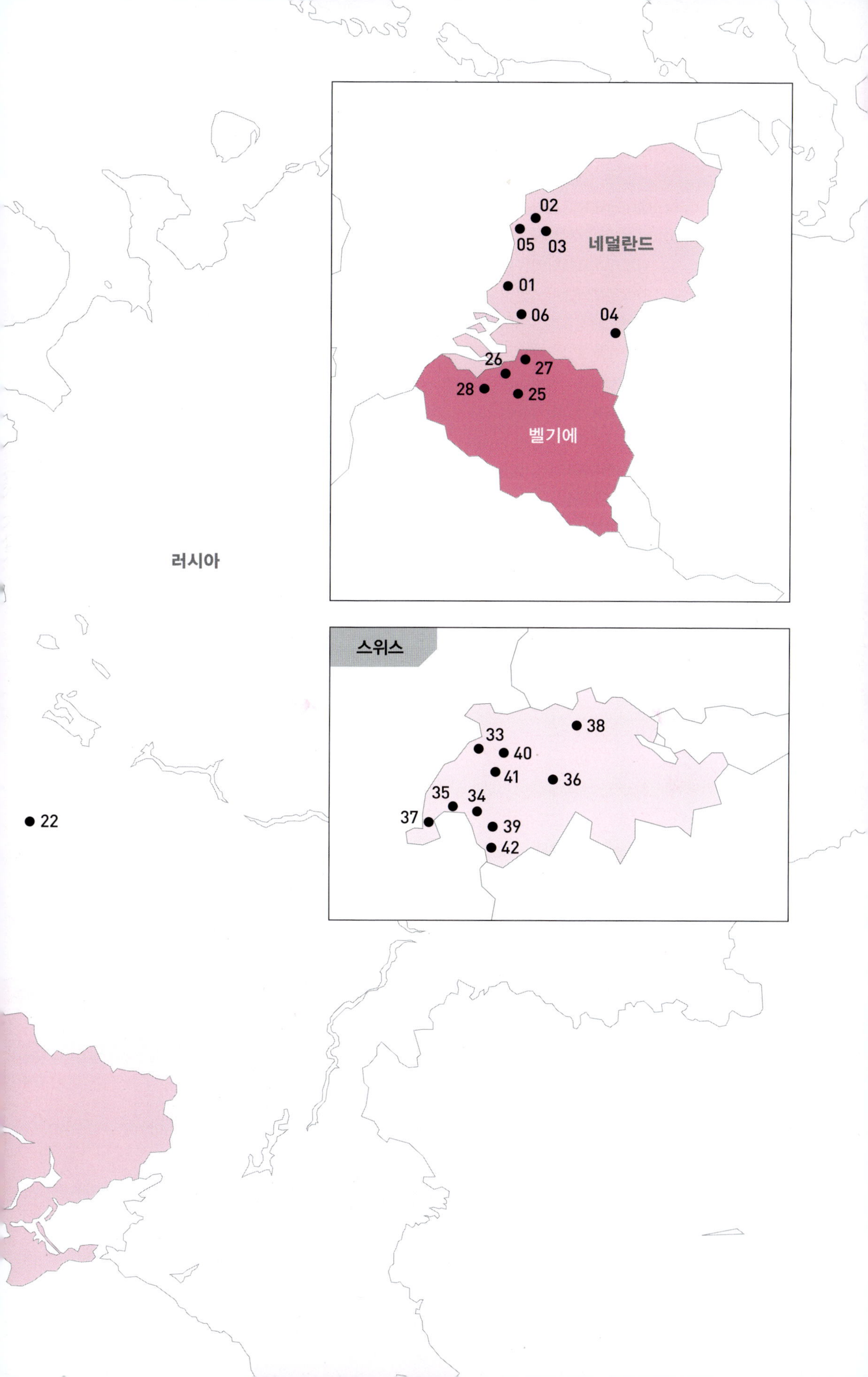

02
05
03
네덜란드
01
06
04
26
27
28
25
벨기에
러시아
스위스
38
33
40
41
36
35
34
37
39
42
22

유럽 Ⅱ

세계의 식물원 산책 1권 2권 3권

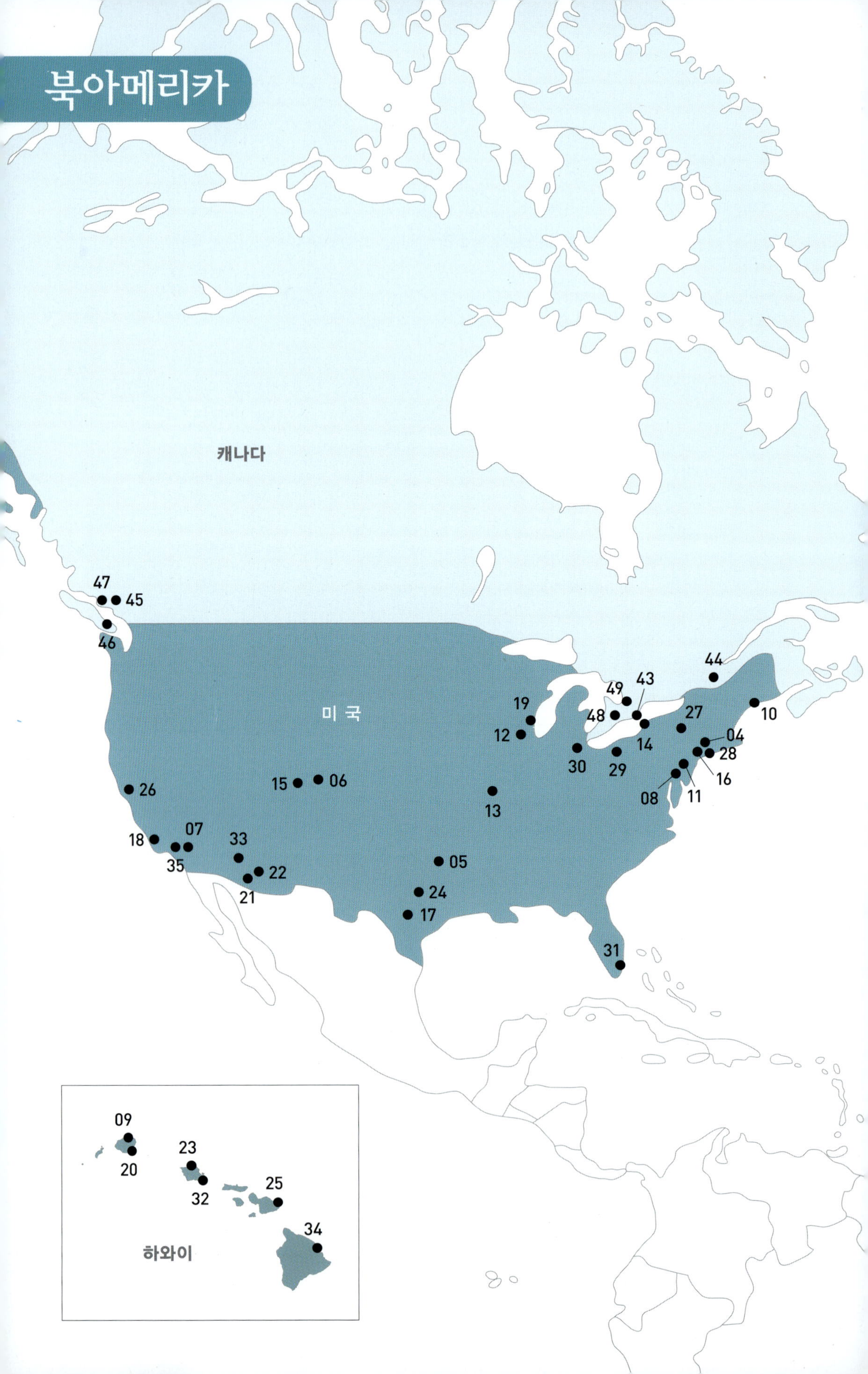

북아메리카
캐나다
미국
하와이
47
45
46
19
12
49
43
48
14
44
27
10
04
28
16
30
29
08
11
26
15
06
13
07
18
35
33
22
21
05
24
17
31
09
20
23
32
25
34

중·남아메리카

아메리카

세계의 식물원 산책 1권 2권 3권

아프리카

케냐
06
01
남아프리카 공화국
02
03
05
04

오세아니아

뉴질랜드
02
03
04
01

13
15
10
오스트레일리아
16
12
06
09
11
07
08
05
14
17
18

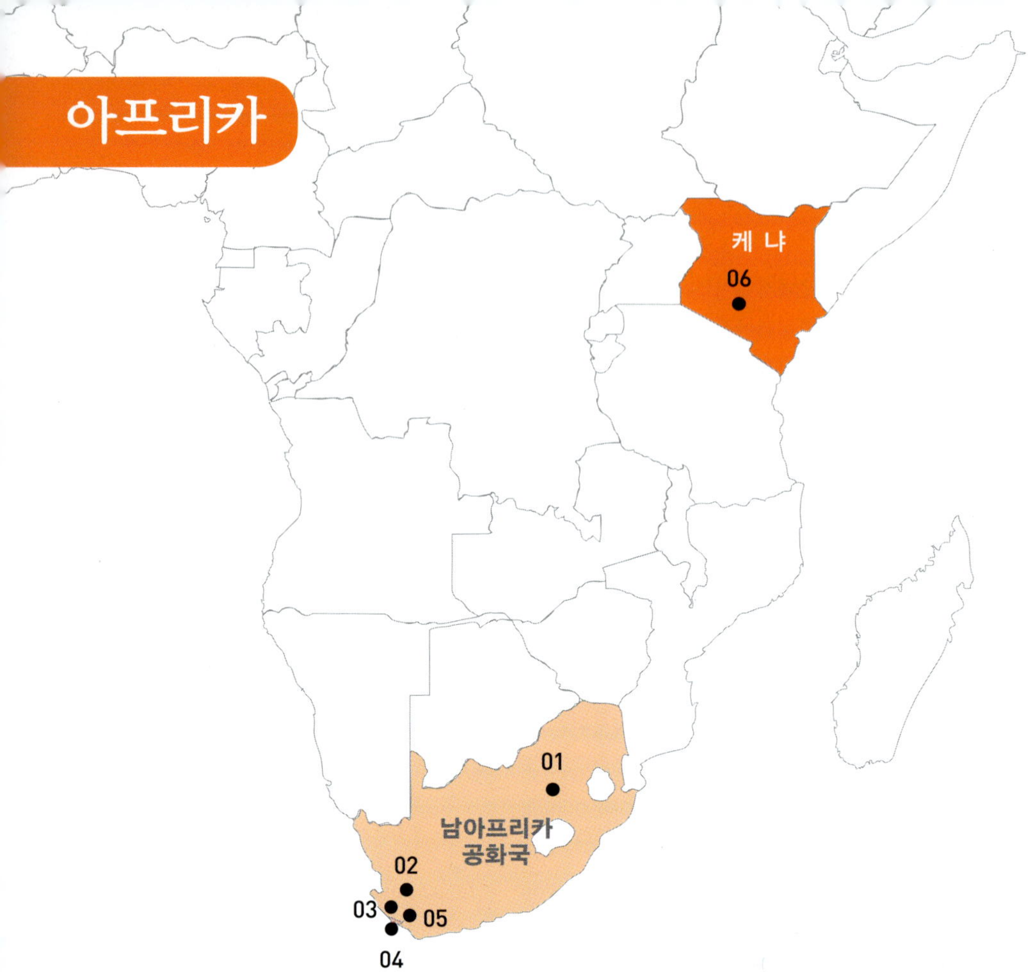

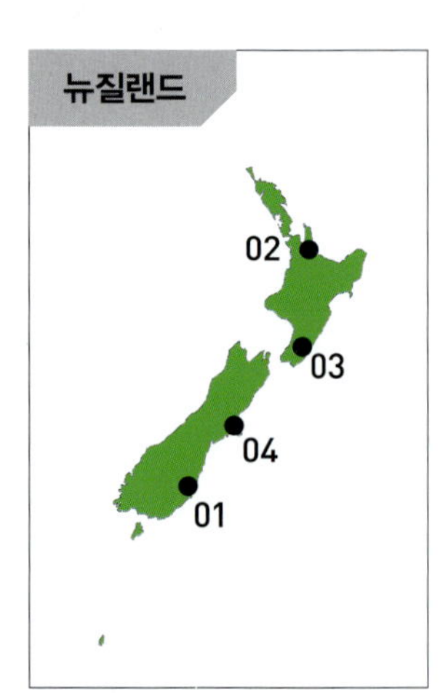

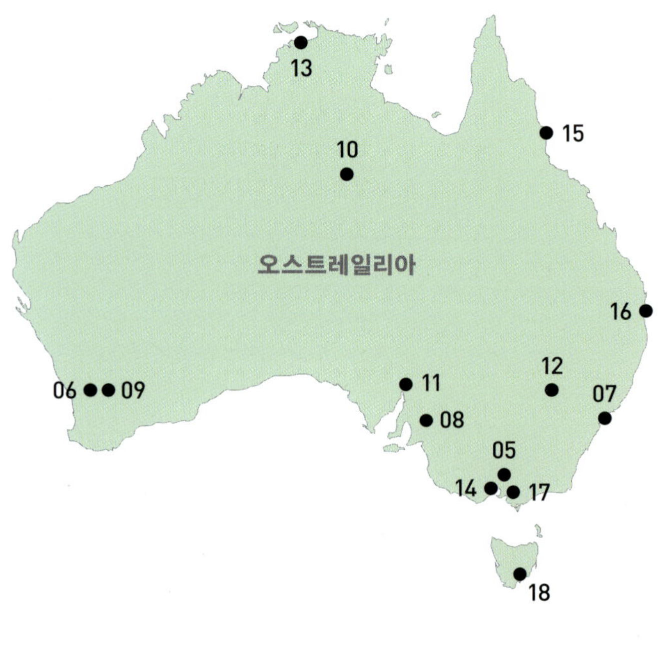

아프리카

세계의 식물원 산책 1권 2권 3권

오세아니아

저자 소개

이승겸 신구대학교 총장
이길순 (전) 신구대학교 보육복지과 교수
한경식 신구대학교 원예디자인과 교수
전정일 신구대학교 원예디자인과 교수
변재상 신구대학교 환경조경과 교수

세계의 식물원 산책 3

초 판 1쇄 발행 2023년 5월 20일

지은이 이승겸 이길순 한경식 전정일 변재상
펴낸이 김길준
펴낸곳 (학)신구학원신구문화사
디자인 은디자인
색보정 오명현

등 록 1968. 6. 10. 제1-205호
주 소 경기도 성남시 중원구 광명로 377 신구대학교 우촌학사 1층
전 화 031-741-3055~6, 031-741-3054(팩스)
이메일 shingupub@naver.com
홈페이지 www.shingubook.com

ISBN 978-89-7668-274-1
978-89-7668-197-3(set) 04480